中国石油大学（华东）学术著作出版基金重点资助

智能油田开发理论及应用

Theory and Application for Intelligent Oilfield Development

姚　军　张　凯　刘均荣　著

科　学　出　版　社

北　京

内 容 简 介

　　本书介绍了智能油田开发方面的实时监测、实时优化理论与方法，主要包括油藏动态实时监测数据处理与解释方法、自动历史拟合方法、油藏开发实时注采优化理论、油藏井位及井网优化方法，以及智能油田开发模拟实验与典型油田应用实例。

　　本书可供从事油藏数值模拟与开发方案编制的研究人员使用，也可供石油院校、地质院校相关专业的广大师生教学、科研参考。

图书在版编目（CIP）数据

智能油田开发理论及应用 = Theory and Application for Intelligent Oilfield Development / 姚军，张凯，刘均荣著. —北京：科学出版社，2018.7
　　ISBN 978-7-03-054016-4

　　Ⅰ. ①智… 　Ⅱ. ①姚… 　②张… 　③刘… 　Ⅲ. ①智能技术-应用-油田开发 　Ⅳ. ①TE34

　　中国版本图书馆 CIP 数据核字（2017）第 179128 号

责任编辑：万群霞　冯晓利 / 责任校对：彭　涛
责任印制：吴兆东 / 封面设计：无极书装

科 学 出 版 社 出版
北京东黄城根北街 16 号
邮政编码：100717
http://www.sciencep.com
北京厚诚则铭印刷科技有限公司 印刷
科学出版社发行　各地新华书店经销
*

2018 年 7 月第 一 版　　开本：787×1092 1/16
2022 年 1 月第三次印刷　　印张：15 1/4 插页：6
字数：360 000
定价：158.00 元
（如有印装质量问题，我社负责调换）

序

  智能油田理念兴起于 21 世纪初。姚军教授课题组从 2005 年以来一直研究智能油田开发理论与方法，所撰写的《智能油田开发理论及应用》是基于多年累积的研究成果和应用经验编写而成的一本学术专著，在很大程度上体现了智能油田相关研究的最新进展。

  该书系统性强，内容完整，所介绍的智能油田开发由实时监测、实时优化、实时决策、实时反馈等多个环节组成，主要内容包括油藏动态实时监测数据处理与解释方法、自动历史拟合方法、油藏开发实时注采优化理论、油藏井位及井网优化方法、智能油田开发模拟实验等，并给出了多个典型的油田应用实例可供读者参考，建立了一套比较完整的智能油田开发理论及方法体系。

  该书理论新颖，创新性强，将智能化方法引入到油田开发方案编制中，突破了传统的油田开发方案编制方法。该书介绍的智能化油藏开发理论及方法，以油藏实时监测理论与解释方法为切入点，通过对油藏实时监测数据分析来了解地质信息，并利用自动历史拟合对地质模型加以校正；进而结合最优化理论与数值模拟技术，优化注采的井间关系、井位井数及最佳井网等，实现复杂油藏开发的实时优化与智能化。

  该书弥补了传统油田开发的相关不足之处，实现了实时监测、实时数据采集、实时解释、实施决策与优化的油藏闭环管理，有利于提高油田开发的决策效率及石油采收率。另外，该书所介绍的理论和方法不仅在油藏开发中具有应用价值，而且在其他地下资源的开发中也有参考意义。

中国科学院院士

2018 年 1 月

前　言

智能化思想始于通信、计算机信息管理等学科，目前已逐步渗透于各行各业，悄然改变着世界发展的进程。作为全球智能化技术的引领者之一，谷歌公司（Google）在2016年I/O大会上指出，其愿景的核心理念是"人类正一步步走向一个基于人工智能的世界"。

自2014年下半年国际油价出现断崖式下跌后，高成本成为油田开发中极为严峻的问题。国内外各大石油公司积极开展降本增效工作，油田开发方案作为指挥油田工作的中枢，是上产稳产、提高效益的最重要优化对象之一，以制定实时最优开发方案为重要依托的油田智能化转型被认为是脱离困境的妙方。国外的BP（英国石油公司）、Shell（壳牌）、Statoil（挪威国家石油公司）等预计油田智能化升级对其产值的贡献率超过50%。在国内，智能油气田建设成为国家大力推进"信息化与工业化深度融合""中国制造2025"发展战略，落实"十三五"信息化发展规划的重要任务之一。2017年2月24日，《中国石化智能油气田试点建设项目可行性研究报告》通过论证。可以预测，在新机遇和新挑战面前，油田的智能化建设势必成为未来石油行业发展中极为重要的一环。

智能油田开发包含实时监测、实时优化、实时决策、实时反馈等几个环节。它是利用放置在井下的长时性传感器实时采集井下设备的工况及生产层段的压力、温度、流量、组分等参数，通过通信电缆/光缆将采集的信号传输到地面，利用已开发的软件平台对数据进行挖掘、分析和学习，同时结合油藏数值模拟预测和优化调控技术，形成油藏管理决策信息，并通过控制系统反馈到井下，实现液流控制和井身结构重置，从而改进和提高油藏/油井的产状，达到降低生产成本、加速资金流动和提高油田采收率的目的。

围绕上述开发过程，本书以油藏实时监测理论与解释方法为切入点，通过数据分析，了解油藏的基本状况；并利用自动历史拟合方法，校正现有的地质模型；结合最优化理论与数值模拟技术，优化注采井间的注采关系、井位井数、最佳井网，实现复杂油藏开发的实时优化与油藏开发的智能化。

全书共8章，第1章和第2章由姚军撰写，第4章～6章及第8章由张凯撰写，第3章和第7章由刘均荣撰写，全书由姚军统稿。本书在撰写过程中参考了众多专家学者的研究专著、论文，在此一并表示感谢。

由于水平有限，书中难免存在不足之处，敬请读者批评指正。

作　者

2017年12月

目　　录

第1章 智能油田概述

能源作为经济发展的重要资源和动力,对任何国家和地区的发展都发挥着重要作用。在当前人类消费的基本能源中,石油能源占据首要地位,因此,稳定的石油供给体系是国家经济发展和国防建设重要的物质基础。

提高石油产量、保障石油供给主要有两个重要途径:一是借助勘探技术的进步,不断发现新的油田或探明新的储量,为石油开发提供充足的后备资源;二是不断完善开发理论、提高原油的采收率(enhanced oil recovery, EOR),在可采储量一定的情况下,尽可能地将地下的石油开采出来。然而,随着勘探技术的不断进步、勘探程度的逐步加大,国内大多数油田地质储量均已探明。因此,在我国石油资源储量一定的客观事实下,通过勘探技术的进步不断增加,石油开发后备资源的困难日益加大。所以,用第一种途径来保障稳定的石油供给体系仍有较大的风险。相比而言,第二种途径的可发展空间相当巨大。迄今,我国各大油田的平均采收率约为35%,仍有约2/3的储量尚待开采[1],可见石油可采储量的采出程度相对偏低,提高采收率仍有很大的发展空间。目前,我国石油的剩余储量约33×10^8t,将油田采收率每提高一个百分点即可增油3300×10^4t,每提高一个百分点增加的石油产量就超过了胜利油田现有开采水平下的年产油量。因此,提高采收率的效益十分可观,这将对保障我国稳定的石油供给体系,继而推动国民经济的发展和国防体系的建设起到非常巨大的作用。因此,提高原油采收率迫在眉睫。

自20世纪80年代以来,提高采收率技术主要以各种EOR三次采油技术为代表,但是三采技术往往需要花费较大的成本才能取得更高的采收率,并且这种提高经常伴随着破坏性的开采(如注入聚合物、凝胶等)。针对这些问题,最近世界各大石油公司提出了一种新兴的提高采收率技术——智能油田。

1.1 智能油田的特点

简单地说,智能油田是一套能够产生人工智能行为的油气田开发生产系统。它通过光纤等设备实时搜集生产信息,在分析及模拟后自主思考判断给出最优方案,再将方案实施到现场调控生产,其主要流程涵盖数据采集、分析、模拟、优化、决策和调控等多个环节。智能油田最大的优势在于"高质量、高水平、高效率"的油藏管理,能够以最小的经济投入获取最大的原油采收率。

通常,智能油田在数字油田的基础上实施,可实现实时监测、实时数据采集、实时解释、实施决策与优化的闭环管理,将油井、油田及相关资产相互联系起来统筹经营与管理,是提高采收率的有效途径和发展方向,在注剂驱替剂比较昂贵的情况下更是如此。目前,随着油藏动态监测技术、水平井油井管理及建立在水平井基础上的油藏管理技术的进步与成熟, 智能油田提高采收率的前景广阔。

智能油田的发展表示油气田开发将进入智能化、自动化、可视化、实时化的闭环新管理阶段。智能油田的基本概念和发展方向就是将涉及油气经营的各种资产(油气藏等实物资产、数据资产、各种模型和计划与决策等), 通过各种行动(数据采集、数据解释与模拟、提出并评价各种方案、方案实施等), 有机统一在一个价值链中, 形成对虚拟现实表征的智能油田系统。人们可以实时观察到油田信息, 并与之互动。

智能油田的发展代表了从周期性的优化到连续不断优化的趋势, 代表了管理理念从传统的集中于一点的工作方式到油藏整体解决方案的转变。智能油田不是一种由单一的团队开发的独立技术, 相反, 它是基于多种工具、技能和工作流程的技术集成, 是一种结构化和可持续发展的技术。在技术层面上, 这一总体目标是通过将一系列的数据不断反作用到系统中, 进而通过数据循环实现实时优化。此外, 智能油田不是一个放之四海而皆准的解决方案, 每种资源都有自己独特的特点, 所用的智能适合程度也因此随着情况的不同有很大差别。

智能油田具备以下特点。

(1)智能油田是为企业实现全过程的油田管理和油田技术的综合性服务。

(2)智能油田运用智能化信息技术对实时优化和动态诊断提供技术支持, 对智能井进行数据采集、反复循环和数据处理, 快速确定经济有效的开发方案, 实现作业过程最大化价值, 大大降低勘探开发过程中的不确定因素和风险。

(3)智能油田是一项庞大的系统工程, 必须探索新的合作模式, 不仅要联合本行业, 还要紧密联系相关高新技术行业, 共同开发油气田智能技术, 实现对油气田的实时监测、优化和调控。

(4)建设智能油田必须有一个整体设计, 从勘探钻井阶段到开发过程的采油阶段, 有序完成建设, 不断优化其作业过程, 为企业获得高额利润。

(5)智能油田的发展将会是不断创新、发展与升级的过程, 我国石油公司应全面规划、尽早实施。

促进智能油田发展的关键技术主要有如下几点。

(1)遥测技术, 主要包括四维地震监测、重力测量、电磁监测、永久型地面检波器网络和永久型光纤井下检波器等。

(2)可视化技术, 包括综合勘探与生产数据的三维可视技术、虚拟现实技术等。

(3)智能钻井与完井技术。

(4)自动控制技术。

(5)数据集成、管理与挖掘技术。

(6)集成管理体系等。

1.2 智能油田的优势

与传统的油气田开发流程相比, 智能油田有以下优势。

1) 远程协助操作

智能油田能够从远程端口收集更多的优质数据，将部分作业任务转移到远程操作，从而更有效安全地处理并执行。远程协助系统是通过一个办公资产管理协作系统实现操控管理，这种管理模式能够为油田作业提供实时信息，与远程业务团队互动，减少决策时间。此外，部分生产任务转移远离生产环境也将会减少人员意外事件发生的概率，提供更好的工作环境与安全保障。

2) 实时监测

通过智能井等设备能够实时监测油田生产数据，预防发生意外情况。当出现异常情况时，可以迅速通知作业团队和工程管理人员，尽量降低损失，这种监测尤其适用于海上、沙漠等偏远地区油田，要求长时间全天候对油水井、海底和表面等设备进行监控。

3) 协同工作环境

协同工作环境在智能油田管理中扮演重要的角色，它把许多不同的小组联合成一个高凝聚力的团队。一般来说，协同的工作环境能够有助于多学科、多领域的协同工作，以便更快更好地决策。其形式包括视频会议及远程通话系统等，能够帮助整个团队实现实时资源与信息共享，提高工作效率。

4) 有效信息管理和工作流程

信息管理和工作流程开发团队能够为智能油田管理提供一系列工具软件，覆盖信息管理、协同工作、不确定性管理、信息捕集和再利用等领域，共同确保数据信息的使用和快速有效地制定决策，从而让团队成员工作更加高效。

1.3　智能油田开发的理念

智能油田开发包含三个实时的概念：①实时监测——实时采集井下油藏数据，并对数据进行处理分析；②实时优化——根据采集到的数据，利用优化算法和油藏数模技术，自动拟合生产历史修整地质模型，并预测最优开发方案；③实时调控——通过开/关式节流阀或可调式节流阀控制各个层位的流量，实施优化方案。该系统的原理如图 1-1 所示。

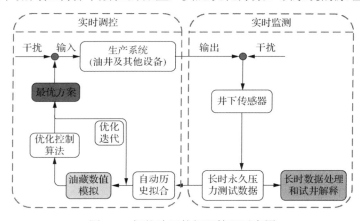

图 1-1　智能油田的闭环管理示意图

　　智能油田生产管理可以多方位地用于分层注采、井网优化、智能井调控和生产预警等多个领域。不但适用于陆上各大油田生产开发,而且对沙漠地区和海洋油气田的开发具有深远的意义,具有巨大的推广应用前景和发展空间。

参 考 文 献

[1] 刘宇时. 刍议采油工程新技术. 留学生, 2016, (3): 308.

第2章 智 能 井

为了解决常规油井生产技术中出现的问题并提高油藏的经营管理能力，20世纪90年代，国外开展了智能完井(intelligent completion)技术的应用研究，它是将国防和医学领域的微电子技术、传感器技术、自动控制技术与石油工业完井技术有机结合的高新技术。随着技术的不断完善和发展，其功能不再仅局限于完井方面，智能完井这个概念逐渐被智能井所替代(smart wells，又叫 intelligent wells 或 i-wells)。智能井是智能油田的重要组成部分。

2.1 概　　述

智能井技术，简单地讲是一种利用放置在井下的永久性传感器实时采集井下设备的工况及生产层段的压力、温度、流量、组分等参数，通过通信电缆/光缆将采集的信号传输到地面，利用开发的软件平台对数据进行挖掘、分析和学习，同时结合油藏自动历史拟合技术和油藏数值模拟预测技术，形成油藏生产管理决策信息，并通过控制系统反馈到井下对油层进行生产遥控，随时重新配置井身结构和提高油井产状的生产技术[1,2]。其目的是将层间隔离、流量控制、机械采油、永久性监测和出砂控制等安全可靠地综合起来。它可使经营者从地面实时对单井多层段油、气生产或多分支井中单分支井眼的油、气生产进行监测和控制。其主要作用是优化油井的生产，在最大限度地降低作业费用与生产风险的同时，最大限度提高油田的采收率，降低生产成本，加速资金流动。该技术的原理如图2-1所示。

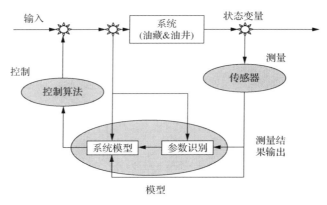

图 2-1　智能井技术系统原理

智能井技术包含两个实时概念：实时监测(采集井下流动数据和/或油藏数据的能力)和实时控制(通过开/关式节流阀或者可调式节流阀遥控流量的能力)。因此，采用智能井技术的油田就构成了一个实时的注采管理网络。

智能井技术系统一般包括以下四个部分(图2-2)。

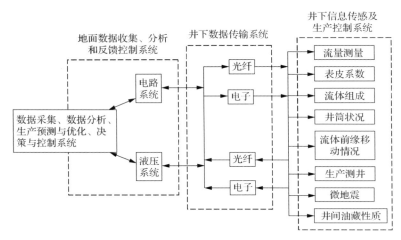

图 2-2　智能井技术系统构成和用途

(1)井下信息收集传感系统:主要由永久安装在井下的间隔分布于整个井筒中的井下温度、压力、流量、位移、时间等传感器组构成。其中多相流流量测量采用普通传感器,井下温度和压力的测量可采用石英传感器、光纤传感器,井筒和油藏中流体的黏度、组分、相对密度的测量采用微电子传感器。

(2)井下生产控制系统:其操作方式目前主要有电缆操作和水力操作两种。该系统包括可遥控的井下封隔器与层间分隔器、可遥控的流入控制阀与井下节流阀、控制分支(分岔)井筒密封的开关装置、井下安全阀等。其中最简单的是井下节流阀,它可以调整油藏中各层段之间的产量,是最直接控制井下流量的工具。对产量的控制是通过利用液压、电动、电动-液压装置控制的流入控制阀。流入控制阀可以是一个二元的开/关系统,或是具有可调节(多位调节和精细调节)能力的遥控操作系统。过去由于工具的耐用性和高压等因素限制,使得液压控制占据了主导地位,目前一些公司已开发研制出全电子控制井下操作系统。

(3)井下数据传输系统:它是连接井下工具与地面计算机的纽带,这种传输系统能将井下数据和控制信号,通过永久安装的井下电缆中专用的双绞线,在井下与地面间进行数据传输,即使传输的数据在有井下电潜泵存在的情况下,信号也不会受影响。

(4)地面数据收集、分析和反馈控制系统:包括一台计算机和分析数据用的软件包。计算机用来收集和储存生产数据,分析数据的软件包帮助使用者对数据进行分析,有利于使用者做出最佳决策,从而更科学地管理油井,减少作业次数,优化生产过程。

2.2　智能井井下监测技术

智能井长期井下监测数据在油藏生产管理中具有非常重要的作用,它可以用于获取油藏参数，监控油藏状况，制定开采计划及预测油井和油藏生产动态。由于井底或油藏压力的变化能够实时反映生产状况的变化(如关井、增产增注、减产减注、表皮变化、地层压实作用等)，所以将压力响应与油藏模型相匹配可以求得油藏参数。通过这些参数的获取和油藏模型的建立，就可应用于油藏的生产管理，进而推动向主动油藏管理的目标迈进[3,4]。

目前，随着井下传感器技术的发展，井下监测的参数已经从压力、温度和流量监测逐渐扩大到含水、组分及井间(如地震)等参数的监测。特别是光纤技术的应用和发展，极大地推动了井下监测技术的进步。表 2-1 总结了目前井下传感器的主要测量参数情况。

表 2-1 井下传感器主要测量参数

测量参数	监测对象	作用
温度	产层处、整个井筒、泵进出口等	判定出液点、层间窜流、地下设备故障等
压力	井下控制阀进出口、产层处等	提供各产层能量信息、平衡层间关系等
流量	井下产液	提供产量信息、分析产能变化
电阻率	近套管地层	产层物性、产出液物性分析
振动	井下声信号	井间地震、四维地震、设备运行情况分析

用于上述参数测量的传感器大致可分为井内测量传感器和油藏成像传感器两大类。井下井内测量传感器监测井筒内的状态参数，如永久性井下压力/温度传感器、分布式光纤传感器和井下多相流量计等；而油藏成像传感器测量井筒附近流体分布变化，如四维地震、永久性地震检波器、主动和被动电测量和井中雷达等[5]。

2.2.1 井下压力监测技术

目前，井下压力监测的技术主要有毛细管测压技术、井下电子压力计测压技术、电子共振膜测压技术及光纤压力监测技术。表 2-2 对各种压力测量技术进行了对比。

表 2-2 井下压力监测的传感器类型及性能对比

压力传感器类型	量程与精度	环境温度	稳定性及寿命	特点
毛细管式	约 60MPa，≥0.1%	≤370℃	可靠性高，寿命长	地面设施较多
电子式	约 100MPa，≥0.01%	一般不大于 150℃	每年的零点漂移量约为 2%左右，寿命一般不超过 5 年，易受电磁干扰	成本低，技术相对成熟
电振膜	约 100MPa，≥0.01%	一般不大于 250℃	井下电子元器件少，抗干扰能力较好，寿命理论上超过 5 年	以数据处理方法解决干扰问题
光纤	约 100MPa，≥0.01%	≤370℃	稳定，理论寿命超过 15 年	井下无电子元器件，抗干扰能力强，可以进行分布式测量，数据处理较复杂

2.2.2 温度测量技术

就传感器来言，传统地面温度传感器(包括热电阻、热电偶、半导体热敏元件等)都可应用于井下进行温度测量，但其存在的主要问题是电子器件的寿命、封装工艺和数据传输技术，这也是所有井下传感器共同存在的问题。

在井下温度监测中，目前广泛采用的是 Raman 反向散射分布式温度传感技术[6,7]。Raman 反向散射是光通过纤维时被纤维内的玻璃分子散射的一种现象。在散射过程中，能量在光与玻璃分子振动能之间转换，光线经历了频率加速（高能量）或频率减速（低能量）。散射光的频率加速或减速变换率随着玻璃温度的变化而变化。

分布式温度传感光纤监测技术代表了井下温度监测技术上的突破性进展。该系统采用一根或多根光纤封装成的光纤电缆，能使用户测得沿整个井筒的连续、实时的温度剖面。由于分布式温度传感光纤测量可以在整个井段内进行，因而可测量单层产液量，提高井下永久性监测的质量。通过分布式温度传感器测量可以识别出整个储层所有的产油层及各产层的产量。由于具有很长生产层段的油井越来越多，而且很多是大斜度井甚至是水平井，用生产测井仪进行测井作业成本很高，分布式温度传感测量是一种替代方法，传统的测温工具只能在给定时间内测量某个点的温度，要测试全范围的温度，点式传感器只能在井中来回移动才能得以实现，不可避免地对井内环境平衡造成影响。光纤分布式温度传感器的优势在于光纤无须在检测区域内来回移动，能保证井内的温度平衡状态不受影响，而且由于光纤被置于毛细钢管内，毛细管能通达的地方都可进行光纤分布式温度传感器测试。由于 DTS 系统能铺设在井筒中，记录下快速变化的温度数据，可以即时控制井筒条件，并立即得到全井筒温度剖面的快速成像图。广泛应用于井下监测的光纤传感器之一———Raman 反向散射分布式温度探测器，该探测器已经在测量井筒温度剖面（特别是在蒸汽驱井）中得到了广泛的应用。

2.2.3 多相流测量技术

井下流量测量是油藏描述的基础，根据一口井的生产剖面可解释生产层段和产量变化，利用储层的不稳定试井估算每个生产层的渗透率、压力和表皮因子，用注入剖面确定输入流体层段。井下流动测量还可探测与完井有关的问题，如固井质量及油管、套管和封隔器漏失等情况。除此之外，井下流量测量还可反映增产作业是否成功及确定合理的开采速度。传统的井下流量测量方法有示踪剂测量法、流量计测量法、电导式相关测量法、阻抗式相关测量法等[8,9]。然而，大多数油井分层开采时，各层含水量不同，且有时流速较大，给利用常规生产测井设备测量和分析油井的生产状况带来了巨大的困难。液体在油管中的摩擦阻力和从油藏中向井筒内的喷射使压差密度仪器无法准确进行测量，电子探头更无法探测到液体中的小油气泡。这些测量方法已不能满足当今实时监测的需求。

随着光纤技术的发展，出现了新型的光纤流量测量技术[10]。井下光纤流量计可以对流动液体进行两种基本测量，即体积流速和混合液体的声波速度测量。根据测量温度和压力下单相流体的密度和声波速度就可以确定两相系统中的某一相流体的流量。

2.2.4 物性（电阻率）测量

电极阵列技术已经广泛用于测井中，用以获取地层物性，达到分辨地层的目的。在智能井监测中，该技术可用于永久性的生产层产出液物性监测和水驱前缘移动分析。电极阵列测量的工作原理为：永久性电极阵列传感器由一组按序排列的电极组成，这些电极埋在套管外的固井水泥中，同产层直接接触，与套管绝缘，通过一条多芯电缆连接到地面，每个电极都通过单独的导线芯同地面的接地柱连接，通过测量每个电极的漏电流和电势，可以得到电极附近地层的近似的电阻率描述，再根据测井经验和地层电阻率实验数据，就可以描述电极附近地层物性。

井间电磁成像技术(EM)也逐渐在油藏描述和油藏监测中得到应用[11,12]。地层电阻率直接取决于地层孔隙度、孔隙流体电阻率和饱和度等油藏描述中的关键参数。井间电磁成像技术对测绘和监测油藏特性的变化及其他与电阻率分布相关的非均质性很有价值。其工作原理是：从一口井中的一个线圈发射时域谐波信号，则在地层中产生感应电流，这一电流又在另一口井的接收线圈中产生感应电压。地层的感应电压是地层电阻率分布及发射和接收线圈的位置、方位和频率的函数。采集各种发射器-接收器组合下的数据，并对这些数据进行处理，得到真实地层电阻率分布。选择适当的工作频率和传感器排布方式，井间电磁成像技术可实现大井距之间的地层监测。该方法用于智能井中，可为实时监测和控制流体前缘的运动，提供非常有价值的信息。

2.2.5 电测量技术

动态油藏泄油成像(DRDI)技术由固结在绝缘套管和地层间的空间中的一组电极构成。这种系统通过测量地层电阻变化，能确定远离井筒一定距离处的含水饱和度场。DRDI测量比 4D 地震调查可提供更高的采集频率和井内空间分辨率。在美国印第安纳州，通过利用一组井下电极监测下部水体的不均匀推进，利用三层智能完井控制井筒流动，已经成功优化了薄油层中智能水平井的原油生产。然而，DRDI 系统不能监测油藏中气油边界，因而装备这种传感器的智能井系统仅能利用智能井控制水驱前缘[13-16]。

研究认为，在油藏水驱过程中，装备一套 DRDI 系统的生产井能测量由水驱前缘达到所引起的流动电位变化。在水驱前缘达到生产井之前，可在离井筒 50～100m 的地方被检测到(图 2-3)。这种技术与其他井下监测技术相反，那些技术仅能检测到近井筒地带。因此利用这种技术能更有效地监测地层中的流动过程，以更好地实施生产调控策略[17-21]。

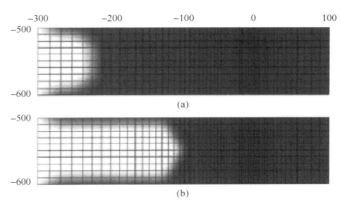

(a)

(b)

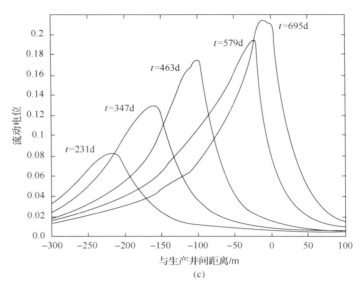

图 2-3　流动和流动电位测量模拟[21]

(a)231d 时油藏内部饱和度分布；(b)463d 时油藏内部饱和度分布，展示在水平轴 0m 处的水(白色)向井运移过程；
(c)模拟过程中，5 个不同时间步时流动电位与离生产井的距离之间的模拟曲线

2.2.6　井中雷达测量技术

井中雷达建立在地下介质中雷达波传播的基础上，它能在岩石中或土壤中穿透一定的距离。雷达波的传播取决于介电常数、磁导率、电导率和角频率。探测能力取决于目标物体和周围介质之间的电性参数差异及目标的大小。大多数矿物的相对介电常数为4～7，水约为 81。很多地质环境中，水的存在对周围介质的介电常数会产生很大的影响，因此雷达对含水带相对敏感，可用于确定岩体中含水量及孔隙度。

油藏流体(如油和水)的电磁性质有很大不同。对饱和油的岩石与饱和水的岩石来讲，其阻抗差异相当显著。当岩石中流体饱和度发生变化时，其阻抗差异产生的电磁波反射信息能被井中雷达捕获，从而监测到流体驱替前缘的运动状况。荷兰代尔夫特理工大学的研究人员对井中雷达在蒸汽辅助重力泄油(steam assisted gravity drainage, SAGD)过程中的潜在应用开展了大量的室内研究(图 2-4)。

该技术局限性体现在油藏和技术两个方面。油藏方面限制主要是监测距离大小问题，雷达工具能达到数米、十米数量级的监测距离，因此最佳的应用环境可以是薄层油藏、河道油藏或 SAGD 过程。另外一个油藏限制条件是雷达系统周围地层的导电率，高的导电率会危及电磁波的传播并急剧削弱发射的信号。在技术方面，最主要的限制条件来自金属套管的影响。套管能破坏性干扰电磁信号，除非在电磁波发射源周围布置高度绝缘的材料。

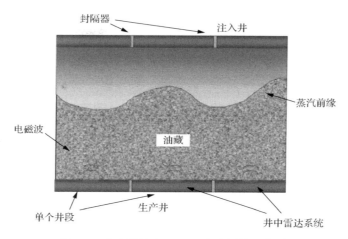

图 2-4 井中雷达在 SAGD 中应用的示意图

2.2.7 地震测量技术

目前使用的地震测量方法，如拖曳等浮电缆检波器组、临时海底布放地震检波器和井下电缆布放地震检波器等，能提供目的产油区域的测量，但这些方法具有相对高的作业费用，不能下入井内或受环境条件的限制等，而且提供的图像不全面、不连续，分辨率不是很高，因此难以实现连续、实时的油藏动态监测。基于光纤的井下地震检波器系统能够解决这些问题，它能提供整个油井寿命期间永久高分辨率四维油藏图像，极大方便了油藏管理。这种井下地震加速度检波器能接收地震波，并将其处理成高精度的地层和流体前缘图像。

2.3 智能井井下生产控制技术

在智能井系统中，井下生产控制系统是必不可缺的重要组成部分。目前，油藏和油井生产动态控制主要是通过井下节流技术来实现对层段或分支流量的控制。常见的执行器有井下可调油嘴/节流器和井下控制滑阀，控制方式主要有液压控制、电动控制或液压/电动控制。其工作原理是通过地面控制设备以液力或电力方式操纵井下执行器(完全打开、完全关闭或中间状态)，实现对不同层段或分支流量的单独控制，从而调节油藏的生产动态，实现油藏的实时控制与优化开采。

目前，智能井井下生产控制系统主要有电动和液压传动两种方式。过去由于电动系统寿命短和高压等因素限制，液压控制占据了主导地位。随着技术的发展，目前电动控制井下操作系统正在逐步增加。

国外一些公司研发出的智能井井下生产控制系统已成功用于现场。如 WellDynamics 公司(后被 Halliburton 公司收购)的地面控制油藏分析与管理系统(SCRAMS)是一个完全综合的控制和数据采集系统。该系统属于电动-液压监测和控制系统，集成了井下压力/温度监测、无级节流位置控制和信息实时反馈设备和功能。该系统可控制多个层段生产，与无级可调流入控制阀(IV-ICV™)和传感器驱动模块(SAM™)配合使用，可实现高精度的井下流动控制，所能控制的节流状态可达到 100 个，对冗余的电力和液压网络进行了分段/分节处理(SegNet™)，提高系统的可靠性，在每口井上使用一条液压控制管线和一条电力控制管线。此外，该公司的数字式水力系统属于全液压控制系统，利用 3 条控制管线触发/控制井下设备，控制的井下设备数量最多可达 6 个。数字式水力系统能用于控制简单的开/关式流入控制阀(ICVs)或防喷阀，为各层段提供打开/关闭流动控制；地面控制系统采用全自动或手动方式；直接式水力系统属于全液压系统，每个设备使用一条打开控制管线，所有设备共用一条关闭控制管线，利用网络解决方案(SegNet™)可减少所需的控制管线数量，与 CC-ICV 或 HV0-ICV 配合使用可提供打开/关闭控制功能，并结合 Accu-Pluse™系统则能提供 10～15 个离散、渐进的位置控制状态。

Baker Oil Tools 公司的 InForce™系统是一种液压操作系统，系统使用 HCM™系列的远程控制液压操作滑套实现远程流动控制。节流阀使用电动调节器及 8 个节流位置启动器来实现多个位置的节流。InForce™系统可以控制 1～3 个层位，提供的控制管线地面贯穿接口有 4 个；该公司的 InCharge™系统是一种电驱动操作系统，使用无级(精细)可调节流器可以有选择地控制单层的流量，该系统将动力传输、指令和控制、数据传输组合在一根 1/4″管线中，简化了馈入装置结构而又不影响整个系统功能。利用一条控制管线，在一口井中，作业者最多能监测和控制 12 个层段，一套 InCharge™系统监测和控制的井数最多可达 12 口。此外，Schlumberger 公司、Weatherford 公司等也研发了不同功能的智能井井下控制系统。

智能井系统除了关键的流入控制设备外，还有配套的井口穿越装置、井下湿接头等配套技术和装置。井口穿越系统是智能井系统的一个关键部件。通过这种系统，动力和信号就能跨过井口采油装置进行传递。井口贯穿系统为陆上或平台上井口采油装置提供一个机械、液压和电力接口，这样可使井下仪器电缆能安全通过采油树大四通。井口穿越结构消除了通过仪器通道在井口形成泄漏通道的可能。利用一个法兰接头或螺纹接头将井口出口连接到井口上。仪器电缆穿过油管悬挂器，终止在井口出口的压力保持腔内。湿式连接一旦完成，压力信号就通过法兰井口出口(固定在阀组侧面)与水下控制模块之间的海底电缆传递到水下控制模块中。同样还可采用专用的遥控无人潜水器(remote operated vehicle, ROV)通过一根热线式的集成管束来访问信号。

智能井系统部件通常安装在井下，要求具有较长的工作寿命，也许是油井整个寿命期。而人工举升设备(如电泵)总体上寿命期有限，在整个油井生产过程中需要不断取出并进行更换。如果将人工举升设备与传输电缆配置在同一生产管道上，这样必须为液压控制管线和电源线提供井下湿式断开装置。一旦人工举升设备重新安装回原来位置，液压湿式连接装置可使得井下完井设备与控制系统在地面上重新集成在一起。将控制/通信电缆附着在生产管线外部或将人工举升设备配置在电缆或连续油管上，可避免出现该问题。

2.4 井下数据传输技术

井下传感器的数据需要通过数据传输系统传送到地面控制设备。目前，井下数据的通信方式主要有电缆和光纤两种方式。电缆通信是目前最常用的井下数据通信媒介，其特点是数据量大、性能可靠，可以用于分布式测量系统，但是同光纤通信相比又逊色许多。光纤通信方式抗电磁干扰能力强、数据容量大，正逐步为业界所青睐。

分布式测量技术是目前井下数据传输技术的发展方向，它可以在一条传输媒介上进行多种数据信息的传递，可以最大限度、有效地利用资源，这在空间极其有限的井下工况条件下显得更为重要和迫切。最新的分布式测量技术研究集中在光纤 Bragg 光栅系统上，这种分布式光纤传感器将呈一定空间分布、具有相同调制类型的光纤传感器耦合到一根或多根光纤总线上，通过寻址、解调，检测出被测变量的大小与空间分布。

在井下数据传输方面，WellDynamics 公司采用电缆传输方式，利用数字式单线多站通信协议，采样速度可达到每秒 3 个，采用 8bit 的数据传输通道。QuantX 公司的多节点通信协议 HARVEST™，能在单根电缆上实现不同传感器、多个位置（节点）之间的两路通信，系统采用开式结构，最多支持 250 个传感器，每个节点的数据传输速度小于 1s。NOVA 公司的 STAR® 技术在单根导线上最多支持 64 个井下设备，通过带宽有损电缆在一秒钟内能从 35 个设备上传递完整的数据并生成报告，采样速度最快可达到每秒 16 个样本。Weatherford 公司的井下数据传输采用的是光纤传输方式，能实现多参数（压力/温度、流量、DTS）、多通道传输，并且采样速度可得到毫秒级。

参 考 文 献

[1] 刘均荣, 姚军, 张凯. 智能井技术现状与展望. 油气地质与采收率, 2007, 14(6): 107-110.

[2] 姚军, 刘均荣, 张凯. 国外智能井技术. 北京: 石油工业出版社, 2011.

[3] Chorneyko D M. Real-time reservoir surveillance utilizing permanent downhole pressures. SPE Annual Technical Conference and Exhibition, San Antonio, 2006.

[4] Rasoul R, Refaat E. A case study: Production management solution" a new method of back allocation using downhole pressure and temperature measurements and advance well monitoring". SPE/DGS Saudi Arabia Section Technical Symposium and Exhibition, Al-Khobar, Saudi Arabia, 2011.

[5] 周峰. 智能井监测技术研究进展. 地质科技情报, 2013(2): 174-180.

[6] Hinrichs L, Hiscock B, Banack B M, et al. Methodology for in-well DTS verifications in SAGD Wells. SPE Canada Heavy Oil Technical Conference, Calgary, Alberta, 2015.

[7] 林琳, 赵海波, 林冶永, 等. 光纤 DTS 系统在采油和注水井作业中的应用. 石油机械, 2004, 32(10): 73-74.

[8] 李轶. 多相流测量技术在海洋油气开采中的应用与前景. 清华大学学报(自然科学版), 2014, 54(1): 88-96.

[9] 郑永建, 马勇新, 曾桃, 等. 井下多相流测量技术综述. 石油工业技术监督, 2016, 32(3): 31-34.

[10] Kragas T K, Bostick F X III, Mayeu C. Downhole fiber-optic multiphase flowmeter: Design, operating principle, and testing. SPE Annual Technical Conference and Exhibition, San Antonio, 2012.

[11] Liang L, Abubakar A, Habashy T M. Production monitoring using joint inversion of marine controlled-source electromagnetic data and production data. 2011 SEG Annual Meeting, San Antonio, 2011.

[12] Marsala A F, Al-Ruwaili S B, Sanni M L, et al. Crosswell electromagnetic tomography in haradh field: Modeling to measurements. SPE Annual Technical Conference and Exhibition, Anaheim, 2007.

[13] Bryant I D, Chen M Y, Raghuraman B, et al. An application of cemented resistivity arrays to monitor waterflooding of the mansfield sandstone, Indiana, U S A. SPE Reservoir Evaluation & Engineering, 2002, 5 (6) : 447-454.

[14] Bryant I D, Chen M Y, Raghuraman B, et al. Real-time montoring and control of water influx to a horizontal well using advanced complerion equipped with permanenet sensors. SPE Annual Technical Conference and Exhibition, San Antonio, 2002.

[15] Kleef R V, Fisher S. Smart reservoir management: The well as an integrated part of reservoir monitoring and optimization. 1999 SEG Annual Meeting, Houston, 1999.

[16] Kleef R V, Hakvoort R, Bhushan V, et al. Water flood monitoring in an Oman Carbonate reservoir using a downhole permanent electrode array. SPE Middle East Oil Show, Manama, 2001.

[17] Jaafar M Z, Ahmed T, Sulaiman W R W, et al. Reservoir monitoring using streaming potential: Is the thermoelectric correction necessary. SPE Reservoir Characterisation and Simulation Conference and Exhibition, Abu Dhabi, 2015.

[18] Jackson M D, Gulamali M Y, Leinov E, et al. Spontaneous potentials in hydrocarbon reservoirs during waterflooding: Application to water-front monitoring. SPE Journal, 2012, 17 (17) : 53-69.

[19] Jackson M D, Gulamali M, Leinov E, et al. Real-time measurements of spontaneous potential for inflow monitoring in intelligent wells. SPE Annual Technical Conference and Exhibition, Florence, 2010.

[20] Jackson M D, Vinogradov J, Saunders J H, et al. Laboratory measurements and numerical modeling of streaming potential for downhole monitoring in intelligent wells. SPE Journal, 2011, 16 (3) : 625-636.

[21] Saunders J H, Jackson M D, Pain C C. Fluid flow monitoring in oilfields using downhole measurements of electrokinetic potential. AGU Fall Meeting, 2008, 73 (5) : E165-E180.

第3章 油藏动态实时监测数据处理与解释

智能井井下传感器采集的未经过处理的原始数据，需要进行解码、滤波、校正等处理(通常这些数据未经处理之前无法被识别或被正常使用)，然后结合油藏工程方法、油藏数值模拟与预测方法、优化方法等，对生产动态数据进行分析和挖掘，形成最佳的油藏动态控制方案，并通过地面控制系统将信息反馈到井下执行器，完成油藏实时控制过程。

通常智能井井下传感器监测的油藏动态参数的数据类型和数据量非常庞大，由于计算机资源有限，解释过程中不可能将这些数据都包含进去。因此，石油工程师需要将井下采集数据的数量尽可能减少到计算机可管理的规模上。目前，在井下采集数据处理方面主要集中在永久性井下压力计数据处理上。

从长期井下压力计获得的长期压力数据比单独的油井监测所获得的数据具有更大的价值。这些数据与传统的压力不稳定试井数据相比，能提供更多的油藏信息。压力不稳定试井持续的测试时间相对较短，这将引起压力响应趋势出现模棱两可的情况。例如，解释者也许能够发现边界响应的起点，但不能准确确定边界的类型。试井结果可能同时与多个不同的油藏模型都能拟合得很好，这就为结果解释带来了不确定性。通过永久性监测所提供的更多数据的分析就能降低解释中的不确定性。此外，通过长期监测数据还可进一步了解当流体从油藏中产出时油藏性质的变化情况和变化趋势[1-3]。

3.1 概　　述

与短期试井数据相比，长期监测数据倾向于具有更多的误差。在传统试井中，当油井经历流量变化时，油藏的压力响应被详细记录下来。这种试井在严格的控制环境中进行，通过详细设计，除非流量发生改变，否则系统中一般不会出现其他动态变化。在使用永久性压力计进行长期油藏监测的情况下，油井和油藏在其开采期限内将经历很多动态变化过程。如油井需要采取增产措施，或者由于井筒损坏而需要修井等。由于这些动态变化，井下压力计会记录不正确的测量数据。流体流动温度的急剧变化同样也能引起错误的记录。此外，永久性井下压力计自身也可能带来一些问题。在某些情况下，测得的压力数据精度比较低，并且还产生多余的奇异性和噪声。有时系统还会出现简单的功能失调现象，因此，长期监测数据分析的第一步工作就是从这些数据中除去奇异性和噪声。该过程被称作去除奇异性和降噪过程。

由永久性井下压力计采集的数据量非常庞大。在某些情况下，压力数据每隔 10s 采集一次，一年内采集的数据就超过三百万个，因此，整个开采期限内采集的数据将是海量数据。由于计算机资源有限，在解释过程中不可能将所有数据包含在内。因此，通过消除提供冗余信息的数据，很有必要将数据量减少到可管理的规模，该过程被称作数据简化。

在绝大多数的长期监测过程中，不可能完整记录油井活动和流量史。一般来讲，流量既不是连续测量的，又不是在井下测量的。当两次测量期间的流量没有多大变化时，流量测量一般一周测一次或一个月测一次。数据分析时，首先要确定流量发生变化的时间。当流量改变时，压力会发生突然变化。因此，确定流量变化的时间即变为寻找一种方法检测压力信号的变化。该过程被称作瞬变过程识别。

当确定各个瞬变过程开始的时间后，就需要估计未知的流量变化。因为压力响应是油藏性质和流量的函数，这就需要建立一种从现有的流量测量数据、生产历史和压力数据来确定这些未知流量的方法。重建流量史是最基础的压力数据解释。该过程被称作流动历史重建。

因为长期监测在无控制的环境下进行，由于上述原因，压力在瞬变过程之间并不连贯一致。某些瞬变过程中的异常压力特征也许会在参数估计过程中导致很大的不确定性，甚至得到错误的解释结果。为了修正这种情况，需要从解释中排除数据中的异常部分。该过程即为特征过滤。

解释数据时必须考虑在长期数据采集过程中可能发生的油藏性质和条件的变化，因为油藏性质不可能保持恒定不变，所以一次就解释完所有数据的结果不准确。因此，需要建立一种从变化的油藏性质中来分析压力响应的方法。该过程被称作数据解释。

3.2 小波数据处理技术

Athichanagorn[4]基于小波变换，提出了一种多步方法来处理和解释长期压力数据，并且发现这种方法是分析长期压力数据的一种比较有效的方法。所用的方法可总结为以下七步：消除异常点、数据降噪、不稳定过程识别、数据压缩、流量史重建、特征过滤和数据解释。

3.2.1 小波理论

由于小波分析具有良好的时频局部性，在通信、机械等行业中的应用由来已久，但直到 20 世纪 80 年代早期才被用于地球物理学中分析地震信号。目前，小波分析方法在油气探测、烃源岩特征分析、油藏性质评价、油藏模型粗化、井下数据压缩、长时井下压力计数据分析、井间关系研究及求解两相流问题等方面得到了一定的应用，但其在石油领域中的应用还是非常有限。

1. 离散小波

离散小波分解一般采用 Mallat 算法，它通过小波函数和尺度函数，利用它们多尺度间的关系，从原始离散信号计算得到近似系数和细节系数，然后又从近似系数和细节系数反向重构得到信号。对于信号分解来讲，这种算法最基本的步骤是将近似系数与高通和低通滤波器进行卷积运算，然后在各个分解尺度上对细节系数和近似系数进行下采样截取部分数据，以保证小波分解后信号的数据总量保持不变。重构时先将近似系数和细节系数上采样并滤波，然后作用低通和高通重建滤波器，以恢复上一尺度近似系数或原始信号。但这种算法不具备平移不变性这种特性，即这种算法不能在跨尺度的相同位置处估计其近似系数和细节系数。

设 $f_\tau(t) = f(t-\tau)$ 是 $f(t)$ 经 τ 作用后的一个变换，如果 $Wf_\tau(u,d) = Wf_\tau(u-\tau,d)$（其中 $f(t)$ 为信号；t 为时间；τ 为周期；a 为尺度因子；b 为平移因子；W 为小波变换算子），则满足平移不变性条件。连续小波变换保持了平移不变性，但在离散小波变换中，为了保持这个特性，对采样间隔施加了一个限制条件。

调整分解系数中的特征和原始数据中的特征之间不一致的一个方法是对分解系数加上一个偏移量，这样其特征就会改变位置。在离散小波变换的经典算法中，采用 ε-采样方法，即采样时选择每个偶数下标元素并定义参数 ε（偶数下标时 ε 取 0，奇数下标时 ε 取 1），通过这种方式对分解系数施加偏移。加上一个偏移并不能确保整个分解系数的平移不变性，因为信号中存在多个不连续段，某一个偏移量对其中一个不连续段的处理效果可能很好，但对另外一个不连续段的处理效果可能很差。

2. 静态小波

由于离散小波变换分解时的下采样会丢失少量信息，难以实现信号的精确重构。静态小波变换与离散小波变换相比，变换后的近似系数和细节系数没有进行下采样，近似系数和细节系数仍然和原信号的长度相同。由于分解过程没有下采样，所以在近似系数和细节系数上分别作用重建低通和高通滤波器后，直接就可重构上一层次的近似信号。静态小波变换使用的分解滤波器在不同层次上是不同的，第 $j+1$ 步采用的滤波器是第 j 步滤波器的上采样。分解滤波器的上采样造成了小波基的冗余，但没有对小波系数进行下采样，没有信息的丢失，就能实现信号的精确重构，重构后信号不发生偏移[5]。

信号经经典离散正交小波变换后，对分解的细节系数进行阈值处理后，重建信号边缘或突变点附近容易产生振荡，造成信号的失真，如果阈值处理的小波变换系数层次较少，则阈值处理后降噪效果不够理想。因此，在信号的不连续点处，去噪后会出现 Pesudo-Gibbs 现象。而利用静态小波变换对信号进行降噪处理，可以克服离散小波变换去噪存在的不足，达到较好的去噪效果。

3.2.2　异常点剔除

一般来讲，从长期井下压力计采集的压力数据包含不同程度的测量误差。其中最典型的两类测量误差就是噪声和离群点。所谓噪声是指一个时间序列中，一组分散在整个数据变化趋势周围的数据点。它是一种真实的测量信号，像真实数据一样位于相邻的区域内。而离群点则是指一个时间序列中，远离序列一般水平的极大值和极小值，也称之为奇异值，有时也称其为野值。这种数据点位于远离整个数据变化趋势的区域内。因此可以根据数据点与余下数据点之间的距离差简单区分这两种数据。图 3-1 显示了这两种数据的分布情况，图 3-2 是图 3-1 方框内的局部区域放大图。

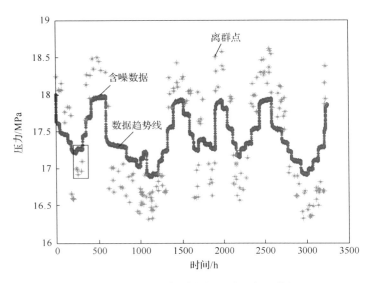

图 3-1　含噪声和离群点的长时压力计数据

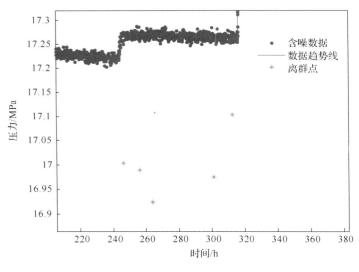

图 3-2　局部数据放大图

　　产生噪声和离群点的原因多种多样。长时井下压力计处于恶劣的油井和油藏（高温、高压、腐蚀等）环境中，与压力计设计、制造、校正的室内环境截然不同，这是造成测量产生误差的原因之一。另外，油藏环境的动态变化（如温度变化等）也会导致压力测量值的波动。通常认为，噪声是由于处理采集数据时为节省存储空间而采用数据舍入方法造成的，人为误差也是造成不确定性的一个因素。离群点是由于系统受外部干扰而产生。首先可能是采样中的误差，如记录的偏误、计算错误等，都有可能产生极大值或极小值；其次可能是被研究现象本身由于受各种偶然非正常的因素影响，如长时井下压力计工作失常形成离群点。无论是何种原因引起的离群点，对后续的数据序列分析都会造成一定的影响。从造成分析的困难来看，离群点会直接影响模型的拟合精度，甚至会得到一些虚伪信息，因此离群点往往被看作是一个"坏值"。但是，从获得信息来看，离群点提供了很重要的信息，它不仅提示在进行数据解释之前要认真检查采样中是否存在差错，而且当确认离群点是由于系统受外部突发因素刺激而引起时，它会提供相关的系统稳定性、灵敏性及油藏动态变化等重要信息。

因此，数据处理的第一步首先要从数据系列中删除不具有代表性的数据点(如离群点)，这些数据点在整个数据系列中明显偏离总体变化趋势。因为离群点远离数据变化趋势，所以数据流中会产生不连续性，表现出两个连续的奇异性。例如，位于数据趋势线以上的一个离群点，当"离开"数据趋势线时产生第一个奇异性，当离群点"返回"数据趋势线时产生第二个奇异性。基于小波的特性，可以利用小波分析的奇异性检测技术来识别这个数据变化特征。

当进行小波分解时，数据必须是等间隔采样数据，但很多情况下，从长时井下压力计获得的压力数据是非等间隔的。对于这种数据，可能首先想到的是采用插值的方式来得到等间隔的数据。但对于含有离群点的采集数据直接进行插值，会使最终数据(或信号)的近似程度很差。例如，如果离群点前一个数据点和离群点本身两者之间的时间间隔比平均的时间间隔大好几倍，则采用插值处理时获得的插值点在这两点之间就会表现出一定的变化趋势，从而会使小波方法很难检测出数据的奇异性。在这种情况下，插值数据可能被误解释为信号中的局部变化趋势而不再被当作离群点来处理(图 3-3)。

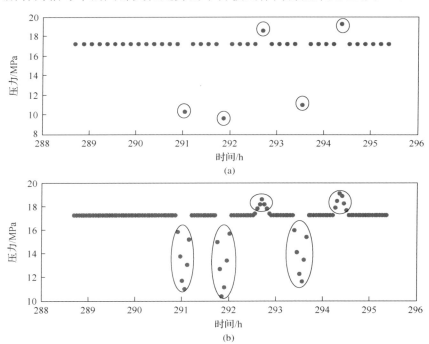

图 3-3 含离群点的压力数据插值结果

图 3-3(a)表示含离群点的压力数据(圆圈内的数据为离群点)，图 3-3(b)表示插值后的数据(圆圈内的数据为插值点)。从图中可以看出，如果直接用含离群点的数据进行插值处

理，则在离群点附近区域出现微小的局部变化趋势，这将为后续的数据识别带来困难。

在识别离群点时，采用插值方法的另一个原因是离群点是原始数据而不是插值数据。如果在小波分解过程中使用插值数据，则由小波奇异性检测算法确定的离群点将是插值点，当将这些数据映射回原点以确定离群点的实际位置时可能会导致误判。

基于上述原因，在剔除离群点时，长时井下采集的数据应该看作时间序列来处理，而不是当作压力-时间、温度-时间、流量-时间数据来处理。采集数据中的时间尺度可以用数据顺序来代替，如第一个数据的序列号为 1，第二个数据的序列号为 2。经过该处理后，数据点之间就成了等间隔数据。图 3-4 给出了用数据顺序来表示的压力数据。

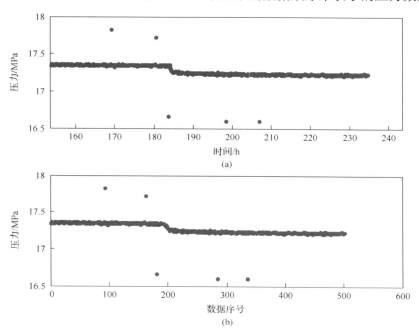

图 3-4　不同方式表示的压力数据

图 3-4(a)是以时间为横坐标绘制的压力曲线，图 3-4(b)是以数据序号为横坐标绘制的压力曲线。从图中可以看出，利用数据顺序表示的压力数据中仍然保留了离群点的奇异性特征。因此，在利用小波方法来剔除压力数据中的离群点时，可以将非等间隔采样的"压力-时间"数据转换成"压力-数据序号"数据来处理。

小波分解方法将信号分解为细节信号和近似信号，其中的细节信号代表跨尺度信号的相对变化。因此，信号中的突然变化可以通过细节信号的幅值大小来进行判断。当信号中存在离群点时，细节信号首先将向一个方向急剧变化(增加或减小)，接着再向相反的方向变化。例如，一个位于数据变化趋势曲线上方的离群点，其细节信号将先急剧增加然后再急剧减小。因此，可以通过筛选符号相反、幅值最大的两个相邻细节信号判断由离群点产生的奇异点。为了说明存在离群点数据时小波分解后细节信号的特征，对图 3-4 所示的数据(包含了五个离群点，序号分别为 94、162、180、284、335)进行三层小波分解。图 3-5 给出了 db1(Harr)小波分解得到的三层细节信号。

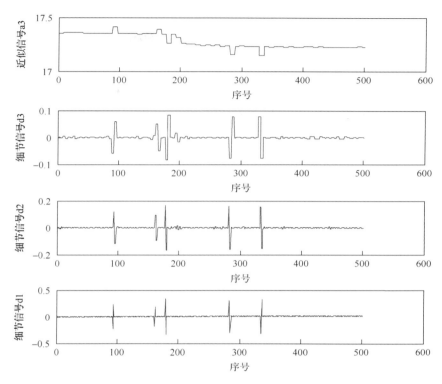

图 3-5　db1 小波分解结果

从上述分解图形中可以看出，上述小波分解后的三层高频系数重构图形可清楚地确定离群点的位置，并且第一层分解的 d1 高频系数重构图形比 d2、d3 高频系数重构的图形更清楚地确定了离群点的位置。因此，在判断离群点时，对数据进行一层小波分解，得到 d1 高频系数，然后通过判断 d1 高频系数中两个连续的、符号相反的细节信号峰值，就可以确定出离群点。

利用商业试井解释软件模拟的一组不带噪声和离群点的长时压力监测数据。模拟所用数据如表 3-1 所示。

表 3-1　模拟长时井下压力监测数据所用的参数

井径	产层厚度	孔隙度	地层体积系数	黏度	最小时间步长
114.3mm	15m	0.25	1.5	900mPa·s	3s
井眼模型	井模型	油藏模型	边界模型	油藏初始压力	最大时间步长
恒定井筒存储	垂直井	均质油藏	无限大	18MPa	600s
井筒存储系数	机械表皮	流量相关表皮	地层系数	压力计分辨率	
0.25m³/MPa	2	0.001m³/d	0.5μm²·m	1Pa	

模拟时间总长为 3251h，数据点总数为 20511 个。图 3-6 是不含噪声、离群点的压力模拟曲线。在模拟的压力数据中分别加入噪声方差分别为 1、2、5 和 10 的噪声数据，然后再加入随机产生的 200 个离群点数据，所得的数据如图 3-7 所示。

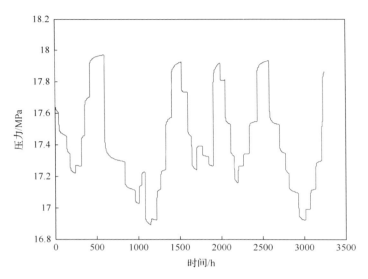

图 3-6   不含噪声和离群点的长时井下压力模拟数据

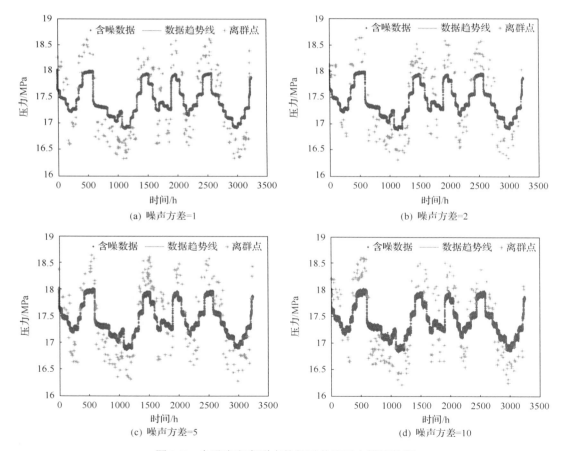

图 3-7   含噪声和离群点的长时井下压力模拟数据

利用上述离群点筛查方法，采用不同的小波函数对四组含噪声和离群点的长时井下压力模拟数据进行离群点筛查。其具体步骤如下。

(1)将以"压力-时间"表示的数据转换成以"压力-数据序列"表示的时间序列数据。

(2)利用小波函数对压力数据进行一层小波分解，得到一层分解细节信号。

(3)确定一个阈值，利用搜索方法寻找符号相反、幅值大于阈值的两个相邻细节信号。

(4)根据步骤(3)搜索的细节信号结果，确定离群点；然后以离群点左右相邻点的平均值代替离群点，从而剔除原始数据中的离群点。

在搜索离群点过程中，阈值的选择对搜索结果有很大的影响，本书采用了以标准差(均方根)为基础的离群点筛查法。该方法是以数据值是否超过标准差的 α 倍作为判别标准。其计算方法如下：

$$\left| |u_i| - \left(\sum_{i=1}^{n} u_i \bigg/ n \right) \right| \geqslant \alpha\sigma \tag{3-1}$$

式中，u_i 为细节信号幅值；n 为细节信号数量；α 为系数；σ 为细节信号标准差。

利用离群点剔除方法，对常用的 48 个小波基函数(bior)进行大量数值实验，通过定义准确率(筛查出的正确的离群点个数与实际离群点总数的比值)和误筛率(筛查出的错误的离群点个数和未筛查出的离群点个数之和与实际离群点总数的比值)两个参数，确定出 bior3.9 小波函数相比于其他小波函数具有更好的离群点剔除性能。图 3-8 为利用 bior3.9 小波函数对模拟数据剔除离群点后的结果。从模拟结果可以看出，除个别点外，所用方法能有效地剔除数据中的离群点。

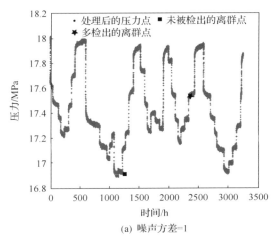
(a) 噪声方差=1

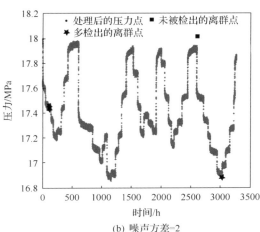
(b) 噪声方差=2

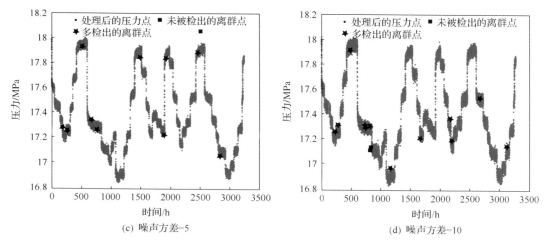

(c) 噪声方差=5　　　　　　　　　　(d) 噪声方差=10

图 3-8　bior3.9 小波函数剔除离群点后的数据

3.2.3　小波降噪

利用小波变化将含噪声的压力信号数据分解到多尺度中，然后在每一个尺度下把属于噪声的小波系数去除，保留并增强属于信号数据的小波系数，最后重构出小波降噪后的压力信号[5-8]。一个含噪的一维信号的模型可以表示为

$$s(i) = f(i) + ke(i), \qquad i = 0,1,\cdots,n-1 \tag{3-2}$$

式中，$f(i)$ 为真实的压力信号；$s(i)$ 为含噪声的压力信号；$e(i)$ 为噪声；k 为噪声水平系数。

在实际工程应用中，有用的信号通常表现为低频信号或一些比较平稳的信号，而噪声信号则通常表现为高频信号。对信号进行小波分解时，含噪声部分主要包含在细节系数中，因而可以应用门限阈值等形式对小波系数进行处理，然后对信号进行重构即可达到消除噪声的目的。通常的降噪办法是寻找一个合适的实数 λ 作为阈值，把小于 λ 的小波细节系数设为 0，而对大于 λ 的小波细节系数则予以保留或进行收缩，从而得到小波系数的估计值，此时小波系数可理解为基本上由信号引起。

小波能够消噪主要由于小波变换具有如下特点。

(1) 低熵性。小波系数的稀疏分布，使图像处理后的熵降低。

(2) 多分辨特性。由于采用了多分辨的方法，所以可以非常好地刻画信号的非平稳性，如突变和断点等，可以在不同分辨率下根据信号和噪声的分布去除噪声。

(3) 去相关性。小波变换可对信号去相关，且噪声在变换后有白化趋势，所以小波域比时域更利于去噪。

(4) 基函数选择更灵活。小波变换可以灵活选择基函数，也可以根据信号特点和降噪要求选择多带小波、小波包等，不同场合可以选择不同的小波基函数。

小波分析消噪的方法大概可以分为三大类：第一类方法是基于小波变换模极大值原

理，根据信号和噪声在小波变换各尺度上的不同传播特性，剔除由噪声产生的模极大值点，保留信号所对应的模极大值点，然后利用余下的模极大值点重构小波系数，进而恢复信号；第二类方法是对含噪声信号做小波变换之后，计算相邻尺度间小波系数的相关性，根据相关性的大小区别小波系数的类型，从而进行取舍，然后直接重构信号；第三类方法是 Donoho 和 Johnstone[9]提出的阈值方法，该方法认为信号对应的小波系数包含有信号的重要信息，幅值较大，但数目较少，噪声对应的小波系数则是均匀分布的，个数较多，但幅值较小。基于此思想，Donoho 和 Johnstone[9]提出了阈值去噪方法，即从众多小波系数中，把绝对值较小的系数置零，而让绝对值较大的系数保留或收缩，得到估计小波系数。

小波降噪过程一般可以分为以下三个步骤。

（1）一维压力信号的小波分解。选择一个小波分解的层次 N，然后对含噪信号 $s(i)$ 进行 N 层小波分解。

（2）小波分解细节系数的阈值量化。对第 1 到第 N 层的每层细节系数选择一个阈值进行阈值收缩量化。

（3）一维压力信号的小波重构。根据小波分解的第 N 层的近似系数和经过量化处理的第 1 层到第 N 层的细节系数，进行一维信号的小波重构。

上述步骤中最关键的是如何选取阈值和如何进行阈值量化，它关系到信号降噪后的质量。

依据图 3-9 的一组压力数据，图 3-10 给出了经离散小波 6 层分解后得到的近似和细节系数。从图中可以看出，与不同分解尺度中各个峰值相对应的模极大值的相对位置发生部分偏移。这样就不可能准确预测出不同分解尺度下的数据的斜率阈值，或者预测出的斜率阈值不可靠，因此这种方法不能用于检测突变点。

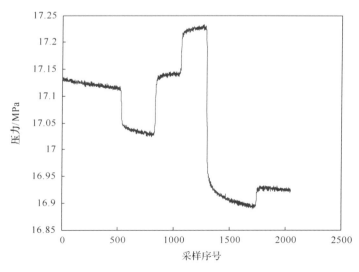

图 3-9　小波分解测试信号

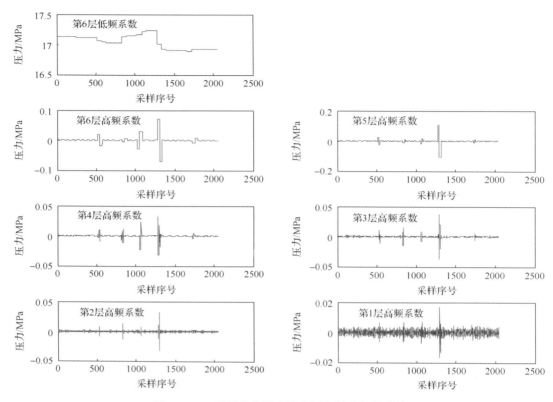

图 3-10　一维经典离散小波分解各尺度细节系数

由于离散小波变换分解时的下采样，会丢失少量信息，难以实现信号的精确重构。在离散小波变换的基础上提出了静态小波变换。静态小波变换与离散小波变换相比，变换后的近似系数和细节系数没有进行下采样，近似系数和细节系数仍然和原信号的长度相同。由于分解过程没有下采样，所以在近似系数和细节系数上分别作用重建低通和高通滤波器后，直接就可重构上一层次的近似信号。静态小波变换使用的分解滤波器在不同层次上是不同的，第 $j+1$ 步采用的滤波器是第 j 步滤波器的上采样。分解滤波器的上采样造成了小波基的冗余，但没有对小波系数进行下采样，没有信息的丢失，能实现信号的精确重构，重构后信号不发生偏移。

对图 3-9 中的压力数据进行静态小波变换后，图 3-11 给出了不同尺度下的近似系数和细节系数。从图 3-11 中可以看出，与不同分解尺度中各个峰值相对应的模极大值的相对位置基本保持不变。由此可以看出，在识别压降(压恢)过程突变点时，静态小波要优于经典的离散小波。

此外，信号经经典离散正交小波变换后，对分解的细节系数进行阈值处理后，重建信号边缘或突变点附近容易产生振荡，造成信号的失真，如果阈值处理的小波变换系数层次较少，则阈值处理后降噪效果不够理想。因此，其缺点是在某些情况下，如在信号的不连续点处，去噪后会出现 Pesudo-Gibbs 现象。而利用平稳小波变换对信号进行降噪

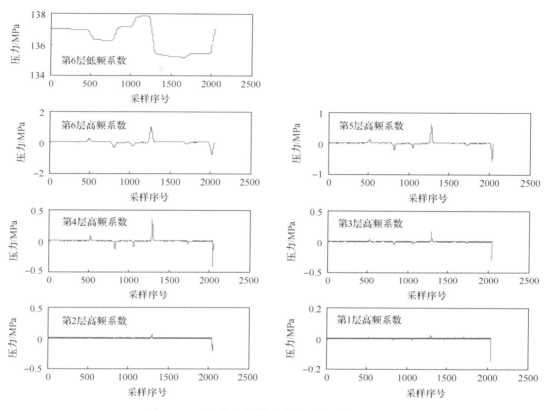

图 3-11 一维静态离散小波分解各尺度细节系数

处理，可以克服正交小波变换去噪存在的不足，达到较好的去噪效果。从图 3-12 给出了离散小波变换（DWT）和静态小波变换（SWT）去噪后的曲线，图 3-13 是其中两段采样点经 DWT 和 SWT 去噪后的放大曲线。从图 3-12 可以看出，DWT 与 SWT 都达到了去噪的目的。但运用 DWT 去噪后在突变点处产生振荡，出现了伪 Gibbs 现象，因此利用 SWT 处理的去噪效果明显优于 DWT（图 3-13）。

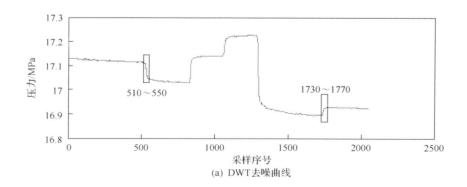

(a) DWT 去噪曲线

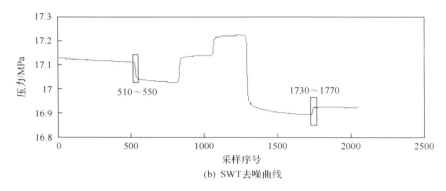

(b) SWT 去噪曲线

图 3-12　DWT 和 SWT 去噪曲线

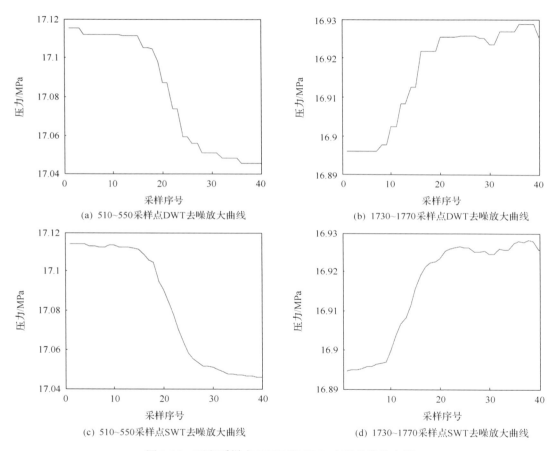

(a) 510~550采样点DWT去噪放大曲线

(b) 1730~1770采样点DWT去噪放大曲线

(c) 510~550采样点SWT去噪放大曲线

(d) 1730~1770采样点SWT去噪放大曲线

图 3-13　两段采样点 DWT 和 SWT 去噪曲线放大图

　　对模拟的试井曲线分别加上不同的高斯白噪声，然后对各种含噪曲线取不同的采样点数，利用不同的小波函数、阈值选取规则、阈值施加方式，进行不同尺度下的分解、降噪和重构，然后计算其评价指标。具体模拟计算参数如表 3-2 所示。

表 3-2　模拟计算参数

噪声方差	采样点数	小波基函数（A）	分解尺度（B）	阈值选取规则（C）	阈值施加方式（D）
1、2、5、10	1024、2048、4096、8192、18384、36768、65536	db1、db2、db3、db4、db5、db6、db7、db8 sym2、sym3、sym4、sym5、sym6、sym7、sym8 coif1、coif2、coif3、coif4、coif5 bior1.3、bior1.5、bior2.2、bior2.4、bior2.6、bior2.8、bior3.1、bior3.3、bior3.5、bior3.7、bior3.9、bior4.4、bior5.5、bior6.8 rbio1.3、rbio1.5、rbio2.2、rbio2.4、rbio2.6、rbio2.8、rbio3.1、rbio3.3、rbio3.5、rbio3.7、rbio3.9、rbio4.4、rbio5.5、rbio6.8	2、3、4、5、6、7、8、9	sqtwolog、minimaxi、heursure、rigrsure、penalhi（Birge-Massart high penalized）、penalme（Birge-Massart median penalized）、penallo（Birge-Massart low penalized）、scarcehi（Birge-Massart scarce）、generalcv（GCV）	y（hybrid 阈值）、s（soft 阈值）、h（hard 阈值）、c（SCAD 阈值）、g（garrote 阈值）、z（折中阈值）、m（模平方阈值）

　　在大量模拟实验的基础上，确定出适合于长时井下压力数据降噪的参数组合：①静态 Harr 小波函数；②6 层分解水平；③Heursure 阈值规则；④模平方阈值量化处理方法。从模拟数据中选取 16384 个数据，利用上述组合对加噪后的模拟数据进行降噪处理，结果如图 3-14 和表 3-3 所示，平均信噪比由降噪前的 63.07 提高到降噪后的 76.92。从实验结果可以明显看出，采用上述降噪组合方案可以得到较好的降噪效果，很好保留了原始数据的基本特征。

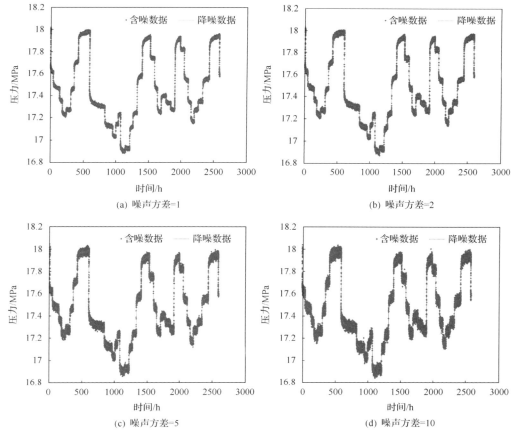

(a) 噪声方差=1　　　　　　　　　　　　(b) 噪声方差=2

(c) 噪声方差=5　　　　　　　　　　　　(d) 噪声方差=10

图 3-14　降噪数据

表 3-3　降噪前后信噪比

信噪比	噪声方差				平均
	1	2	5	10	
降噪前信噪比	68.09	65.02	61.08	58.08	63.07
降噪后信噪比	80.39	77.76	75.75	73.78	76.92

3.3　不稳定过程识别

1. 小波模极大值法

Athichanagorn[4]研究了利用小波方法来识别突变点过程的方法，他均采用紧支撑非正交小波（即样条小波）。在小波族中，Haar 小波是所有正交小波族中紧支撑性最好的小波，并且它具有不连续性，与其他紧支撑性较差的正则和正交小波相比，它能更精确地定位突变点。另外，由于静态小波具有重构信号不发生偏移的优点，因此可采用静态 Haar 小波并结合小波模极大值方法对突变点识别进行研究。

小波变换是将作为时间 t 的小波函数的 $\psi(t)$ 进行平移 b 和缩放 a 而成为

$$\psi_{a,b}(t) = |a|^{-\frac{1}{2}} \psi\left(\frac{t-b}{a}\right) \tag{3-3}$$

然后将它与被变换的函数 $f(t)$ 作内积而进行的一种线性分解运算：

$$W_f(a,b) = (f(t), \psi_{a,b}(t)) = |a|^{-\frac{1}{2}} \int_{-\infty}^{\infty} f(t) \overline{\psi}\left(\frac{t-b}{a}\right) \mathrm{d}t \tag{3-4}$$

式中，$W_f(a,b)$ 称为 $f(t)$ 对基函数系 $\{\psi_{a,b}(t) | a,b \in R\}$ 的小波变换。

当小波函数看作某一平滑函数的一阶导数时，信号经小波变换后模的局部极值点对应于信号的突变点；当小波函数看作某一平滑函数的二阶导数时，信号经小波变换后模的过零点也对应信号的突变点。因此，采用检测小波变换系数模的过零点和局部极值点的方法可以检测信号的突变点。通常情况下，信号奇异性分两种情况：一种是信号在某一时刻内，其幅值发生突变，引起信号的非连续，幅值的突变处是第一种类型的间断点；另一种是信号外观上很光滑，幅值没有突变，但是信号的一阶微分有突变产生，且一阶微分是不连续的，称为第二种类型的间断点。本书研究的长时井下压力监测数据中由于流量变化引起的突变点属于第一种类型。由于长时井下监测数据中可能包含离群点和噪声信号，会影响信号突变点的确定，所以在识别突变点之前数据应进行离群点剔除和消噪处理。

2. 噪声鲁棒微分算法

Pavel[10]及刘均荣等[11]提出了一种噪声鲁棒的数据处理方法，具有多项式拟合更准确、低频信号处理更精确、高频信号光滑和抑制性能更好等特点。该方法假设滤波器长度为 N（奇数），滤波器系数为 $\{c_k\}$，x^* 附近步长为 h 的 N 个等间隔点的函数值为

$$f_k = f(x_k), \quad x_k = x^* + kh; \quad k = -M, \cdots, M; \quad M = \frac{N-1}{2} \tag{3-5}$$

其导数通式可写为

$$f'(x^*) = \frac{1}{h} \sum_{k=1}^{M} \{c_k\}(f_k - f_{-k}) \tag{3-6}$$

式中，k 为序数；$\{c_k\}$ 为Ⅲ型有限脉冲响应的反对称滤波器系数，其频率响应为

$$H(\omega) = 2i \sum_{k=1}^{M} c_k \sin(k\omega) \tag{3-7}$$

通过选择系数 $\{c_k\}$，使 $H(\omega)$ 在低频范围内尽可能接近理想微分算子 $H_d(\omega) = i\omega$ 的响应，在接近高频 $\omega = \pi$ 时能平稳趋向 0。最直接的方法是使 $H(\omega)$ 和 $H_d(\omega)$ 在 $\omega = 0$ 处高阶相切及 $H(\omega)$ 在 $\omega = \pi$ 处高阶相切，得到如下线性方程：

$$\begin{cases} \left. \dfrac{\partial^i H(\omega)}{\partial \omega^i} \right|_{\omega=0} = \left. \dfrac{\partial^i H_d(\omega)}{\partial \omega^i} \right|_{\omega=0}, & i = 0, \cdots, n \\[3mm] \left. \dfrac{\partial^j H(\omega)}{\partial \omega^j} \right|_{\omega=\pi} = 0, & j = 0, \cdots, m \end{cases} \tag{3-8}$$

式中，n 为多项式次数；$m = \dfrac{N-3}{2}$。

滤波器可以计算多项式系数、光滑含噪数据，也能进一步计算光滑数据的一阶、二阶等多阶导数。在井下生产过程中，当流量发生变化时（新的流动过程），压力响应将出现突变点，其导数将呈现一个峰值。因此可以根据一阶、二阶或多阶导数中出现的峰值位置确定突变点位置，即新的流动过程开始的时间。

3. 数值模拟实验

以表 3-4 中的流量数据模拟了无限大均质油藏中心一口垂直井的压力响应，共包含 13 个流量变化过程。图 3-15 是不含噪声的压力模拟信号，4.5～6h 时存在几个短暂的流量变化过程。

表 3-4　模拟的流量测试数据

时间/h	流量/(m³/d)	时间/h	流量/(m³/d)
0.1	0	5.5	80
1	50	5.7	75
2.5	80	5.75	78
4.5	40	9.75	85
4.6	60	13.75	60
4.65	50	17.75	50
4.7	70		

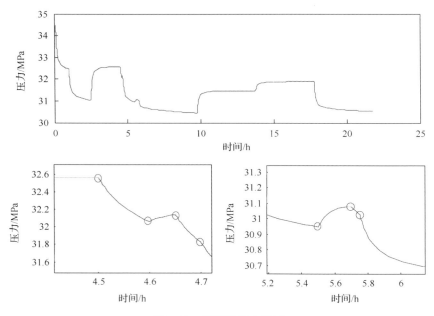

图 3-15　模拟的压力信号

图 3-16 给出了该压力模拟信号经静态 Harr 小波经 6 层分解后的细节系数和近似系数。从图中可以看出，流动过程突变点在小波细节系数上体现为一个局部模极值，但随着分解尺度的增加，较小的突变点对应的模极值被"抹掉"。如当分解尺度超过 4 层后，在采样点 450～500 时的 4 个突变点及采样点 550～600 时的 3 个突变点均萎缩成 1 个突变点。因此采用高阶尺度下的模极大值来识别突变点势必会带来较大误差。书中分别对前 3 层小波分解细节系数求取模极大值，找出大于给定阈值的模极大值所对应的突变点位置，然后将各层细节系数的突变点位置进行匹配对比，确定最终的突变点。表 3-5 给出了基于模极值方法采用不同阈值对前 3 层小波细节系数进行识别的突变点时间。

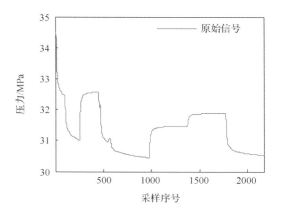

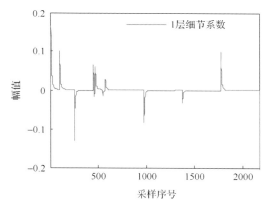

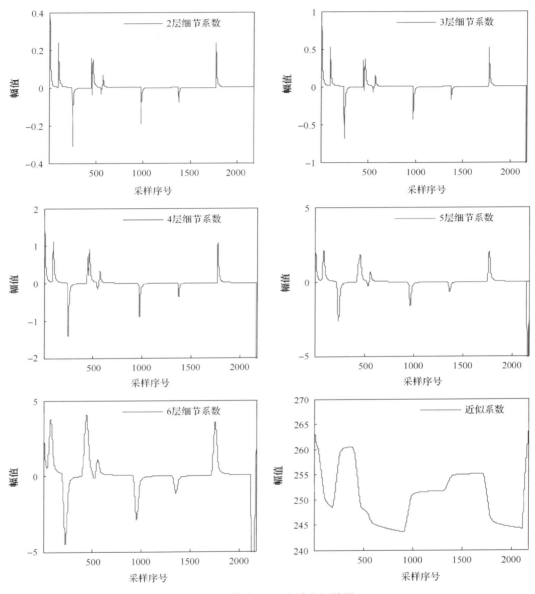

图 3-16　静态 Harr 小波分解结果

　　从表 3-5 可以看出，利用小波模极大值方法可以较好地识别出主要的突变点(重要的流动过程)，但在识别较小的流动过程时不是很有效，并且在不同分解尺度下识别出的突变点也不尽相同。在较高分解尺度下识别出的突变点时间与实际时间存在一定差异，在较低分解尺度下存在误识别(假)的突变点，随着判断阈值的增加，漏识别的突变点逐渐增多。这为准确识别突变点(新的流动过程)带来一定的困难。此外，经过大量模拟实验表明，小波模极大值识别突变点方法对含噪信号比较敏感。当信号中存在噪声时，会极大地降低其识别准确率。表 3-6 给出了在压力模拟信号中加入噪声方差为 2 的高斯白噪声后，利用小波模极大值识别突变点的结果。

表 3-5　不同判断阈值下的突变点识别结果

判断阈值	细节系数尺度	突变点数量	突变点对应的时间/h
σ	1	13	0.10、1.00、2.50、2.66*、4.50、4.70、5.50、5.75、9.75、9.90*、13.75、17.75、17.91*
	2	17	0.10、1.00、1.14*、2.50、2.64*、4.50、4.60、4.65、4.70、4.84*、5.50、5.75、9.75、9.89*、13.75、17.75、17.89*
	3	10	0.09**、0.99**、2.49**、4.49**、4.65、4.67*、5.74**、9.74**、13.74**、17.74**
1.5σ	1	10	0.10、1.00、2.50、2.66*、4.50、4.70、5.75、9.75、13.75、17.75
	2	11	0.10、1.00、2.50、2.64*、4.50、4.65、4.70、5.75、9.75、13.75、17.75
	3	9	0.09**、0.99**、2.49**、4.49**、4.65、4.67*、9.74**、13.74**、17.74**
2σ	1	9	0.10、1.00、2.50、4.50、4.70、5.75、9.75、13.75、17.75
	2	10	0.10、1.00、2.50、4.50、4.65、4.70、5.75、9.75、13.75、17.75
	3	8	0.09**、0.99**、2.49**、4.49**、4.65、4.67*、9.74**、17.74**
3σ	1	7	0.10、1.00、2.50、4.50、4.70、9.75、17.75
	2	8	0.10、1.00、2.50、4.50、4.65、4.70、9.75、17.75
	3	8	0.09**、0.99**、2.49**、4.49**、4.65、4.67*、9.74**、17.74**

注：σ 为样本标准差；表中*数字表示误识别的突变点；**数字表示识别时间与实际时间存在差异的突变点，下同。

表 3-6　含噪压力信号的突变点识别结果

判断阈值	细节系数尺度	突变点数量	突变点对应的时间/h
1.5σ	1	20	0.10、1.00、1.17*、1.21*、2.50、2.96*、3.09*、4.51*、4.65、4.70、4.81*、5.28*、5.75、5.81*、7.82*、9.72*、9.75、13.75、17.75、17.86*
	2	15	0.10、0.26*、1.00、1.08*、2.50、2.62*、4.50、4.70、5.75、9.75、9.84*、13.75、17.75、17.84*、17.87*
	3	9	0.09**、0.99**、2.49**、4.49**、4.65、4.67*、9.74**、13.74**、17.74**

基于 Pavel 的噪声鲁棒微分算法，采用自由度为 4、长度为 9 的滤波器对压力模拟信号进行处理[10,11]，图 3-17 给出了模拟压力信号的一阶和二阶导数结果。从图 3-17 可以看出，当出现一个突变点(新的流动过程)时，其一阶、二阶导数对应出现一个局部极值点。因此可以根据局部极值点确定对应流动过程的开始时间。从导数曲线还可以发现，局部极值的符号(正或负)可以表征流动变化：压力恢复过程对应的局部极值为正数，压力降落过程对应的局部极值为负数。因此根据局部极值还可以很容易自动识别井下流动变化过程。

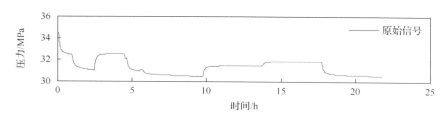

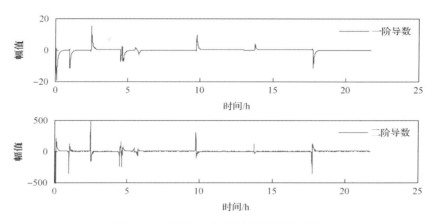

图 3-17　模拟压力信号的导数计算结果

根据上述方法，对不含噪声的压力模拟信号进行突变点识别(表 3-7)。从表 3-7 可以看出，除了一个突变点的位置(4.73)与实际位置(4.70)存在一定误差外，采用压力数据的二阶导数可以很好地识别突变点。采用较大的判断阈值时，可能会漏掉某些微小的流动过程，但主要的流动过程仍能被有效识别出来，而采用较小的阈值则可以得到较好的识别结果。在长时井下压力监测过程中，由于微小的流动过程也可能包含了更多的油藏动态信息，为了更好地捕捉这些信息，可以选择较小的阈值，但太小的阈值可能会导致误判，从而识别出多余的假突变点。基于数值模拟实验结果，可以选择压力信号的二阶导数、1.5 倍样本标准差作为识别突变点的方法。

表 3-7　不同判断阈值下的突变点识别结果

判断阈值	突变点数量	突变点对应的时间/h
σ	13	0.10、1.00、2.50、4.50、4.60、4.65、4.73*、5.50、5.70、5.75、9.75、13.75、17.75
1.5σ	13	0.10、1.00、2.50、4.50、4.60、4.65、4.73*、5.50、5.70、5.75、9.75、13.75、17.75
2σ	11	0.10、1.00、2.50、4.50、4.60、4.65、4.73*、5.75、9.75、13.75、17.75
3σ	9	0.10、1.00、2.50、4.50、4.60、4.65、9.75、13.75、17.75

为了研究噪声对突变点检测算法的影响，对原始不含噪的压力模拟信号加入噪声方差分别为 1、2、5 和 10 的白噪声。利用基于噪声鲁棒微分算法的突变点检测方法，对含噪模拟数据进行识别处理，结果如表 3-8 所示。从表中可以看出，该突变点检测方法对噪声具有良好的稳健性，信号含噪情况下能很好地识别出突变点。

表 3-8　不同噪声下突变点识别结果

噪声方差	突变点数量	突变点对应的时间/h
1	13	0.10、1.00、2.50、4.50、4.60、4.65、4.70、4.73*、5.50、5.75、9.75、13.75、17.75
2	13	0.10、1.00、2.50、4.50、4.59、4.65、4.70、4.73*、5.50、5.75、9.75、13.75、17.75
5	12	0.10、1.00、2.50、4.50、4.60、4.65、4.70、4.74*、5.75、9.75、13.75、17.75
10	12	0.10、1.00、2.50、4.50、4.60、4.65、4.70、4.73*、5.50、5.75、9.75、13.75、17.75

图 3-18 给出了一组模拟的加噪(噪声方差为 10)长时井下压力监测数据的突变点自

动识别结果。从图中可以清楚看出，利用 Pavel 噪声鲁棒微分算法的二阶导数方法能很好地识别出所有重要的突变点[10,11]。

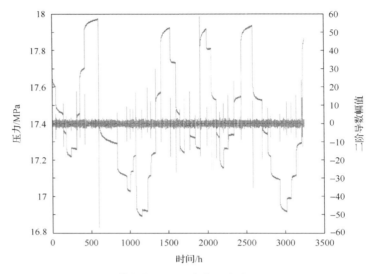

图 3-18　模拟的长时压力信号突变点识别结果

3.4　数据压缩

一般来讲，从井下长时压力计获取的监测数据总量很大。为了查看这些数据的变化趋势，以图形方式将这些数据全部显示出进行直观观察比较困难，更不用提对所有的数据进行同时分析。因此，对采集的数据进行压缩很有必要，既能保留有代表性的、重要的变化过程，又能有效地降低数据存储量。对于采集的含噪数据，在进行数据压缩前应该进行降噪处理，以便从数据中获得重要的变化点，否则可能会因噪声引起的某些压力值的变化超过预设的压力阈值，从而使其在数据压缩采样过程中被保留下来，进而会影响后续的解释结果。

目前，用于数据压缩的方法很多，采用最简单的一种阈值压缩方法，即当压力变化超过一定压力阈值 ΔP 时，对该数据点进行采样。同时考虑到压力可能在某一段时间内保持不变或者变化很小这种情况，对采样时间间隔也采取了一定的限制条件，也即当采样时间间隔超过预设时间阈值 Δt 时对该数据点进行采样。

压力阈值 ΔP 分别取为 0.6895kPa、6.895kPa、34.475kPa 和 68.95kPa，时间阈值 Δt 取为 1h。图 3-19 给出了噪声方差为 2 的含噪数据和降噪数据经不同压力阈值压缩处理后的结果，表 3-9 给出了数据压缩统计结果。

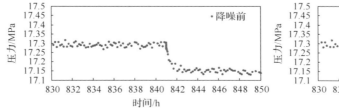

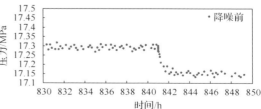

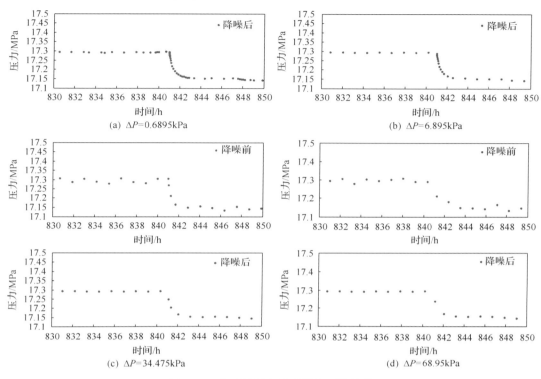

图 3-19　含噪数据和降噪数据压缩结果

表 3-9　含噪数据和降噪数据采用不同压力阈值时的数据压缩结果

压力阈值/kPa	原始数据个数	未降噪数据		降噪数据	
		数据个数	压缩率/%	数据个数	压缩率/%
0.6895	16384	15736	3.96	5127	68.71
6.895	16384	10186	37.83	2711	83.45
34.475	16384	2431	85.16	2319	85.85
68.95	16384	2264	86.18	2263	86.19

　　从数据压缩结果可以看出：①随着压力阈值的增加，压缩后的数据量呈下降趋势，但当压力阈值超过一定数值后，其压缩相比提高幅度很小，另外，当压力阈值超过一定数值后，数据点之间出现较大的间隔，特别是在压力变化阶段(压力恢复或压力降落)，这可能为后续的试井解释带来一定的困难。因此，数据压缩过程中应根据试井解释对数据点的要求选择合适的压力阈值。②与含噪数据相比，采用降噪数据进行数据压缩能得到更好的压缩结果，压缩幅度得以大大提高，同时保留了重要的、有代表性的数据变化特征。

3.5　流量史重建

　　由于测试困难和费用等原因，油井流量通常并不是连续测量的。流量可能每天、每周甚至一个月测量一次。不完整的流量史信息是阻碍分析长期压力测试数据的原因之一。因为压力本身就是流量变化的响应，所以缺失的流量可从压力史中重建。

1. 压力数据估计未知流量

未知的流量必须根据已知流量和压力数据进行估计。式(3-9)[12]给出了井底流压 P_{wf} 与从初始压力 P_i 开始到时间 t 时刻时流量变化 q 的关系：

$$P_{wf} = P_i - 162.6 \frac{qB\mu}{Kh}\left(\lg t + \lg \frac{K}{\phi\mu c_t r_w^2} + 0.8686s - 3.2274\right) \tag{3-9}$$

式中，B 为地层体积系数；μ 为黏度；K 为渗透率；h 为油层厚度；ϕ 为孔隙度；c_t 为总压缩系数；r_w 为井半径；s 为表皮因子。

对于相同的生产时间，未知流量 q_2 可根据已知流量 q_1 和压力变化 $(P_{i,1} - P_{wf,1})$ 的不稳定流动过程来推断，关系如下：

$$\frac{P_{i,1} - P_{wf,1}}{q_1} = \frac{P_{i,2} - P_{wf,2}}{q_2} \tag{3-10}$$

式(3-10)可用于关联两个连续不稳定流动过程压力变化和流量变化，如式(3-11)和(3-12)所示：

$$\frac{P_{i,k} - P_{wf,k}}{q_k} \approx \frac{P_{i,k+1} - P_{wf,k+1}}{q_{k+1}} \tag{3-11}$$

$$\frac{P_{i,k-1} - P_{wf,k-1}}{q_{k-1}} \approx \frac{P_{i,k} - P_{wf,k}}{q_k} \tag{3-12}$$

式(3-11)和式(3-12)中，k 为生产阶段序号。

如果已知一个附近不稳定流动的流量，则上述关系式可用于估计未知流量的不稳定流动过程的流量。当压力数据中没有噪声时，该方法可以取得很好的效果，但是油田数据通常都有噪声，不能彻底被过滤。对于含噪数据来讲，选择一个生产时间 t 比较两个不稳定流动的压力值并不稳健，因为选择的时间也可能正好处在压力数据的噪声段。一种替代方法是取更多数据点来比较压力值，然后将获得的比值进行平均。如果取更多的数据点，极限情况下取所有压力数据点，则比值介于第一个不稳定流动过程的面积和第二个不稳定流动过程的面积之间。

2. 不稳定流动过程的面积估算未知流量

为了将两个相邻流动过程的流量和压力响应建立起关联关系，最好的方法是从各自不稳定流动的开始时刻起，截取相同的时间长度，并从开始时刻所对应的压力作一条水平的初始压力线，然后计算压力不稳定曲线与初始压力线在截取的时间长度范围内所包含的面积，根据两者的面积之比来确定未知流量。流量降低将产生一个压力恢复不稳定曲线，而流量升高将产生一个压力降落不稳定曲线。压力恢复曲线的面积是一个正值，因为压力在不稳定流动开始时的初始压力之上增加；压力降落曲线的面积是一个负值，因为压力在不稳定流动开始时的初始压力之下降低。

图 3-20 给出了流量变化如何产生压力降落和压力恢复过程及这两种类型的不稳定流动面积的定义。

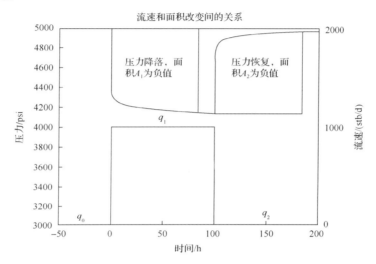

图 3-20　流量变化及压力降落和压力恢复稳定流动面积

1psi=0.006895MPa；1stb=0.159m³

式 (3-13) 叙述了不稳定流动面积和流量之间的关系。不稳定流量面积与它们各自流量之间的关系可普适化为式 (3-14)：

$$\frac{q_1 - q_0}{q_2 - q_1} \cong \frac{A_1}{A_2} \qquad (3\text{-}13)$$

式中，A_1、A_2 分别为两个生产阶段压力曲线与初始压力线围成的面积，mm²；q_1、q_2 分别为对应的流量，m³/d；q_0 为 q_1 前一个生产阶段的流量，m³/d。

同样，可以将不稳定流量面积与各自流量之间的关系表示为

$$\frac{q_i - q_{i-1}}{q_{i+1} - q_i} \cong \frac{A_i}{A_{i+1}} \qquad (3\text{-}14)$$

式中，A_i、A_{i+1} 分别为两个生产阶段压力曲线与初始压力线围成的面积，s·MPa；q_i、q_{i+1} 分别为对应的流量，m³/d；q_{i-1} 为 q_i 前一个生产阶段的流量，m³/d。

1) 不稳定流动的面积

对于某一数据窗口来讲，包括不稳定过程开始时的转折点(断点)在内，在一个不稳定流动过程中共有 $n+1$ 个采样点。为了估计不稳定流动的面积，不稳定过程可以通过把曲线上的数据点用直接连接起来的方式进行近似。

图 3-21 给出了如何近似压力恢复不稳定流动过程及通过累加三角形和梯形面积估

计不稳定流动面积的方法。图 3-22 为压力降落不稳定流动过程。不稳定流动过程的面积可由式 (3-15) 得出，其中 t_i 和 P_i 分别为不稳定流动的起始时间和起始压力 (转折点时间和压力)。

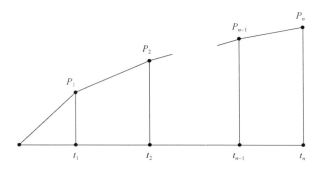

图 3-21　压力恢复过程用直线近似

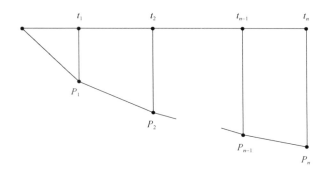

图 3-22　压力降落过程用直线近似

总面积 = 三角形面积 + 梯形面积

$$
\begin{aligned}
&= \frac{1}{2}(P_1 - P_i)(t_1 - t_i) + \left[\frac{(P_1 - P_i) + (P_2 - P_i)}{2}\right](t_2 - t_1) + \cdots + \left[\frac{(P_{n-1} - P_i) + (P_n - P_i)}{2}\right](t_n - t_{n-1}) \\
&= \frac{1}{2}(P_1 - P_i)(t_1 - t_i) + \sum_{k=2}^{n}\left[\frac{(P_{k-1} - P_i) + (P_k - P_i)}{2}\right](t_k - t_{k-1})
\end{aligned}
$$

$$(3\text{-}15)$$

式中，t 为某一生产阶段开始的起始时间，s；P 为某一生产阶段开始的起始压力，MPa；下标 1、2、i、n、k 均为生产阶段序号。

2) 方程求解

通过求解一个系统的联立方程，可以得到未知流量的初始估计值。对于 3 个连续的流量，用 0、1、2 表示，从全部未知到全部已知，共有 8 种可能的组合。假设 U 表示未知，K 表示已知，则这 8 种组合分别为 UUU、KUU、UKU、UUK、KKU、KUK、UKK 和 KKK。用 Q_0、Q_1 和 Q_2 代表已知流量，q_0、q_1 和 q_2 代表未知流量。基于式 (3-13)，可推导出前 7 个组合的流量关联方程。除第 8 个组合外，所有流量已知。当所有三个流量都已知时，不再需要对方程进行求解。这 7 个方程如式(3-16)～式(3-22)所示，式中，A_1 为不稳定流动过程 1 的面积，A_2 为不稳定流动过程 2 的面积。

UUU：

$$q_0 - \left(1 + \frac{A_1}{A_2}\right)q_1 + \frac{A_1}{A_2}q_2 = 0 \tag{3-16}$$

KUU：

$$-\left(1 + \frac{A_1}{A_2}\right)q_1 + \frac{A_1}{A_2}q_2 = -Q_0 \tag{3-17}$$

UKU：

$$q_0 + \frac{A_1}{A_2}q_2 = \left(1 + \frac{A_1}{A_2}\right)Q_1 \tag{3-18}$$

UUK：

$$q_0 - \left(1 + \frac{A_1}{A_2}\right)q_1 = -\frac{A_1}{A_2}Q_2 \tag{3-19}$$

KKU：

$$\frac{A_1}{A_2}q_2 = -Q_0 + \left(1 + \frac{A_1}{A_2}\right)Q_1 \tag{3-20}$$

KUK：

$$-\left(1 + \frac{A_1}{A_2}\right)q_1 = -Q_0 - \frac{A_1}{A_2}Q_2 \tag{3-21}$$

UKK：

$$q_0 = \left(1 + \frac{A_1}{A_2}\right)Q_1 - \frac{A_1}{A_2}Q_2 \tag{3-22}$$

方程式(3-16)～式(3-22)的使用方法：①寻找一组包含已知和未知流量的三个邻近的流动过程，确定方程组的第一个方程；②在左边去掉一个流量，在右边增加一个流量，得到下一组流量；③以此类推。在相邻三个流量已知的情况下，不需要建立方程组。最后一组流量包含最后三个不稳定流动过程的流量。最终的方程组是超定方程。超定方程组可通过求解最小二次问题进行处理。

如图 3-23 所示测量情况，可以得到 8 个方程[式(3-23)～式(3-30)]，其中包含 5 个已知流量和 6 个未知流量。这些方程如下：

Q_0、Q_1 和 q_2 关系为

$$\frac{A_1}{A_2}q_2 = -Q_0 + \left(1+\frac{A_1}{A_2}\right)Q_1 \tag{3-23}$$

Q_1、q_2 和 q_3 关系为

$$-\left(1+\frac{A_2}{A_3}\right)q_2 + \frac{A_2}{A_3}q_3 = -Q_1 \tag{3-24}$$

q_2、q_3 和 q_4 关系为

$$q_2 - \left(1+\frac{A_3}{A_4}\right)q_3 + \frac{A_3}{A_4}q_4 = 0 \tag{3-25}$$

q_3、q_4 和 Q_5 关系为

$$q_3 - \left(1+\frac{A_4}{A_5}\right)q_4 = -\frac{A_4}{A_5}Q_5 \tag{3-26}$$

q_4、Q_5 和 Q_6 关系为

$$q_4 = \left(1+\frac{A_5}{A_6}\right)Q_5 - \frac{A_5}{A_6}Q_6 \tag{3-27}$$

Q_6、Q_7 和 q_8 关系为

$$\frac{A_7}{A_8}q_8 = -Q_6 + \left(1+\frac{A_7}{A_8}\right)Q_7 \tag{3-28}$$

Q_7、q_8 和 q_9 关系为

$$-\left(1+\frac{A_8}{A_9}\right)q_8 + \frac{A_8}{A_9}q_9 = -Q_7 \tag{3-29}$$

q_8、q_9 和 q_{10} 关系为

$$q_8 - \left(1+\frac{A_9}{A_{10}}\right)q_9 + \frac{A_9}{A_{10}}q_{10} = 0 \tag{3-30}$$

式(3-23)～式(3-30)可以表示成式(3-31)所示的矩阵形式，其中 $\boldsymbol{M}_{8\times6}$、$\boldsymbol{q}_{6\times1}$ 和 $\boldsymbol{b}_{8\times1}$ 是矩阵，解为

$$\boldsymbol{q}_{6\times1}=\begin{bmatrix}q_2 & q_3 & q_4 & q_8 & q_9 & q_{10}\end{bmatrix}^{\mathrm{T}}, \quad \boldsymbol{M}_{8\times6}\boldsymbol{q}_{6\times1}=\boldsymbol{b}_{8\times1}, \quad \boldsymbol{q}_{6\times1}=\mathrm{inv}\left(\boldsymbol{M}_{6\times8}^{\mathrm{T}}\boldsymbol{M}_{8\times6}\right)\left(\boldsymbol{M}_{6\times8}^{\mathrm{T}}\boldsymbol{b}_{8\times1}\right) \tag{3-31}$$

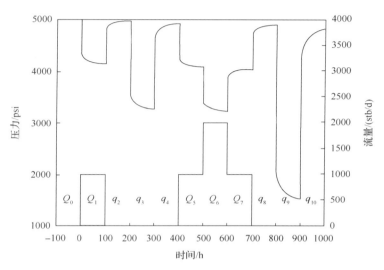

图 3-23　根据已知流量估计未知流量

除了已知流量外，另外一个有用的信息为是否有流体注入井内。生产井通常不注入流体，如果井是生产井且已知不注入流体，流量不能为负。如果初始的未知流量估计值为负值，则这些负流量将改为零值并设定为已知，然后通过算法重新估计非零的未知流量。初始流量估计算法需要至少两个已知流量(至少一个是非零值)。

3.6　特　征　过　滤

分析长期压力数据的另一个困难是压力数据中的异常行为。因为长期数据采集总体上是一个无监督过程，传统的压力不稳定试井是一个有监督过程，发生在油藏和/或井筒中的事情会导致奇怪的压力行为，这些行为并不是油藏或流体性质的特征。因此，需要用系统的方法来识别和消除这些异常区域。

在长期监测过程中，压力数据显示出偶然的奇异变化特征，不遵循一般趋势。这些异常特征可能是由井内和/或油藏中条件和/或环境的突然变化所引起。在这些突然变化过程中，压力计可能记录不正确的数值。有时，这些异常测量结果可能是由压力计或压力采集系统自身功能异常所引起。在任何情况下，这些异常特征都不是油藏的真实响应，因而不应该包含在解释里。从分析中将这些不稳定流动过程排除在外，将减少回归拟合的不确定性，进而提供更好的油藏模型参数估计结果。

确定各个不稳定流动过程拟合好坏的一个方法是比较回归拟合和数据之间的差异。异常的不稳定流动过程的差异通常异常的高，因为它们没有被回归更好地拟合。为了确定这些异常的不稳定流动过程，首先计算各个不稳定流动过程的方差，即测量值和模型响应值之差的平方和除以数据个数。这样就能识别出方差最大的不稳定流动过程，然后从总体数据的平均方差计算中排除出来,以消除拟合最差的不稳定流动过程对拟合结果的影响。然后将所有不稳定流动过程的方差与平均方差进行比较。方差至少比平均方差高 3 倍的不稳定流动过程被认为是异常的不稳定流动过程,通过回归方法利用一段光滑的过程来取代或消除该不稳定流动过程,得到更新后的不稳定流动过程;对更新后的不稳定流动过程进行重新回归计算,得到新的求解结果;然后计算更新后的各个不稳定流动过程的方差与整个流动过程的平均方差,通过比较两个方差可以进一步消除可能存在的异常不稳定流动过程。一般地,第二次拟合的质量要好于第一次,即新的平均方差要小于第一次的平均方差。利用同样的方差标准,可以消除更多的异常的不稳定流动过程。该过程一直重复,直到没有更多的流动过程可消除为止。

3.7　油藏参数解释方法

智能井井下长时监测数据可基于移动窗口技术采用常规试井解释方法进行解释。本节主要介绍一下目前常用的反褶积解释方法。

定产量压力不稳定过程响应依赖油藏和油井的属性,这些属性包括渗透率、大规模的油藏非均质性和油井损害(表皮因子),它也依赖油藏边界和完井方式所定义的油藏流体形态。定产量体系下压力不稳定响应反映了油藏与油井的特点,但是其中的某些特点也许会被常规油井分析方法所掩盖。

通常情况下,因为不能精确控制产量,而压力对产量的变化非常敏感,所以直接测量定产量不稳定压力响应效果不理想,不能得到高质量的测试数据。由于这些因素,典型的油井测试不能只测定产量,而必须进行变产量压力测试。油井测试一般包括几个流动周期,在流动周期内,油井是关闭的。通常关井期间只能获得压力数据,这些压力数据的质量能够满足压力不稳定分析的需要。在测试的单相流过程中,压力行为主要取决于这个流动过程中的流动史,但它并不能等同于定产量体系响应函数。经过 50 年的发展,油井测试分析理论已经建立了应用特殊时间变换分析压力测试数据的理论,使得在单相流过程中的压力行为在某些方面可以与定产量下的压力行为类似。常用的重叠时间变换方法不能完全消除先前产量变化的影响,有时还存在残余产量的叠加效应,这会使得测试分析更为复杂。

压力-产量反褶积方法是将变产量测试期间获得的测试压力数据转换为与油井定产量流动时相对应的压力数据的一种方法。在过去 40 年,大量的研究人员已经对压力-产量反褶积进行了研究[13-15]。压力-产量反褶积可以减少积分方程的求解,消除油井测试时压力数据带给产量变化的影响,从而揭示油藏和油井属性。一般来说,在线性体系中,变产量测试时油井压力可以用褶积积分方程表示为

$$P(t) = P_0 - \int_0^t q(\tau) \frac{\mathrm{d}P_\mathrm{u}(t-\tau)}{\mathrm{d}t} \mathrm{d}\tau \tag{3-32}$$

式中,$q(t)$ 为油井的产量;$P(t)$ 为油井井底流压;P_0 为初始油藏压力。

式 (3-32) 中的 $P_u(t)$ 为定产量假设下的压力响应函数。该假设认为，在生产初期油藏处于平衡状态，压力沿油藏均匀分布。式 (3-32) 被认为是 Duhamel 积分方程，它源于线性系统，是具有叠加原理的表达式。

压力-产量反褶积是为了利用变产量油井测试的压力和产量数据（ $P(t)$ ， $q(t)$ ）重新构建定产量下的压力响应 $P_u(t)$ 与初始油藏压力 P_0 。也就是说，这个问题等同于利用油井测试数据（ $P(t)$ ， $q(t)$ ）求解式 (3-32) 中的 $P_u(t)$ 和 P_0 。目前，为了求解这个积分方程提出了很多种的方法。但是，这些方法的求解算法被证明是不稳定的，也不能兼容通常油井测试数据中的大量错误。Schroeter 等[16]提出了一种比较好的求解方法，这种新的反褶积算法比先前的算法有了较大的提高，它主要分为以下 3 步。

(1) 对求解方程进行适当转换。

式 (3-32) 并不是为了求解定产量体系压力响应 $P_u(t)$ ，而是为了求解一个函数

$$z(\sigma) = \ln \frac{dP_u(t)}{d\ln t} = \ln \frac{dP_u(\sigma)}{d\sigma} \qquad (3\text{-}33)$$

令 $\sigma = \ln t$ ，对函数 $z(\sigma)$ 而言，褶积方程式 (3-33) 可以简化为

$$P(t) = P_0 - \int_{-\infty}^{\ln t} q(t - e^{\sigma}) e^{z(\sigma)} d\sigma \qquad (3\text{-}34)$$

将 $z(\sigma)$ 选作新的求解变量以确保 $dP_u(t)/d\ln t$ 为正值，这是定产量体系压力响应函数必须满足的必要条件。然而，这样做却有一个不利的结果，即它将方程 (3-33) 变成非线性化的方程。

(2) 曲率的调整。

因为压力-产量反褶积方法有不寻常的特性，即输入的测试压力和产量发生较小的变化都会导致输出结果（反褶积定产量压力响应）发生较大的改变。这种不寻常的性质加上测试压力和产量数据不可避免的误差使得方程求解非常不稳定。即使重新选定了求解变量，方程的求解仍然对压力和产量数据噪声十分敏感。为此，该算法将 $z(\sigma)$ 曲率乘以惩罚因子的形式对方程加以约束，使其求解更为平滑，减弱这种不寻常特性。

(3) 问题转化。

上述问题可以看作目标函数的无约束非线性最小化问题，此处的目标函数包括式 (5-34)、产量数据可能出现的误差和调整的曲率约束。

Schroeter 等[17]提出了一种新的反褶积算法，该方法不仅考虑了压力的不确定性，而且还考虑了流量的不确定性。在反褶积计算中，由于采用广义交互验证 (GCV) 方法确定的误差权重和规则化参数用于现场实际数据时的效果并不理想，因此他们使用了均方根 (RMS) 方法来进行流量拟合，并且误差权重和规则化参数需要通过试算法来确定。他们的方法能保证反褶积结果不出现负值现象，能够校正原始油藏压力和流量史，但该方法认为在压力恢复之前不存在井筒存储的影响，并且不能够自动确定最优的误差权重和规则化参数。目前，他们正在研究一种更好的误差权重和规则化参数选择标准。

Levitan[18]建议使用一个单独的压力恢复段来进行数据解释，以避免由于压力数据和

诸如井筒存储和表皮系数变化引起的不一致等造成的困难。Levitan[18]指出，利用简化的流量史来准确地重建定流量压降系统响应是可能的，其前提条件是：①流量数据的时间间隔保持不变；②油井流量保证与累计油井产量相一致；③油井流量数据能准确代表压力恢复开始之前的真实流量史的主要特征(所记录的油井流量数据的时间间隔长度大约是压力恢复过程的两倍)。然而，要从有限数据中准确地估计出流量的话，Levitan[18]提出的方法需要较长的压力恢复过程(不是压降过程)和相应的详细的流量史，这为数据段的选择带来极大的限制。他们的方法同样考虑了压力和流量的不确定性，能保证反褶积结果不出现负值现象，能够校正原始油藏压力和流量史，并且消除了 Schroeter 等的有关井筒存储影响的限制，但相比于 Schroeter 等[17]的方法来讲，需要更多的输入参数。

Ilk[13]利用 B-样条方法来研究了一种新的反褶积算法。该方法并不是将流量函数假设成分段的形式，而是通过解析方法来定义流量函数，各段流量剖面可用单独函数表示，这样可很容易转换到 Laplace 域中，但这种不能确保反褶积结果不出现负值现象，没有考虑原始油藏压力和流量史的校正问题，并且相比于 Schroeter 等[16]和 Levitan[18]的方法来讲，Ilk[13]所采用的回归方法对压力和流量数据的误差容忍程度较差。

参 考 文 献

[1] Kin K C. Permanent downhole gauge data interpretation. Palo Alto: Stanford University, 2001.

[2] Chorneyko D M. Rate allocation using permanent downhole pressures. SPE Annual Technical Conference and Exhibition, San Antonio, 2006.

[3] Ouyang L B, Ramzy S. Production and injection profiling: A novel application of permanent downhole pressure gauges. SPE Annual Technical Conference and Exhibition, Denver, 2003.

[4] Athichanagorn S. Development of an interpretation methodology for long-term pressure data from permant downhole gauges. Palo Alto: Stanford University, 1999.

[5] Houze O, Allain O, Josso B. New methods enhance the processing of permanent-gauge data. SPE Middle East Oil and Gas Show and Conference, Manama, 2011.

[6] 邹长春, 杨欣德, 潘令枝, 等. 一种基于小波变换的测井曲线去噪新方法. 物探与化探, 1999, 23(6): 462-466.

[7] Olsen S, Nordtvedt J E. Improved wavelet filtering and compression of production. Offshore Europe, Aberdeen, 2005.

[8] Pico C, Aguiar R, Pires A P. Wavelet filtering of permanent downhole gauge data. Latin American and Caribbean Petroleum Engineering Conference, Cartagena de Indias, 2009.

[9] Donoho D L, Johnstone I L. Adapting to unknown smoothness via wavelet shrinkage. Journal of the American Statistical Association, 1995, 90(12): 1200-1224.

[10] Pavel H. Noise-robust smoothing filter. http://www.holoborodko.com/pavel/numerical-methods/noise-robust- smoothing-filter/, 2016-8-8.

[11] 刘均荣, 于伟强, 姚军. 长时井下压力监测数据流动过程识别方法研究. 西南石油大学学报(自然科学版), 2014, 36(2): 7.

[12] Horne R N. Modern well test analysis: A computer-aided approach. Second edition. Palo Alto: Palo Alto Petroway Inc., 1995

[13] Ilk D. Deconvolution of variable rate reservoir performance data using B-splines. SPE Reservoir Evaluation & Engineering, 2006, 58(5): 582-595.

[14] Kuchuk F J. Applications of convolution and deconvolution to transient well tests. SPE Formation Evaluation, 1990, 5(4): 375-384.

[15] Kucuk F, Ayestaran L. Analysis of simultaneously measured pressure and sandface flow rate in transient well testing (includes associated papers 13937 and 14693). Journal of Petroleum Technology, 1985, 37(2): 323-334.

[16] Schroeter T, Florian H, Gringarten A. Analysis of well test data from permanent downhole gauges by deconvolution. SPE Annual Technical Conference and Exhibition, San Antonio, 2002.

[17] Schroeter T, Hollaender F, Gringarten A. Deconvolution of well test data as a nonlinear total least squares problem. SPE Journal, 2004, 9(9): 375-390.

[18] Levitan M M. Practical application of pressure-rate deconvolution to analysis of real well tests. SPE Reservoir Evaluation & Engineering, 2005, 8(2): 113-121.

第4章　自动历史拟合方法

油藏数值模拟历史拟合是一个典型的反问题，它是一个反复调整油藏模型参数的过程，使基于调整后的油藏模型计算得到的模拟结果与历史生产数据(如压力、产量、气油比、含水率等)的测量值接近或吻合。它是整个数值模拟过程中花费时间和精力最多的一项工作，其最终目的是通过拟合生产数据，降低油藏描述中的不确定性，提高对地下油藏的认识，从而可以准确把握对油藏未来生产动态的预测，进而便于对油田的生产开发采取及时必要的调整措施。油藏模型参数如孔隙度、渗透率等是在井点处取岩心进行实验分析或由测井资料等间接得到的，由于不同岩心或不同测量方法及工具，测量值都包含一定误差，另外数值模拟所用油藏地质模型是根据井点处的资料对井点之外的空间物性参数插值得到的，因此，油藏模型具有很大的不确定性。由于反问题的多解性，同一个拟合结果，通过调整可能获得多种不确定性参数的组合。人工历史拟合把大量的精力放在"数据拟合"上，拟合具有随意性和盲目性，依赖于工作者大量拟合经验和主观判断，采取"试错法"逐步地达到一定的拟合效果，拟合过程非常艰苦和烦琐。

为此，本章引入求解反问题的正则化理论，基于正则化理论建立油藏自动历史拟合的数学模型，通过优化算法进行求解(自动调整参数)，并将先验地质信息作为求解的约束条件。基于正则化的目标函数，不仅可以拟合观测数据，同时也考虑了油藏先验地质信息，从而使反演的模型尊重室内实验结果和油藏地质资料，更加符合真实油藏地质特征。

4.1　反演问题的正则化理论

所谓正问题是在给定模型参数、边界条件或初始条件下，通过正向模型对系统的未来状态进行预测的过程。例如，给定岩石及流体属性、初始状态、油藏模型的构造信息及边界条件，预测未来某时刻的压力和饱和度分布及生产动态。而所谓油藏历史拟合是指给定状态变量(如压力及饱和度)或与状态变量直接相关的变量(如气油比)的观测值，来反推油藏模型参数信息，属于离散的反问题。反问题通常有大量的未知参数，并且生产数据往往包含测量误差。

由于生产测量数据的不准确性、不一致性、不充足性，一般情况下，很难正确地估计油藏模型的全部参数变量。大多数与流体流动相关的油藏反问题是非线性的，利用人工试算方法进行历史拟合计算代价太大。对于非线性问题而言，通常最有效的是使用统计类方法。历史拟合的最终目标不是为了拟合而拟合[1]，而是为了降低油藏认识的不确定性，从而对未来开发进行正确的预测，为生产投资、数据获取及油藏管理提供有效的决策依据。只有当对油藏认识准确的基础上，才能提供好的生产决策指导。因此，本章的研究重点并不仅是单纯进行数据拟合，而且更加强调模型不确定性描述。

4.1.1　油藏数值模拟正问题

在油藏数值模拟中，在给定油藏模型变量的情况下，多相流体(通常是油、水和气)通过多孔介质的渗流过程，可以通过油藏数值模拟器进行预测。数值模拟采用数学模型再现实际油田的生产动态，通过求解一组描述油藏流动的微分方程(数学模型)计算油藏的动态参数。因此，这是一个正问题，可以简单地描述为

$$G(\boldsymbol{m}) = d \tag{4-1}$$

式中，$\boldsymbol{m}$ 为油藏模型参数；$G(\cdot)$ 为油藏模拟器的正演计算；$G(\boldsymbol{m})$ 为通过运行油藏模拟器计算出的生产数据；d 为生产数据预测值。

正演模型 $G(\boldsymbol{m})$ 可以直接使用商业的油藏模拟器进行计算，如黑油模拟器(Eclipse)、组分模拟器(CMG-GEM)及流线模拟器(FrontSim)等。由于本章所用到的梯度逼真优化方法是独立于油藏模拟器的，避免了伴随矩阵的计算，该油藏模拟过程可以看作为一个"黑盒子"，无须了解模拟程序器内部如何计算等信息。因此，本章将重点放在了求解油藏反演问题的优化方法上，在正演计算时直接采用商业的油藏数值 Eclipse 进行计算。观测数据 d 是指在井所在的位置或井口处进行测量的井底流动压力、油或水的产量、含水率等。油藏模型变量 $\boldsymbol{m}$ 通常可分为两种类型：网格属性参数和流动参数。

1. 网格属性参数(地质模型)

网格属性参数是在正演计算过程中与网格相关的输入变量，可以直接通过输入油藏模拟器进行数值模拟计算，包括下列变量：在每个网格处的孔隙度值，每个网格处的净毛比，每个网格处的初始含水饱和度值，油藏模型每个网格分别在 x、y、z 方向上的绝对渗透率值等。从理论上讲，所有与网格块相关的不确定参数，都可以在历史拟合中进行估算。值得注意的是，这些参数值的大小一般是不同的数量级上的，例如，对于某一个特定的网格，渗透率是 2000mD，而孔隙度值的大小仅为 0.2(低于 1.0)。因此，为了避免计算中的舍入误差，对渗透率进行对数变换，使其与其他参数具有相同的数量级。网格属性参数的总个数取决于油藏模型的大小和需要描述的参数种类。

2. 流动参数(流体模型)

除了校正油藏地质模型之外，历史拟合还可以对流体参数(如油水的相对渗透率曲线)进行校正。相对渗透率曲线通常是通过少量岩心样本进行实验室驱替实验获得的，由于不同的实验室环境下采用的岩心样本不同，可能导致误差的产生。另外，对于强非均质性油藏，模型中所用的相对渗透率曲线并不一定能反映整个油藏的渗流情况，在此情况下，相对渗透率是不确定性参数。在这里，介绍一下如何对相渗曲线进行调整。Honarpour 和 Mehdi[2]提出描述油-水体系的相对渗透率曲线的经验公式如下：

$$K_{\mathrm{rw}} = a_{\mathrm{w}} \left(\frac{S_{\mathrm{w}} - S_{\mathrm{wc}}}{1 - S_{\mathrm{wc}} - S_{\mathrm{or}}} \right)^{n_{\mathrm{w}}} \tag{4-2}$$

$$K_{ro} = a_o \left(\frac{1 - S_w - S_{or}}{1 - S_{wc} - S_{or}} \right)^{n_o} \tag{4-3}$$

式中，K_{rw} 和 K_{ro} 分别为水和油的相对渗透率；S_w 为含水饱和度；S_{wc} 是束缚水饱和度；S_{or} 是残余油饱和度；a_w 为 $S_w = 1 - S_{or}$ 时水相的相对渗透率值；a_o 为 $S_w = S_{wc}$ 时油相的相对渗透率值；n_w 和 n_o 分别为决定水相及油相的相对渗透率曲线形态的指数参数。

从式 (4-2) 和式 (4-3) 可以看出，需要 6 个参数来确定在油-水体系的相对渗透率曲线。通过在拟合过程中，修改饱和度端点值及曲线的形状对相对渗透率曲线进行调整。因此，相对渗透率向量 $\boldsymbol{m}_{kr}$ 可以写为

$$\boldsymbol{m}_{kr} = [S_{or} \quad S_{wc} \quad a_o \quad a_w \quad n_o \quad n_w]^T$$

4.1.2　油藏历史拟合反问题

油藏开发过程中观测的生产数据通常包含有测量误差，即

$$\boldsymbol{d}_{obs} = G(\boldsymbol{m}) + \boldsymbol{\varepsilon} \tag{4-4}$$

式中，$\boldsymbol{d}_{obs}$ 为生产观测数据；$\boldsymbol{\varepsilon}$ 为一般符合正态概率分布 $N(0, \boldsymbol{C}_d)$ 的测量误差，即观测误差的均值为零，且方差为生产数据误差协方差矩阵 $\boldsymbol{C}_d$。

本书之所以采用正态分布，是因为在实际问题中当样本个数趋于无穷时，均可认为符合正态分布。

具体而言，油藏模拟历史拟合为已知油藏生产观测数据 $\boldsymbol{d}_{obs}$，通过正演模型中生产数据 $\boldsymbol{d}$ 与模型参数 $\boldsymbol{m}$ 的关系 $G(\cdot)$ 确定油藏模型参数 $\boldsymbol{m}$ 的问题。因此，历史拟合问题是以最小化预测数据和观测数据之间的误差为目标函数，采用最小二乘法形式，即最小化以下表达式：

$$S_d(\boldsymbol{m}) = \frac{1}{2} \sum_{i=1}^{N_d} \left[\frac{G_i(\boldsymbol{m}) - d_{obs,i}}{\sigma_{d,i}} \right]^2 = \frac{1}{2} [G(\boldsymbol{m}) - \boldsymbol{d}_{obs}]^T \boldsymbol{C}_d^{-1} [G(\boldsymbol{m}) - \boldsymbol{d}_{obs}] \tag{4-5}$$

其中，观测数据误差的协方差 $\boldsymbol{C}_d$ 为

$$\boldsymbol{C}_d = \begin{bmatrix} \sigma_{d,1}^2 & 0 & \cdots & 0 \\ 0 & \sigma_{d,2}^2 & \cdots & 0 \\ \vdots & \vdots & & \vdots \\ 0 & 0 & \cdots & \sigma_{d,N_d}^2 \end{bmatrix} \tag{4-6}$$

式中，$\sigma_{d,i}$ 是第 i 个生产数据的标准方差，作为拟合数据的权重系数；$\boldsymbol{d}_{obs}$ 是一个 N_d 维的观测数据向量，其测量误差满足正态分布 $N(0, \boldsymbol{C}_d)$；N_d 是观测数据的总个数；$G_i(\boldsymbol{m})$

是通过油藏模拟器计算得到的第 i 个生产数据的预测值；$d_{\text{obs},i}$ 是第 i 个生产数据的观测值；$\boldsymbol{C}_{\text{d}}$ 是 $N_{\text{d}} \times N_{\text{d}}$ 维的测量数据误差的协方差矩阵。

4.1.3　反问题的正则化求解

1. 正则化方法

油藏历史拟合是一个高度病态不确定性的反问题，原因在于油藏生产过程中，要拟合的油藏参数个数通常远超过实际观测生产数据的个数，并且可用的稀少的实际生产数据的测量也仅局限于油藏的某些特定位置（如井点位置），同时，在观测数据和油藏地质模型中通常都存在着误差。因此，相同的生产数据拟合结果可能存在着多种油藏地质模型实现，存在着多解性。有时得到的调整后油藏模型，可能与真实的地质模型差距非常大，那么基于该模型进行未来的生产预测也不准确，甚至是错误的。因此如何既满足生产数据拟合效果，同时又使得到的油藏模型符合先验地质统计信息是问题解决的关键。

严格的数学意义上，通常对不确定性的问题进行求解，而且不可能获得准确解，但是利用先验信息，将有可能会获得一个接近准确解的答案。一般来说，病态问题能够通过各种不同的正则化方法解决。从统计学的角度来看，正则化实质上就是一种解的先验信息的约束。充分利用合理的先验信息对所求问题作适当的形式转换，是求解反问题的重要方法。苏联 Tikonov 等最早提出解决线性不适定问题的正则化方法，其思想是通过使用数据误差与解的先验估计，能够将问题的求解范围缩小，将问题的形式进行适当转换或改造后，原来的不适定问题就可以转变成适定的最优化问题进行求解。

油藏反问题的正则化方法是对常规历史拟合的目标函数[式(4-5)]增加一个有关油藏模型先验信息的正则化项，有以下一般形式：

$$S(\boldsymbol{m}) = \frac{1}{2}[G(\boldsymbol{m}) - \boldsymbol{d}_{\text{obs}}]^{\text{T}} \boldsymbol{C}_{\text{d}}^{-1}[G(\boldsymbol{m}) - \boldsymbol{d}_{\text{obs}}] + \frac{1}{2}[\boldsymbol{m} - \boldsymbol{m}_{\text{pr}}]^{\text{T}} \boldsymbol{A}(\boldsymbol{m} - \boldsymbol{m}_{\text{pr}}) \tag{4-7}$$

式中，$(\boldsymbol{m} - \boldsymbol{m}_{\text{pr}})^{\text{T}} \boldsymbol{A}(\boldsymbol{m} - \boldsymbol{m}_{\text{pr}})$ 为正则化项；$\boldsymbol{m}_{\text{pr}}$ 为油藏模型的先验信息；$\boldsymbol{A}$ 为一个对称正定阵。

或者有以下的具体形式：

$$S(\boldsymbol{m}) = \frac{1}{2}\left[G(\boldsymbol{m}) - \boldsymbol{d}_{\text{obs}}\right]^{\text{T}} \boldsymbol{C}_{\text{d}}^{-1}\left[G(\boldsymbol{m}) - \boldsymbol{d}_{\text{obs}}\right] + \frac{\alpha}{2}(\boldsymbol{m} - \boldsymbol{m}_{\text{pr}})^{\text{T}} \boldsymbol{C}_{\text{m}}^{-1}(\boldsymbol{m} - \boldsymbol{m}_{\text{pr}}) \tag{4-8}$$

式中，$(\boldsymbol{m} - \boldsymbol{m}_{\text{pr}})^{\text{T}} \boldsymbol{C}_{\text{m}}^{-1}(\boldsymbol{m} - \boldsymbol{m}_{\text{pr}})$ 为正则化项；α 为正则化因子，为一实数；$\boldsymbol{C}_{\text{m}}$ 为油藏模型参数的协方差阵。

对于式(4-8)，只要正则化因子 $\alpha > 0$，为正实数，则正则化问题即可以进行求解，无论式(4-1)的反问题为不定还是超定，正则化因子 α 对数据拟合 $\|G(\boldsymbol{m}) - \boldsymbol{d}_{\text{obs}}\|$ 与模型匹配 $\|\boldsymbol{m} - \boldsymbol{m}_{\text{pr}}\|$ 两部分起着调节作用：当 $\alpha = 0$ 时，完全不用或没有先验信息时，即退化为

常规最小二乘法的历史拟合目标函数，见式(4-5)，这也是人工拟合的目标函数；当 $\alpha = 1$ 时，则转为传统的贝叶斯(Bayes)方法得到的目标函数；当减小 α 时，期望 $\|G(m) - d_{obs}\|$ 部分的误差值进一步降低；当增大 α 时，则期望 $\|m - m_{pr}\|$ 部分减小更多。当测量数据比较准确时，可以适当选取较小的 α 值，以保证预测估计更接近观测数据；对于油藏先验信息丰富且生产观测数据不是很准确时，可适当扩大 α 的取值，从而提高优化搜索效率及反演结果的可靠程度。

2. Bayes 方法

Bayes 方法就是正则化方法之一，它不仅可以对最小化问题进行正则化，而且也能反映油藏的先验地质信息。所谓先验信息指的是在进行历史拟合之前，为了建立静态参数场，通过岩心实验、测井或地震信息等所得到(或收集)的第一手信息资料[2]。由于采用不同的方法，选取不同的岩心，甚至使用不一样的测量工具所获得的数据都可能有所差异，所以，初始先验地质模型存在着不确定性[3]。从统计意义上来说，反问题的解通常符合一定的概率分布。正则化油藏历史拟合反问题从 Bayes 理论的角度来说，就是求解油藏模型变量 m 的后验概率密度函数[4]。根据 Bayes 理论，油藏模型 m 在给出测量数据 d_{obs} 的条件概率为

$$p(m \mid d_{obs}) = \frac{p(d_{obs} \mid m) p(m)}{p(d_{obs})} = \frac{p(d_{obs} \mid m) p(m)}{\int_D p(d_{obs} \mid m) p(m) dm} \propto p(d_{obs} \mid m) p(m) \qquad (4\text{-}9)$$

油藏模型变量 m 包括渗透率或孔隙度等，在实际应用中可认为是符合多元高斯分布的随机变量，因此，m 的先验概率密度函数为

$$p(m) \propto \exp\left[-\frac{1}{2}(m - m_{pr})^T C_m^{-1}(m - m_{pr}) \right] \qquad (4\text{-}10)$$

式中，m 为一个 N_m 维的初始不确定的模型参数向量，向量中的变量符合多元高斯分布 $N(m_{pr}, C_m)$，其中 m_{pr} 为油藏模型 m 的先验估计值，C_m 为 $N_m \times N_m$ 维的模型变量的先验协方差矩阵。

观测数据 d_{obs} 在给定的模型变量 m 的条件概率为

$$p(d_{obs} \mid m) = p[\varepsilon = d_{obs} - G(m)] \propto \exp\left\{ -\frac{1}{2}[d_{obs} - G(m)]^T C_d^{-1}[d_{obs} - G(m)] \right\} \qquad (4\text{-}11)$$

因此，将式(4-10)和式(4-11)代入式(4-9)中，可以得到模型 m 在给定观测数据条件下的后验概率密度函数为

$$p(m \mid d_{obs}) \propto$$
$$\exp\left\{ -\frac{1}{2}(m - m_{pr})^T C_m^{-1}(m - m_{pr}) - \frac{1}{2}[d_{obs} - G(m)]^T C_d^{-1}[d_{obs} - G(m)] \right\} \qquad (4\text{-}12)$$

式(4-12)也可写为

$$p(\boldsymbol{m} \mid \boldsymbol{d}_{\mathrm{obs}}) \propto \exp[-S(\boldsymbol{m})] \tag{4-13}$$

式中,

$$S(\boldsymbol{m}) = \frac{1}{2}(\boldsymbol{m} - \boldsymbol{m}_{\mathrm{pr}})^{\mathrm{T}} \boldsymbol{C}_{\mathrm{m}}^{-1}(\boldsymbol{m} - \boldsymbol{m}_{\mathrm{pr}}) + \frac{1}{2}[G(\boldsymbol{m}) - \boldsymbol{d}_{\mathrm{obs}}]^{\mathrm{T}} \boldsymbol{C}_{\mathrm{d}}^{-1}[G(\boldsymbol{m}) - \boldsymbol{d}_{\mathrm{obs}}]$$
$$= S_{\mathrm{m}}(\boldsymbol{m}) + S_{\mathrm{d}}(\boldsymbol{m}) \tag{4-14}$$

在上面的等式中, $S(\boldsymbol{m})$ 即为在 Bayes 定理框架下得到的历史拟合目标函数。针对历史拟合反问题, 就是要使式(4-12)最大化后验概率密度函数 $p(\boldsymbol{m} \mid \boldsymbol{d}_{\mathrm{obs}})$ 得到最大概率估计, 相当于求解油藏模型 $\boldsymbol{m}$ 将式(4-14)目标函数 $S(\boldsymbol{m})$ 最小化。可以看到, 目标函数 $S(\boldsymbol{m})$ 由两部分组成: 数据匹配部分 $S_{\mathrm{d}}(\boldsymbol{m})$ 和模型匹配 $S_{\mathrm{m}}(\boldsymbol{m})$, 这表明在求解反问题时, 不仅要拟合观测数据, 同时还要考虑油藏参数的先验信息, 以减少油藏参数描述的不确定性。由此可见, 先验概率密度分布函数 $p(\boldsymbol{m})$ 可以看成一个正则化项。由式(4-13)与式(4-14)可知, 当 $S(\boldsymbol{m})$ 最小, 即 $S_{\mathrm{d}}(\boldsymbol{m})$ 与 $S_{\mathrm{m}}(\boldsymbol{m})$ 之和最小时, 得到的概率 $p(\boldsymbol{m} \mid \boldsymbol{d}_{\mathrm{obs}})$ 最大。在历史拟合问题中, 通过最小化目标函数 $S(\boldsymbol{m})$ 获得的模型估计被称为最大后验(MAP)估计, 为目标函数的一个最优解, 标记为 $\boldsymbol{m}_{\mathrm{MAP}}$:

$$\boldsymbol{m}_{\mathrm{MAP}} = \arg \min S(\boldsymbol{m}) \tag{4-15}$$

此时, 通过优化模型 $\boldsymbol{m}_{\mathrm{MAP}}$ 所得到的计算值 $g(\boldsymbol{m}_{\mathrm{MAP}})$ 跟观测值 $\boldsymbol{d}_{\mathrm{obs}}$ 之间的误差为最小, 而且 $\boldsymbol{m}_{\mathrm{MAP}}$ 与油藏先验模型 $\boldsymbol{m}_{\mathrm{pr}}$ 也不会有较大的偏离, 优化得到的模型更加符合油藏实际的地质统计规律。需要注意的是: 对比式(4-8)和式(4-14)可知, 基于 Bayes 理论得出的目标函数实际是当正则化一般式(4-8)中 $\alpha = 1$ 时的情况。

4.1.4　建立随机初始地质模型

1. 随机建模与随机模拟

地下储层性质是确定的,它是由许多复杂地质过程(沉积作用、成岩作用和构造作用)综合作用的最终结果,具有确定的性质和特征。但是, 由于现有资料不完善,储层参数空间变化复杂,难以掌握任一尺度下真实的储层特征。为了对储层非均质性进行全面的认识,研究时有必要建立储层三维定量地质模型。

储层建模[5]有两种途径,即确定性建模和随机建模。确定性建模是对井间未知区给出确定性的预测结果,即试图从控制点(如井点)出发,推测出点间(井间)确定、唯一、真实的储层参数。确定性建模方法主要有储层地震学方法、储层沉积学方法及地质统计学克里金法。其中,储层地震学方法主要是应用地震资料,利用地震属性参数,如层速度、波阻抗、振幅等与储层岩性和孔隙度的相关性进行横向储层预测,继而建立储层岩性和物性的三维分布模型。储层沉积学方法主要是在高分辨率等时地层对比及沉积模式基础上,通过井间砂体对比建立储层结构模型。地质统计学克里金法则以变异函数为工具，通过进行井间插值而建立储层参数分布模型。

确定性建模产生的是唯一的储层模型，而随机建模可产生多个等概率的储层模型。

随机建模原理[6]是以随机函数理论为基础的。随机函数由一个区域化变量的分布函数和协方差函数(或变异函数)来表征。随机模拟的基本思想是从一个随机函数 $Z(x)$ 中抽取多个可能的实现，即人工合成反映 $Z(x)$ 空间分布的可供选择、等概率的实现，记为 $\{Z(x), x \in D\}, l = 1, \ldots, L$，代表变量 $Z(x)$ 在非均质场 D 中空间分布的 L 个可能的实现。若用观测的实验数据对模拟过程进行条件限制，使得采样点的模拟值和实测值相同，就称为条件模拟，否则为非条件模拟。

变量 $Z(x)$ 可以是储层中的孔隙度、渗透率等连续性变量。大多数基于随机函数的模拟方法可以用于联合模拟几个变量，但问题是推断和模拟交互协方差在计算机上很难实现，其中一个简单替代方法是先模拟最重要、自相关性最好的变量，然后通过它们的相关关系来模拟其他相关变量。例如，在油藏描述中，可以先模拟给定岩样的孔隙度分布，因为孔隙度的空间变化幅度小，自相关性好，然后在给定孔隙度的条件下，再模拟渗透率的分布。

随机模拟与插值有较大的差别，主要表现在以下三个方面。

(1)插值只考虑局部估计值的精确程度，力图对待估点的未知值做出最优(估计方差最小)的和无偏(估计值均值与观测点值均值相等)的估计，而随机模拟首先考虑的是结果的整体性质和模拟值的统计空间相关性，其次才是局部估计值的精度。

(2)如果观测数据为离散数据，那么插值法给出观测值间的平滑估值(如绘出研究对象的平滑曲线图)就削弱了观测数据的离散性，忽略了井间的细微变化；而条件随机模拟通过在插值模型中系统地加上了"随机噪声"，这样产生的结果比插值模型真实得多。"随机噪声"是井间的细微变化，虽然对于每一个局部的点，模拟值并不完全是真实的，估计方差甚至比插值法更大，但条件随机模拟曲线能更好地表现真实曲线的波动情况。

(3)插值法 (包括克里金法)只产生一个模型，但在随机建模中，则能产生许多可选的模型，各种模型之间的差别正是空间不确定性的反映。

需要强调的是，随机模拟并不是确定性建模的替代，其主旨是对非均质储层进行不确定性分析。而在实际建模过程中，为了降低模型的不确定性，应尽量应用确定性的信息来限定随机模拟过程。

2. 先验分布和后验分布

地质统计学提供一系列工具，目的在于通过空间变异性并对其进行建模。考虑分布在空间区域 D 内的储层属性 $Z(x)$，$\{Z(x) | x \in D\}$，即考虑一个随机函数 (random function)。若没有任何已知数据的话，则可以根据地质概念模型或其他可以类比的信息，对某个特定的位置 x 建立相应的位置 $x \in D$ 的属性分布模型：

$$F(x, z) = \text{Prob}\{Z(x) \leqslant z\} \qquad (4\text{-}16)$$

式(4-16)实际上是位置 x 的随机变量(random variable, RV)的分布函数。有时，又称之为累积概率分布函数(cumulative probability distribution function, CPDF)。

式 (4-16) 表达了对位置 x 处储层属性不确定性的度量。若获得了采样数据集，即 $\{z(x_\alpha)|_{\alpha=1,2,\cdots,n}\}$，则该数据集就提供了对采样位置 x 的信息。此时分布式 (4-16) 将要重新修正为

$$F[x,z\,|\,(n)] = \mathrm{Prob}\{Z(x) \leqslant z\,|\,(n)\} \tag{4-17}$$

将式 (4-17) 称为条件化的已知数据集的分布函数，或称为条件累积概率分布函数，记为 CCPDF (conditional cumulative probability distribution function)。

上述思想可以表达成：先验信息+数据 $\Rightarrow$ 后验信息。这也是 Bayes 统计推断的核心。先验信息常来自于地质概念模型或地质学家的经验及其他相关信息，又称之为软信息，而已知数据又常称为硬信息。上述思想反映了地质统计学推断中软信息和硬信息互相结合所起到的作用。

需要指出的是，地质统计学更关心地质变量在空间不同位置的相互依赖和相互影响。因此，单个未抽样位置的概率分布推断应基于空间多个位置联合概率模型，即整个随机函数 $Z(x)$ 概率模型。所以，一个随机函数 $Z(x)$ 可用任何数目 K 及 K 个位置 $x_k(k=1,2,\cdots,K)$ 中的所有 K 个条件累积概率分布函数集合来表达：

$$F[x_1,x_2,\cdots,x_k;z_1,z_2,\cdots,z_k\,|\,(n)] = \mathrm{Prob}\{Z(x_1) \leqslant z_1,\cdots,Z(x_k) \leqslant z_k\} \tag{4-18}$$

式 (4-18) 是对 K 个随机变量 $Z(x_1),Z(x_2),\cdots,Z(x_k)$ 联合的不确定性的度量。同样地，若已知数据集 $\{z(x_\alpha)|\alpha=1,2,\cdots,n\}$，那么可以条件化到后验的联合条件累积概率分布函数：

$$F[x_1,x_2,\cdots,x_k;z_1,z_2,\cdots,z_k\,|\,(n)] = \mathrm{Prob}\{Z(x_1) \leqslant z_1,\cdots,Z(x_k)\,|\,(n)\} \tag{4-19}$$

很显然式 (4-19) 是位置 $x_1,x_2,\cdots,x_k$，样本容量 n，样本几何构型（采样位置为 $x_\alpha,\alpha=1,2,\cdots,n$）及样本值 $\{z(x_\alpha)|_{\alpha=1,2,\cdots,n}\}$ 的函数。

3. 现有建模方法回顾

在地质统计学中常用的随机模拟方法主要有序贯高斯模拟[7]、序贯指示模拟[8]、截断高斯模拟[9]、概率场模拟[10]、分形模拟、布尔模拟[11]、退火模拟、示性点过程模拟和镶嵌过程模拟等。这些方法都能从不同的侧面为油藏描述提供较逼真的特征，但采用不同的随机模拟方法将影响最终的油藏描述精度。

序贯高斯模拟：以观测点的数据构造一个连续或近似连续的曲面，采用高斯模型，比较适合模拟一些中间值很连续而极值很分散的岩石特征，如孔隙度，变量必须是正态或多元正态分布，计算速度快，但很难考虑其他相关的间接信息。

序贯指示模拟：基于指示模型，适用条件非常灵活，可以真实反映一些高渗透率区域的连续性，即渗流通道的分布，但计算时间长，数据量特别大，因此需要进一步研究该计算方法以提高模拟速度。

截断高斯模拟：模拟离散型变量，如地质沉积相的空间接触关系（或称之为相序规律）较为适合。

分形模拟：必须模拟具有分形特征的地质变量，如海岸线等，速度快且经验性强，但难以考虑间接信息。

布尔模拟：模拟离散变量，适用于可以重复且易描述的形状，原理简单，计算量小，能够实现忠实于某种离散参数的地质形态，如河道、沉积砂体等，但它的缺点是推导复杂且困难，很难忠实于具体位置的信息，不能反映砂体内部的非均质性，这些缺点限制了该方法的推广。然而已证实，在模拟沉积体形状、尺寸都很好的具体地质环境下，布尔模拟是一种可靠的地质统计学方法。

退火模拟：基于退火原理可以模拟离散或连续型变量，要构造目标函数，该方法可以满足所有的统计变量，方法灵活，不仅可综合利用各种来源信息，如岩心、测井、地震和井间示踪剂示井资料，特别是不稳定压力试井分析资料，而且构建的地质模型能够充分体现参数的非均质性。

示性点过程模拟：适用于地质沉积相空间分布的模拟。

4.2　国内外研究现状

4.2.1　确定性优化方法

最优化问题[12]可分为确定性的和随机性（非确定性）两大类。确定性优化方法是指在寻优的过程中，一个搜索点到另一个搜索点转移具有"确定"的转移方法和规则。其一般迭代格式为

$$p_{k+1} = p_k + \lambda_k d_k \qquad (4\text{-}20)$$

式中，p_k、p_{k+1} 分别为第 k、$k+1$ 次迭代时对应的目标未知数；d_k 为搜索方向；λ_k 为搜索步长。

根据不同的算法形成 d_k、λ_k 的方式不同，确定性优化方法可分为直接搜索方法和梯度类方法。

1. 直接搜索方法

直接搜索方法是通过函数值的计算与比较来确定最优方向 d_k 和步长 λ_k。这类方法操作简单，便于程序实现，计算过程不必考虑目标函数的具体形式，具有较强的适应性。在自动历史拟合领域早期实践中直接搜索的单纯形法[13]和 Powell 方法[14]应用较多。单纯形法的迭代运用了较多点的目标函数值信息，因而搜索效果稳定，当在给定合适初值的情况下，它能以较高的精度收敛于最优解。但若初值或者初始单纯形选取不合适，有时会导致退化现象和搜索失败等问题。文献[13]在油藏动态历史拟合中对原 Nelder-Mead 单纯形法增加了可行域判断和新的搜索点分析，将其推广为可处理含不等式约束的非线性优化算法，提高了约束极值点附近的收敛速度和精度。Powell 方法又称方向加速法，具有计算简单，在接近最优点附近具有二次收敛性，可靠性较好的特点。然而 Powell 对于多维问题计算速度并不是很快，亦需认真选择初始点。由于直接搜索法极易陷入局部最

优解，且收敛速度慢，特别在历史拟合参数较多时这一缺陷更突出，因此它局限于早期的参数较少和计算量小的自动历史拟合理论研究。

2. 梯度类方法(gradient based algorithms)

梯度类方法是通过对其目标函数的梯度或 Hessian 矩阵进行求解来确定最优方向 d_k 和步长 λ_k。它具有效率高、收敛性相对较好的特点，在目前自动历史拟合中应用非常广泛。

1) 梯度的求解

目标函数的梯度，亦称敏感性矩阵，即目标拟合量(如压力、含水等)对油藏可调参数(孔隙度、渗透率等)的一阶偏导数向量。由于求取目标函数的梯度在梯度类方法中占用的时间最多，怎样快速、准确地求取目标函数的梯度值是提高油藏参数辨识精度和速度的关键。通常情况下，实际油藏历史拟合问题中目标函数的形式非常复杂，甚至是隐式的，必须采用数值微分方法来求解目标函数的梯度。求解方法包括有限差分法(FDM)[15,16]、敏感方程法[15]、有理多项式法、梯度模拟器法[17]和伴随方法[15,16,18-20]等，常用的是有限差分法和伴随方法。

(1) 有限差分法是最简单的求解梯度的数值算法，也称扰动算法(perturbation method)[21]，它利用扰动原理和差分方程进行计算，用节点上的函数值的差商代替导数进行近似计算，是一种直接将微分问题变为代数问题的近似数值解法，数学概念直观，表达简单。但当网格剖分单元数目和需反演的参数较多时，利用有限差分法等方法求解梯度的计算量是很大的，费时太长，算法的效率随着模型参数数目的增加急剧降低，再考虑到 Hessian 矩阵的计算，当参数数目很大时，计算量将大得惊人。

(2) 伴随方法(adjoint method)是目前计算梯度方法中最有效的方法之一，特别是大量参数问题，可以极大地减少梯度的计算量。它基于变分原理和最优控制论，通过求解与模式(油藏模拟器)相对应的伴随方程，可以方便地计算出目标函数梯度。一旦目标函数梯度计算出来，就可以使用下面所述不同的优化算法来进行调整。但它需要知道油藏模拟器的详细信息,对不同模拟器需要进行敏感性计算,编写伴随码等工作十分繁重。Sarma 等[16]提出了伴随的改进方法，该方法简化了伴随计算量，可以较容易编写伴随码，但该方法仍然需要明确目标函数的形式和全隐式的油藏模型编码，需要相当大的数据存储量。文献[22]提出一种基于伴随方法加速敏感性计算的方法，与传统伴随方法相比，大大减少了敏感性计算时间和内存，使之更适合大规模油田的应用。

2) 优化算法

梯度类优化方法需要利用一阶或者二阶导数值，据此梯度类方法又可分为一次导数法和二次导数法。

(1) 一次导数法。这类方法仅需要计算目标函数的梯度，主要有最速下降法(steepest descent, SD)[15,21]、共轭梯度法(conjugate gradient, CG)[15,23]及预处理共轭梯度法(preconditioned conjugate gradient, PCG)。最速下降法是一次导数法中最基本的算法，采用目标函数负梯度方向作为每一步迭代的搜索方向。在远离极小点时，每次迭代可能使目标函数值有较大的下降，但接近极小点时，下降速度显著变慢，使收敛结果偏离最优值较远。实践中很少单独使用最速下降法，常和其他算法联合使用。CG 采用共轭梯度方向作为搜索方向，收敛速度比最速下降法大为加快。当目标函数性态接近二次函数时，该法计算效率较高且计算过程稳定，对 n 维二次函数极小化问题，至多进行 n 次搜索便可收敛到极小点。为了在求解大规模问题时获得较为合理的收敛速度，通常乘以一个预处理矩阵来改善矩阵的计算，这种改进后的方法称为预处理共轭梯度法（PCG）。PCG 法在收敛速度方面比 CG 法有了很大提高，但获取适当的预处理矩阵比较困难，每步迭代的计算量很大，耗费总时间仍然较长。

（2）二次导数法。由于在二次收敛速度方面占有优势，这类方法被广泛用于最小化目标函数问题，它不仅需要求解目标函数的梯度，还需对 Hessian 矩阵进行求解。最基本的是牛顿法，但它模拟计算量大，由数值方法得到的 Hessian 矩阵及其逆阵未必是正定的，收敛性往往得不到保证，因此对于油藏历史拟合问题牛顿法事实上很少被采用。牛顿法计算 $f(x)$ 的 Hessian 矩阵时，由式（4-4）可得 Hessian 矩阵为

$$\boldsymbol{H} = \nabla^2 f(x) = 2\boldsymbol{J}^{\mathrm{T}}\boldsymbol{J} + 2\sum_{i=1}^{N_{\mathrm{d}}} r_i(x)\nabla^2 r_i(x) \tag{4-21}$$

式中，$\boldsymbol{J}$ 为 $r(x)$ 的雅可比矩阵（一阶偏导数矩阵）；式（4-21）右端项含有 $r(x)$ 的二阶导数，而 $r(x)$ 是非线性的，其二阶导数不易求得，需要迭代时会花费大量时间来计算。

为了避免二阶导数 $\nabla^2 r_i(x)$ 的计算，通常采用两种策略：一种是利用一阶导数信息去逼近二阶导数信息，使其满足拟牛顿条件，如拟牛顿法；另一种则是当式（4-4）中误差向量 $r(x)=0$ 或 $r(x)$ 近似于线性函数的情况，忽略二阶导数 $\nabla^2 r_i(x)$，如 Gauss-Newton 法。

①拟牛顿法与其改进算法。拟牛顿[19]也称变尺度法，它的迭代形式与牛顿法类似，不同的是在迭代过程中用一个对称正定矩阵 $A^{(k)}$ 来逼近 Hessian 矩阵的逆矩阵 $[H(X^{(k)})]^{-1}$，能够简化牛顿法的计算量，且保持了收敛快的优点。目前自动历史拟合领域常用的两类拟牛顿法是 DFP 算法和 BFGS 算法，它们共同的优点是不必计算二阶导数矩阵及其逆阵，却能使搜索方向逐渐逼近牛顿方向，计算效率明显高于一阶梯度算法，可用于高维（$n>100$）的大型问题。但计算对称正定矩阵 $A^{(k)}$ 的程序较复杂，且需要较大的存储量。DFP 法存在着数值稳定性不够理想等问题，而 BFGS 法则具有较好的数值稳定性。BFGS 方法[24]使用梯度变量近似 Hessian 矩阵，其收敛速度界于线性方法和二次方法之间，计算步骤与 DFP 法完全相同，只是校正矩阵相对于 DFP 有一定的改进。Nocedal[25]采用了一种新的模式实现 BFGS 方法的求解，这种方法不需要储存 Hessian 矩阵的近似值，而是仅储存前一迭代步计算所得的梯度和目标函数值。该方法叫作有限储存 BFGS方法（LBFGS）。对计算效率较高的 Gauss-Newton、Levenberg-Marquardt、共轭梯度 CG和拟牛顿等各种方法综合比较后，Zhang 和 Reynolds[26]认为对于大规模的历史拟合问题，应用伴随方法计算目标函数梯度的 LBFGS 方法是最有效的优化问题求解方法。为了保证LBFGS 法收敛，文献[27]改进了原先的线性搜索算法，可靠地保证了应用 LBFGS 法的大多数迭代中的初始步长满足强 Wolfe 条件，从而进一步提高了 LBFGS 方法的鲁棒性和

计算效率。

②Gauss-Newton 法与其改进算法[19,28]。Gauss-Newton 是基于经典牛顿法的另一种算法，它的收敛速度依赖于 U 对 x 的线性程度及误差 $r(x)$ 的大小，当误差向量 $r(x)=0$ 或 $r(x)$ 近似于线性函数时，根据式(4-8)不必计算二阶偏导数矩阵 $\nabla^2 r_i(x)$，由于利用误差向量 $r(x)$ 的一阶导数矩阵 J 直接计算目标函数 $f(x)$ 的二阶偏导数 Hessian 矩阵，因此便于进行敏感性分析；然而当 U 对 x 高度非线性或 $r(x)$ 很大时，可能不收敛。Gauss-Newton 在迭代过程中会因步长太大而使参数值超出可行域，从而使收敛值偏离真实值较远，而且近似构造的 Hessian 矩阵仍然可能出现奇异或近似奇异矩阵，目标函数值在迭代过程中会产生振荡，甚至出现不收敛情形，需要进行修正。自动历史拟合领域广泛应用的一种修正方法 Levenberg-Marquardt[18,29]，它非常巧妙地在最速下降法与牛顿法两者之间进行了平滑调和，在 Gauss-Newton 迭代格式中引入了阻尼因子 λ，使得目标函数在远离极小点处采用最速下降法，沿着负梯度方向下降；而当接近极小点处，算法又切换到牛顿法，能沿理想的牛顿方向快速收敛，每次迭代的下降方向在牛顿方向与负梯度方向之间。但当 λ 的值很小时，目标函数值下降，需要多次反复调整 λ 的大小，才能使目标函数值下降。Levenberg-Marquardt-Fletcher 方法(LMF)是 Levenberg-Marquardt 方法的改进，在迭代过程中，根据目标函数值的实际减小量与假定目标函数为二次函数时预期减少量之比来调整。

4.2.2　随机性优化方法

随机性优化方法在执行过程中加入随机性因素，计算不受初始点限制，它以一定概率或其他方式接受比当前解更差的解，所以全局搜索性能有了提高。随机类方法有模拟退火[30]、遗传算法[31]、神经网络[32]、混沌优化方法[33]、邻域算法和粒子群算法等，是以一定的直观基础而构造的算法(启发式算法)，也称之为现代优化算法。随机性优化方法共同优点是可以找到全局最优解，具有比较直观，简单易行的特点。多数情况下，程序简单，易于修改，它可以解决当目标函数的形式非常复杂，难以显式表达，或求解梯度困难时的复杂问题。由于数学模型本身是实际问题的简化，或多或少忽略一些因素，并且数据采集或参数估计具有不精确性，这可能使传统梯度类算法所得解比这些启发式算法所得解产生更大误差，为此随机类算法亦有其研究意义。

(1) 模拟退火法(simulated annealing，SA)思想源于固体的退火过程，在迭代中接受"劣化"解的概率随着温度的下降逐渐减小，提高了求得全局最优解的可靠性。有许多学者[34-37]应用模拟退火算法对油藏历史拟合进行了研究发现存在一些不足，例如，降温的方式对算法的影响很大，温度下降过快可能会丢失极值点，若过慢收敛速度会大大降低。随着历史拟合问题规模的增大和对解的质量要求的提高，计算时间也随之增长，而冷却进度表并不能从根本上提高算法的效率，解决的办法是将算法并行实现以提高其性能。

(2) 遗传算法(genetic algorithms，GA)是一种模拟自然进化过程的随机搜索算法，非常适用于大规模并行计算，在搜索过程中不易陷入局部最优，即使在所定义的适应函数是不连续、非规则的或有噪声的情况下，也能以很大的概率找到全局最优解，而且与求解问题的其他启发式算法有较好的兼容性。很多历史拟合研究表明[35,38-40]，虽然遗传算法比其他传统搜索方法具有更强的鲁棒性，但它的计算速度慢且可能出现早熟收敛，有时单纯的遗传算法未必比其他搜索方法更优越，需要与其他方法结合形成性能更优的混合算法。

(3) 人工神经网络 (artificial neural networks，ANN) 是基于生物学中神经网络的基本原理而建立的，它有较强的非线性动态处理能力，特别适用于对大规模、结构复杂、信息不明确的系统，这些特点在油藏研究中普遍存在[41]。它无须知道状态变量与系统参数之间的关系，不仅具有较强的并行性、容错能力和鲁棒性，而且可以从有限的、有缺陷的信息中得到近似最优解，因此实测数据中个别观测点的人为误差不致影响整个反演结果，这极大方便了其在历史拟合实践中的应用[42-44]。目前已有许多人工神经网络模型，如 BP (back propagation)、Hopfield 网和 Boltzmann 机等，其中 BP[41,45]在自动历史拟合领域中应用最广泛。然而，人工神经网络方法没有统一的理论指导，决策性较强，且 BP 算法存在收敛速度慢、网络隐层节点数的选取有盲目性等问题。

(4) 混沌优化方法 (chaos optimization algorithm, COA) 是利用混沌现象的随机性、遍历性、规律性特征，将其作为搜索过程中避免陷入局部极小的一种新颖优化机制[46,47]。该法结构简单、搜索效率高，具有高度的非线性特点，只要控制得当，最终的解能够以任意精度逼近真实的最优解，还可通过调节有关参数灵活控制计算时间和精度。该法直接采用混沌变量按混沌运动自身规律进行搜索，而不是以概率接受"劣化"解，因此更容易跳出局部最优点。应用结果表明，混沌优化方法效率明显优于 SA、GA 等随机搜索算法，但当搜索空间很大时，该法的搜索速度与精确性矛盾。

另外，还有禁忌搜索算法 (tabu search)[36,40]、邻域算法 (neighborhood algorithm)[36,48]和粒子群算法 (particle swarm optimization)[49]，这些算法相对其他随机类方法在自动历史拟合领域应用较少。可以看出，尽管随机类算法能够找出全局最优的点，但这类方法的共同缺点是计算速度慢，尤其是随着历史拟合问题规模的增大，计算代价也随之增长，而且不能保证最优解，表现不稳定。算法的好坏依赖于实际问题、经验及设计者的技术，很难总结其规律，也使不同类的随机类算法之间难以进行比较。因此在处理大规模或中等规模的自动历史拟合问题时，该算法不能满足模拟运算速度的要求，需要对算法进行改进。针对这一缺陷，已有不少文献对这些算法进行改进，如与确定性算法结合形成下面的混合方法。

4.2.3　混合方法

在自动历史拟合研究中，为了同时保证较高的计算精度和较快的收敛速度，混合方法将两种或多种优化方法相结合，使各种方法扬长避短，以达到较好的结果。除了前面提到的 Levenberg-Marquardt 方法，还有混沌优化与梯度类相结合的混合方法[46]和遗传算法结合禁忌搜索混合方法[39]等。下面介绍几种典型的新方法，它们或结合统计学方法，或引入新的思路与现有优化方法结合。

1. 集合卡尔曼滤波

集合 Kalman 滤波方法（Ensemble Kalman Filter，EnKF）最初是海洋学者 Evensen 提出的，2002 年由 Geir 等[50]引入石油工程领域。文献[21,51]将 EnKF 方法作为一种基于统计（蒙特卡罗）方法生成集合的平均梯度类方法，而梯度信息的获得来自于集合之间的关系[52]。Zafari[53]从理论上比较了 RML（randomized maximum likelihood）和 EnKF，特别指出，当预测数据与油藏模型线性相关、先验模型为多元高斯分布、实时数据不相关、集合数目趋于无穷等时，EnKF 与 RML 这两种方法均能给出正确的后验概率分布。文献[53,54]研究指出，当满足一定条件（如初始值为先验数据等）时，EnKF 的更新过程相当于 Gauss-Newton 方法进行一次迭代，尤其是对于线性问题，二者的公式一致，但对于强非线性或非高斯问题，EnKF 则可能难以对未知性的描述，需要进行一定形式的迭代改进。2005 年，Gu 和 Oliver[55]将 EnKF 应用于 PUNQ-S3 问题，发现 EnKF 方法与基于梯度的方法相比具有更高的效率。2011 年，闫霞等[3]提出了基于流线的 EnKF 方法，还原流体自动流动的通道，降低了计算时间并提高了拟合的精度。2012 年，Emerick 和 Reynolds[56,57]将 EnKF 方法和蒙特卡罗方法相结合，得到一种相对高效的模型参数的取样算法。2013 年，Heidari 等[58]提出了 EnKF 参数化的方法，防止了储层参数偏离先验信息。2014 年，Chen 和 Oliver[59]将迭代集合平滑方法与 EnKF 相结合并应用在 Norne 油田，使得反演结果更加具有连续性。2016 年，Kang 等[60]将快速行进法与 EnKF 相结合来反演页岩气田的渗透率场，避免了滤波发散的问题，提高了反演的准确性。

EnKF 分为预测和分析两个步骤：第一步是通过运行模拟器对下一时间步的数据进行预测；第二步分析更新包括了 Kalman 模型参数等。其基本思想是利用 Monte Carlo 方法预测状态的一个集合，该集合的平均可作为最佳估计，集合的样本协方差即作为预测误差协方差的近似，该集合通过模型向前积分，每个样本分别更新分析变量，各更新分析变量的样本平均即为变量的最佳估计。集合 Kalman 滤波方法的计算效率高、鲁棒性好，动态数据可以持续、实时、快速吸收，可缩短计算周期，适合应用于大规模非线性实时动态油藏模型更新的历史拟合。由于它避免了伴随矩阵的使用，因此不需要对不同的油藏模拟器进行复杂的敏感计算，完全独立于所使用的模型方程，更新模型过程中，只需模拟器的计算结果无须关注过程，便于程序的开发、调试及维护。此外，集合思想的引入，提供了一种在油藏描述和动态预测中评价未知性的新的方法，EnKF 采用了集合预报的方法，把误差的统计量隐含在一组预报变量中进行预报，然后根据该组预报值的差异进行统计，得到新的误差协方差，解决了在 Kalman 滤波和变分的实际应用中协方差矩阵的估计和预报困难的问题。

2. 基于流线模拟方法的自动历史拟合

最近，人们对基于流线的历史拟合算法[2]（streamline-based history matching algorithms）产生了极大的兴趣。为了获取较高的拟合效率，基于流线类历史拟合方法在正向模拟中使用快速的流线模拟器，不仅因为正向模拟本身速率快，而且相关的模型参数突破时间和传播时间的敏感性系数可以通过一次向前运行计算得到。通常情况下，由于集合 Kalman 滤波（EnKF）方法或随机扰动同步扰动（SPSA）算法等非梯度类算法不需要进行梯度求解，便于与流线模拟器结合进行历史拟合。因此基于流线模拟的 EnKF 或 SPSA 方法可以提高历史拟合中正向模拟阶段的效率。应用流线方法求解油藏渗流问题时，根据流场中的流线将三维或二维的非均质问题自动分解为一系列简单的一维均质问题，然后沿着流线采用解析或数值方法求解这些一维问题，最后将所有流线上的解合并就可以得出整个油藏的解。采用 IMPES 方法通过求解描述多相流动的渗流方程来隐式求解出网格系统中的压力场之后，再求解速度场。

在油藏数值模拟中，采用流线方法与采用传统的油藏数值模拟计算方法的本质区别在于流体的流动通道不同。传统油藏数值模拟计算方法中，流体在油藏中划分的网格之间运移。而流线方法中，流体运移具有自己的特点，即流体从基本网格系统中分离出来，沿着流线向前运移，形成流体自然流动的通道。流体沿着不断变化的流线向前运移的方式相当于采用一种动态适应的网格系统，这种动态网格系统与原来油藏中划分的基础的静态网格系统完全分离，流线方法就是在这种动态网格系统中求解油藏渗流模型。在传统的油藏数值模拟计算方法中，采用相同的网格求解压力与饱和度，并且流体只能沿着网格方向流动。而在流线方法中，只需沿着流线上的各流动单元将饱和度向前推移，并不需要沿着全部的求解压力场时用到的所有基础网格块进行计算。这样能够很大程度减小与网格划分及网格排列有关的各种因素对计算过程和结果的影响。同时，由于在基础网格系统中求解压力场的次数明显减少，而沿着流线计算饱和度时又可以采用较大的时间步长，所以流线方法的计算速度明显增加。所有的这些优点都使流线方法成了一种非常适合现代油藏模拟的计算方法。然而，关于流线方法存在着潜在的不足，例如，不能模拟非常复杂的物理环境，因此基于流线类方法不能应用于所有的情况。

此外，流线方法还可以利用流线轨迹确定相应敏感性区域，从而可以进行协方差局地化技术。EnKF 算法通常是选取一组地质模型进行历史拟合，测量误差与模型参数的协方差信息从集合中获得。实际应用中，为了保证计算效率，通常会限制集合的大小（油藏模型的个数），然而，这样会导致计算的协方差信息不准确，并且产生伪相关性。例如，会导致空间距离相距甚远的两个变量仍存在较强的相关性，然而实际情况下，网格相距甚远的变量和生产数据之间应该不相关的或相关性很小。协方差局地化技术可以解决这一问题。在协方差局地化技术中，通常可以利用流线方法方便求出井点数据的敏感性范围，在获得的相应的敏感性范围内，离井点数据越近，模型参数与井点数据的相关性应该越强，并且相关性随着距离的增加而减小，在一定范围之外相关性应该为零值。这个范围的通常用相关距离来表征。Elkin 等[61]提出基于流线进行 EnKF 方法协方差区域化方法，通过追踪流线方法以确定相关区域，沿流线计算敏感性，修改或调整生产数据与模型参数的协方差矩阵，但没有考虑先验地质模型相关半径，仅仅考虑敏感性区域，因此丢失了大量相关性信息。Emerick 和 Reynold[62]将敏感性区域与先验信息相结合，得到的合理的协方差的局地化区域，虽然其驱替敏感性区域并不是用流线方法获得，但得到与流线方法计算的敏感性区域近似。

3. 其他算法

在自动历史拟合领域还涌现出了许多其他改进的新混合方法。隧道算法(tunneling method)[63]是一种基于梯度类的全局优化方法。前面提到梯度类算法是局部寻优,不能保证全局最优,如 SA、GA 等随机类全局优化方法在实际历史拟合应用中花费太大,近来提出这种将梯度类局部寻优扩展为全局优化的隧道算法。其本质上是一种使用梯度信息的确定性算法,包括局部寻优和钻隧两个基本过程,钻隧是一个多向探索过程,其基本结构及特征决定了它特别适合大规模并行实现。该方法突出的优点是通过以相对非常少的额外代价稳定地递减目标函数值,从而能提供一系列的潜在解(最小值)。

同步扰动随机近似法(SPSA)[64]是 SPALL 根据 Kiefer-Wolforwitz 随机逼近算法改进而成,理论基础是生成随机梯度的期望值为真实梯度[65],其平均梯度为最速下降方向。与有限差分方法每一次仅扰动一个变量不同,SPSA 法是在每次迭代中通过随机同步扰动所有的模型参数变量来计算随机梯度,生成搜索方向,方向看似随机,但总保证下降方向。此外,SPSA 算法易于结合任何油藏模拟器进行自动历史拟合,而且拟合生产或时移地震数据时,只需给定油藏模型,油藏模拟器就能够预测得到生产数据。

此外,还有核主成分分析方法(Kernel PCA)[66],此法采用多点地质统计来描述模拟渗透率场,可以较好地模拟复杂的地质情况,改善历史拟合和预测,同时保证适当的计算要求。此外,人们除了对优化算法进行研究外,最近也开始研究模拟器,通过选择具有更高效率的模拟器加速历史拟合,尤其着重研究基于流线模拟器的历史拟合方法[67-70]。流线模拟技术的计算速度和精度比传统油藏模拟方法(如有限差分法模拟)大为提高,它将三维模拟模型还原为一系列一维线性模型,同时还可以进行流体计算,生产动态能够加速拟合,且具有处理更大数量级数据的计算优势。限于篇幅,本书不再赘述。

4.3　数据同化自动历史拟合方法

4.3.1　集合 Kalman 滤波

EnKF 的状态变量[2]涵盖了所有具有不确定性的油藏模型参数、油藏状态参数,以及生产数据:①油藏模型的静态参数 m,是指一般不随时间变化(或者变化较小)的参数,主要包含油藏模型每个网格点处的孔隙度值、渗透率值、净毛比、油水界面深度,以及表征相对渗透率曲线的端点参数等;②油藏动态参数(或称状态参数)p,是指在生产过程中随时间不断变化的参数,包括油藏模型每个网格点处的压力值与流体饱和度值等;③生产数据 d,代表需要进行拟合的参数,如井底流压、气油比、含水率、产油量及产水量等。一个 EnKF 状态向量 y 可以写为

$$y = \begin{bmatrix} m \\ p \\ d \end{bmatrix} \tag{4-22}$$

式中，m 为 N_m 维的油藏模型参数向量；p 为 N_p 维的油藏状态参数向量；d 为 N_d 维需要拟合的生产数据向量；N_m、N_p 及 N_d 分别为要反演的油藏静态参数的个数、油藏动态参数的个数及生产数据的个数。因此，状态向量 y 的维数等于 $N_m + N_p + N_d$。

EnKF 是基于多个模型实现（集合）的方法，因此，一个状态向量集合包括了多个 EnKF 状态向量 y_j，$j = 1, \cdots, N_e$，表示为

$$Y = (y_1, y_2, \cdots, y_{N_e}), \qquad j = 1, \cdots, N_e \tag{4-23}$$

式中，N_e 为集合成员的个数；Y 为状态向量集合。

定义 O 为 $N_d \times (N_y - N_d)$ 的零矩阵，I_D 为 $N_d \times N_d$ 维的单位方阵，D 代表生产数据，H 为 $N_d \times N_y$ 矩阵：

$$H = [O \,|\, I_D] \tag{4-24}$$

根据 Y 的定义及式（4-24）得到，生产数据预测值部分可以写为 Hy，是由 N_e 个模型计算得到的所有生产数据预测值构成的 $N_d \times N_e$ 维矩阵。

为了保证集合模型之间的变化性，需要在集合模型的观测数据基础上加一定的扰动：

$$d_{uc,j} = d_{obs} + v_j, \qquad j = 1, \cdots, N_e \tag{4-25}$$

式中，v 为元素满足正态分布的 N_d 维随机扰动向量；d_{obs} 代表生产数据观测值向量，是 N_d 个观测值构成的列向量；$d_{uc,j}$ 为加入扰动的观测值向量。

对第 j 个模型状态向量的 EnKF 更新公式为

$$y_j^{n,a} = y_j^{n,f} + K^n(d_{uc,j}^n - Hy_j^{n,f}), \qquad j = 1, \cdots, N_e \tag{4-26}$$

$$K^n = C_Y^{n,f} H^T (H C_Y^{n,f} H^T + C_D^n)^{-1} \tag{4-27}$$

式中，上标 a 代表更新后状态，f 代表预测状态，n 代表第 n 个时间步；$y^{n,f}$ 为 y 第 n 个时间步的预测值；K 为 Kalman 增益矩阵。其中 $C_Y^{n,f}$ 的表达式为

$$C_Y^{n,f} = \frac{1}{N_e - 1} \sum_{j=1}^{N_e} \left(y_j^{n,f} - \overline{y^{n,f}} \right) \left(y_j^{n,f} - \overline{y^{n,f}} \right)^T = \frac{1}{N_e - 1} \Delta Y^{n,f} (\Delta Y^{n,f})^T \tag{4-28}$$

其中，

$$\Delta Y^{n,f} = Y^{n,f} - \overline{Y^{n,f}} = \left[y_1^{n,f} - \overline{y^{n,f}}, \cdots, y_{N_e}^{n,f} - \overline{y^{n,f}} \right] \tag{4-29}$$

$$\overline{y^{n,\mathrm{f}}} = \frac{1}{N_\mathrm{e}} \sum_{j=1}^{N_\mathrm{e}} y_j^{n,\mathrm{f}} \tag{4-30}$$

EnKF 的优点在于进行 EnKF 更新时，无须构造和计算大型协方差矩阵 C_Y^f。原因在于根据状态向量的结构可以将 C_Y^f 分块成如下形式：

$$C_\mathrm{Y}^{n,\mathrm{f}} = \begin{bmatrix} C_\mathrm{MM}^{n,\mathrm{f}} & C_\mathrm{MP}^{n,\mathrm{f}} & C_\mathrm{MD}^{n,\mathrm{f}} \\ C_\mathrm{PM}^{n,\mathrm{f}} & C_\mathrm{PP}^{n,\mathrm{f}} & C_\mathrm{PD}^{n,\mathrm{f}} \\ C_\mathrm{DM}^{n,\mathrm{f}} & C_\mathrm{DP}^{n,\mathrm{f}} & C_\mathrm{DD}^{n,\mathrm{f}} \end{bmatrix} \tag{4-31}$$

由 Kalman 增益矩阵式(4-27)可知，仅需计算 $C_\mathrm{Y}^\mathrm{f} H^\mathrm{T}$ 与 $H C_\mathrm{Y}^\mathrm{f} H^\mathrm{T}$：

$$C_\mathrm{Y}^{n,\mathrm{f}} H^\mathrm{T} = \begin{bmatrix} C_\mathrm{MM}^{n,\mathrm{f}} & C_\mathrm{MP}^{n,\mathrm{f}} & C_\mathrm{MD}^{n,\mathrm{f}} \\ C_\mathrm{PM}^{n,\mathrm{f}} & C_\mathrm{PP}^{n,\mathrm{f}} & C_\mathrm{PD}^{n,\mathrm{f}} \\ C_\mathrm{DM}^{n,\mathrm{f}} & C_\mathrm{DP}^{n,\mathrm{f}} & C_\mathrm{DD}^{n,\mathrm{f}} \end{bmatrix} \begin{bmatrix} 0 \\ I_\mathrm{D} \end{bmatrix} = \begin{bmatrix} C_\mathrm{MD}^{n,\mathrm{f}} \\ C_\mathrm{PD}^{n,\mathrm{f}} \\ C_\mathrm{DD}^{n,\mathrm{f}} \end{bmatrix} = C_\mathrm{YD}^{n,\mathrm{f}} \tag{4-32}$$

$$H C_\mathrm{Y}^{n,\mathrm{f}} H^\mathrm{T} = \begin{bmatrix} 0 & I_\mathrm{D} \end{bmatrix} \begin{bmatrix} C_\mathrm{MM}^{n,\mathrm{f}} & C_\mathrm{MP}^{n,\mathrm{f}} & C_\mathrm{MD}^{n,\mathrm{f}} \\ C_\mathrm{PM}^{n,\mathrm{f}} & C_\mathrm{PP}^{n,\mathrm{f}} & C_\mathrm{PD}^{n,\mathrm{f}} \\ C_\mathrm{DM}^{n,\mathrm{f}} & C_\mathrm{DP}^{n,\mathrm{f}} & C_\mathrm{DD}^{n,\mathrm{f}} \end{bmatrix} \begin{bmatrix} 0 \\ I_\mathrm{D} \end{bmatrix} = C_\mathrm{DD}^{n,\mathrm{f}} \tag{4-33}$$

由于以上关系的存在，EnKF 的更新公式直接可以通过两个协方差矩阵的计算进行求解，即

$$C_\mathrm{Y}^{n,\mathrm{f}} H^\mathrm{T} = C_\mathrm{YD}^{n,\mathrm{f}} = \frac{1}{N_\mathrm{e}-1} \sum_{j=1}^{N_\mathrm{e}} \left(y_j^{n,\mathrm{f}} - \overline{y^{n,\mathrm{f}}} \right) \left(H y_j^{n,\mathrm{f}} - H \overline{y^{n,\mathrm{f}}} \right)^\mathrm{T} \tag{4-34}$$

$$H C_\mathrm{Y}^{n,\mathrm{f}} H^\mathrm{T} = C_\mathrm{DD}^{n,\mathrm{f}} = \frac{1}{N_\mathrm{e}-1} \sum_{j=1}^{N_\mathrm{e}} \left(H y_j^{n,\mathrm{f}} - H \overline{y^{n,\mathrm{f}}} \right) \left(H y_j^{n,\mathrm{f}} - H \overline{y^{n,\mathrm{f}}} \right)^\mathrm{T} \tag{4-35}$$

从 Kalman 增益矩阵式(4-27)容易看出，$C_\mathrm{Y}^\mathrm{f} H^\mathrm{T}$ 与 $H C_\mathrm{Y}^\mathrm{f} H^\mathrm{T}$ 可直接通过式(4-34)与式(4-35)求解，避免了单独计算和存储整个 C_Y。因此，可以利用式(4-34)和式(4-35)，在第 n 时刻，第 j 个模型的 EnKF 更新公式重写为

$$y_j^{n,\mathrm{a}} = y_j^{n,\mathrm{f}} + C_\mathrm{YD}^{n,\mathrm{f}} (C_\mathrm{DD}^{n,\mathrm{f}} + C_\mathrm{D}^n)^{-1} (d_{\mathrm{uc},j}^n - H y_j^{n,\mathrm{f}}) \tag{4-36}$$

由上述可知，EnKF 方法是一种时间序贯同化方法，无须油藏模拟器每次从初始时间步开始进行历史拟合，只需从上一个时间步进行重启计算。因此，EnKF 计算代价可近似地认为仅与所用油藏模型的个数 N_e 有关，适合应用于大规模油藏模拟历史拟合问题。

4.3.2　基于流线的协方差区域化方法

采用流线进行协方差局域化方法的具体过程是首先在 EnKF 每个数据同化步骤中，利用流线获得每口井的数据影响（敏感性）区域；接下来，针对每个敏感性区域，利用一个具有相同面积的椭圆通过 Nelder-Mead（亦称下山单纯形）方法进行拟合计算，从而获得敏感性区域（椭圆）的长、短半径；然后，将敏感区域长、短半径与当前油藏地质模型的主相关长度分别相加，得到最终的数据临界半径，再使用的 Gaspari 和 Cohn[71]所提出的相关函数计算相关矩阵进行 EnKF 协方差局域化。由于油藏模型的每一层可以具有不同的临界长度，因此，协方差局域化是对模型的每一层进行计算的。

1. EnKF 协方差区域化公式

针对协方差区域化方法，具体操作是利用关系矩阵 $\boldsymbol{\rho}^n$ 与 $\boldsymbol{C}_{Y}^{n,f}$ 进行 Schur 乘积取代预测协方差矩阵 $\boldsymbol{C}_{Y}^{n,f}$，即

$$\boldsymbol{C}_{Y}^{n,f} = \boldsymbol{\rho}^n \circ \boldsymbol{C}_{Y}^{n,f} \tag{4-37}$$

式中，符号。代表矩阵 Schur 乘积，是两个矩阵中的元素对应相乘。

基于协方差区域化的集合 Kalman 滤波更新公式[62]变为

$$\boldsymbol{y}_{j}^{n,a} = \boldsymbol{y}_{j}^{n,f} + (\boldsymbol{\rho}^n \circ \boldsymbol{C}_{Y}^{n,f})\boldsymbol{H}_{n}^{T}\left[\boldsymbol{C}_{D}^{n} + \boldsymbol{H}(\boldsymbol{\rho}^n \circ \boldsymbol{C}_{Y}^{n,f})\boldsymbol{H}_{n}^{T}\right]^{-1}\left(\boldsymbol{d}_{uc,j}^{n} - \boldsymbol{H}\boldsymbol{y}_{j}^{n,f}\right) \tag{4-38}$$

类似于协方差 $\boldsymbol{C}_{Y}^{n,f}$，关系矩阵 $\boldsymbol{\rho}^n$ 有如下结构：

$$\boldsymbol{\rho}^n = \begin{bmatrix} \rho_{MM}^{n} & \rho_{MP}^{n} & \rho_{MD}^{n} \\ \rho_{PM}^{n} & \rho_{PP}^{n} & \rho_{PD}^{n} \\ \rho_{DM}^{n} & \rho_{DP}^{n} & \rho_{DD}^{n} \end{bmatrix} \tag{4-39}$$

因此，式（4-38）中的乘积项 $(\boldsymbol{\rho}^n \circ \boldsymbol{C}_{Y}^{n,f})\boldsymbol{H}_{n}^{T}$ 和 $\boldsymbol{H}(\boldsymbol{\rho}^n \circ \boldsymbol{C}_{Y}^{n,f})\boldsymbol{H}_{n}^{T}$ 分别为

$$(\boldsymbol{\rho}^n \circ \boldsymbol{C}_{Y}^{n,f})\boldsymbol{H}_{n}^{T} = \begin{bmatrix} \rho_{MD}^{n} \circ C_{MD}^{n,f} \\ \rho_{PD}^{n} \circ C_{PD}^{n,f} \\ \rho_{DD}^{n} \circ C_{DD}^{n,f} \end{bmatrix} = \boldsymbol{\rho}_{YD}^{n} \circ \boldsymbol{C}_{YD}^{n,f} \tag{4-40}$$

$$\boldsymbol{H}_{n}(\boldsymbol{\rho}^n \circ \boldsymbol{C}_{Y}^{n,f})\boldsymbol{H}_{n}^{T} = \boldsymbol{\rho}_{DD}^{n} \circ \boldsymbol{C}_{DD}^{n,f} \tag{4-41}$$

使用式（4-40）和式（4-41），基于协方差区域化的集合 Kalman 滤波更新式（4-38），可以重新写为

$$y_j^{n,\mathrm{a}} = y_j^{n,\mathrm{f}} + \boldsymbol{\rho}_{\mathrm{YD}}^n \circ \boldsymbol{C}_{\mathrm{YD}}^{n,\mathrm{f}} \left(\boldsymbol{C}_{\mathrm{D}}^n + \boldsymbol{\rho}_{\mathrm{DD}}^n \circ \boldsymbol{C}_{\mathrm{DD}}^{n,\mathrm{f}} \right)^{-1} \left(\boldsymbol{d}_{\mathrm{uc},j}^n - \boldsymbol{H} y_j^{n,\mathrm{f}} \right) \qquad (4\text{-}42)$$

式(4-42)表示在进行协方差局域化时，仅需要计算子矩阵 $\boldsymbol{\rho}_{\mathrm{MD}}^n$、 $\boldsymbol{\rho}_{\mathrm{PD}}^n$ 和 $\boldsymbol{\rho}_{\mathrm{DD}}^n$。虽然这里对相关矩阵 $\boldsymbol{\rho}_{\mathrm{MD}}^n$、 $\boldsymbol{\rho}_{\mathrm{PD}}^n$ 和 $\boldsymbol{\rho}_{\mathrm{DD}}^n$ 标记有所不同，在计算时均基于距离的区域化，采用相同的相关函数和相同的区域临界长度。

2. 基于流线方法获取敏感性区域

令 $s_{ij,r}$ 代表与井 r 相关的流线所流经的网格 (i,j) 处的敏感值，其中 r 为井的标号，$r=1,2,\cdots,N_{\mathrm{well}}$；$i$ 与 j 分别为油藏模型所有网格块的标号，$i=1,2\cdots,N_x$，$j=1,2\cdots,N_y$。针对油藏模型的每一层，敏感值 $s_{ij,r}$ 取值的方法：当与井 r 相关的流线经过网格块 (i,j) 时，$s_{ij,r}=1$；当与井 r 相关的流线并没有流经网格块 (i,j) 时，$s_{ij,r}=0$，即将连接井点的所有流线经过的网格的相关权重均设为 1；其余尚未被流线经过的网格均设为 0。图 4-1 为一条流线获得的网格敏感值的示意图。

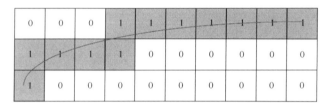

图 4-1 流线获得的网格敏感值示意图

采用多个（N_e）油藏模型，每个模型获得的流线分布可能有所不同。第 k 个模型在网格块 (i,j) 处的敏感值为 $s_{ij,r}^k$，$k=1,\cdots,N_e$，那么第 r 口井所获得的敏感性区域为汇集于井 r 处的所有模型的流线，所流经的网格块的并集，即

$$s_{ij,r} = \cup s_{ij,r}^k, \qquad k=1,2\cdots,N_e \qquad (4\text{-}43)$$

例如，利用流线获得某口井的敏感性区域如图 4-2 所示。

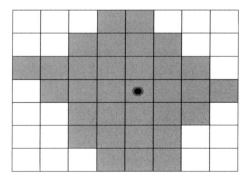

图 4-2 基于流线获得的某口井的敏感区域

3. 临界区域及相关矩阵计算

由于经过拟合得到的每个椭圆(敏感性区域)是已旋转至先验模型的主方向上,因此,椭圆轴半径 L_x 和 L_y 可直接添加到先验模型的相关半径,从而确定最终的协方差局域化区域,得到最终临界半径 L_1 和 L_2:

$$L_1 = L_{prior1} + L_x \tag{4-44}$$

$$L_2 = L_{prior2} + L_y \tag{4-45}$$

式中, L_{prior1} 与 L_{prior2} 分别为先验地质模型的主、次相关长度; L_1 与 L_2 分别为主、次最终临界半径。

临界区域计算如图 4-3 所示。

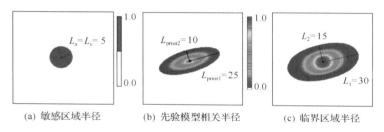

(a) 敏感区域半径　　　　(b) 先验模型相关半径　　　　(c) 临界区域半径

图 4-3　用于协方差区域化的临界区域计算示意图

获得进行协方差区域化的临界长度后,应用 Gaspari 和 Cohn[71]提出的关系函数进行计算得到关系矩阵 $\boldsymbol{\rho}_{MD}^n$、$\boldsymbol{\rho}_{PD}^n$ 和 $\boldsymbol{\rho}_{DD}^n$,进而代入式(4-42)进行 EnKF 协方差局地化。Gaspari 和 Cohn[71]提出的关系函数表达式为

$$\boldsymbol{\rho} = \begin{cases} -\dfrac{1}{4}\left(\dfrac{\delta}{L}\right)^5 + \dfrac{1}{2}\left(\dfrac{\delta}{L}\right)^4 + \dfrac{5}{8}\left(\dfrac{\delta}{L}\right)^3 - \dfrac{5}{3}\left(\dfrac{\delta}{L}\right)^2 + 1, & 0 \leqslant \delta \leqslant L \\ \dfrac{1}{12}\left(\dfrac{\delta}{L}\right)^5 - \dfrac{1}{2}\left(\dfrac{\delta}{L}\right)^4 + \dfrac{5}{8}\left(\dfrac{\delta}{L}\right)^3 + \dfrac{5}{3}\left(\dfrac{\delta}{L}\right)^2 - 5\left(\dfrac{\delta}{L}\right) + 4 - \dfrac{2}{3}\left(\dfrac{\delta}{L}\right)^{-1}, & L \leqslant \delta \leqslant 2L \\ 0, & \delta > 2L \end{cases} \tag{4-46}$$

式中, L 为临界长度; δ 为任意网格点到观测(井点)位置之间的距离。式(4-46)中,比例 $\dfrac{\delta}{L}$ 的计算公式为

$$\frac{\delta}{L} = \sqrt{\left(\frac{\delta_{x'}}{L_1}\right)^2 + \left(\frac{\delta_{y'}}{L_2}\right)^2} \tag{4-47}$$

4.3.3 计算实例

1. 油藏实例描述

该油藏模型为二维油水两相油藏模型，网格维数为 20×30×1，网格大小为 $\Delta x = \Delta y = 10.2\text{m}$，$\Delta z = 10\text{m}$。井位及真实的渗透率场（对数刻度下）如图 4-4 所示，模型的非均质性较强，含有一条高渗带。油藏模型包含有 1 口注水井与 5 口生产井，生产井 PRO-01、PRO-03 井与注水井 INJ-01 井均位于高渗条带上。油藏地质模型的先验信息为：孔隙度的平均值为 0.2，标准差为 0.05；对数渗透率的平均值为 4.0，标准差为 1.0；地质模型主相关方向为东北方向 40°；主相关长度为 280m，次相关长度为 50m。标准差表征了各个随机变量与平均值的偏离程度。在历史拟合中，需要进行反演的参数包括每个网格处的孔隙度及平面渗透率值，因此反演参数有 1200 个。需拟合的生产数据主要包括所有井的井底流压及生产井的生产气油比等。生产观测数据是在油藏模拟通过对真实模型计算得到的结果基础上，添加了符合正态分布的误差得到的，误差方差等于通过真实模型计算得到预测数据值的 3%，油藏生产总时间是 7290d。这里以较小的集合模型个数为研究对象，基于地质先验信息，采用序贯高斯模拟方法生成 40 个初始油藏模型。

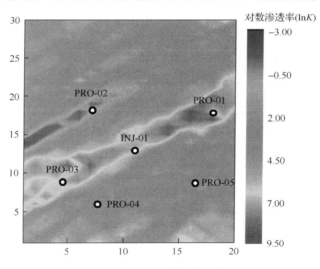

图 4-4 井位及真实渗透率场

K 的单位为 mD，下同

图 4-5 为部分初始模型的渗透率场分布，所有的初始模型均满足已知先验信息分布规律：对数渗透率均值为 4.0 左右，模型都呈现东北方向 40°的非均质等特点。但是各个初始模型之间渗透率分布差异性较大，高渗与低渗区域的大小及位置各不一样。图 4-6 为所有初始模型得到的平均渗透率场，从图中可以看到，初始平均模型的非均质特征并不十分明显。类似的，各个初始模型孔隙度场有所差异，但平均后的孔隙度场分布也没有明显的非均质特征，均值为 0.2 左右。

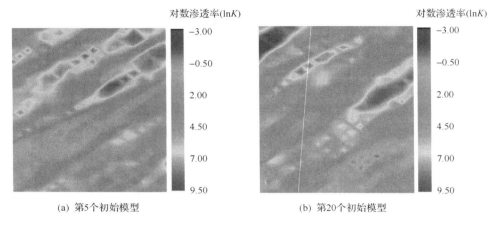

(a) 第5个初始模型　　　　　　　　　　　　(b) 第20个初始模型

图 4-5　部分初始先验模型的渗透率场分布

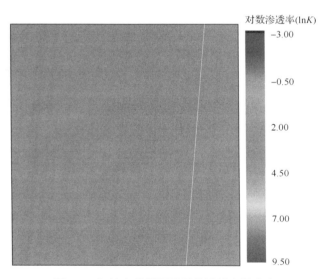

图 4-6　初始先验模型的平均渗透率场分布

2. 基于协方差区域化的 EnKF 拟合

（1）首先通过流线获得生产数据敏感区域。图 4-7 是指在某一时间步中，基于流线得到的各口井的敏感区域范围（红色区域），为所有 40 个模型获得相应敏感区域的并集。

（2）由于油藏模型的主方向为东北方向 $\theta = 40°$，以井为中心进行坐标系旋转，在旋转至主方向后的坐标系下，利用 Nelder-Mead 下山单纯形方法对井的敏感性区域拟合，得到的敏感区域半径长度如表 4-1 所示。

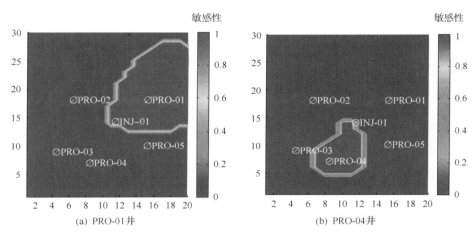

图 4-7　流线获得的各口井的敏感区域

表 4-1　在某一时间步中优化得到的敏感区域半径

井号	L_x/m	L_y/m	目标函数值 F
PRO-01	6.1	6.1	36.605
PRO-02	7.1	7.1	71.900
PRO-03	7.6	7.6	57.932
PRO-04	4.4	4.4	19.098
PRO-05	7.7	7.7	59.523
INJ-01	14	14	180.348

表 4-1 中的 L_x 与 L_y 分别代表拟合椭圆的长轴与短轴长度，其中 L_x 与 L_y 列的数据是以网格个数为单位，需要再乘以网格大小 10.2m，得到 L_x 与 L_y 的长度，目标函数值 F 是通过最小化公式(4-48)得到的结果：

$$F(L_x, L_y) = \sum_{i=1}^{N_x} \sum_{j=1}^{N_y} \left[s_{ij} - e(h) \right]^2 \tag{4-48}$$

式中，$e(h)$ 为椭圆函数。

(3)油藏先验模型的主相关长度为 $L_{prior1} = 280\text{m}$，次相关长度为 $L_{prior2} = 50\text{m}$。因此，区域化的临界长度 L_1 与 L_2 是表中敏感区域半径（L_x 与 L_y）与先验相关长度（L_{prior1} 与 L_{prior2}）分别对应相加得到。得到临界长度 L_1 与 L_2 之后，利用式(4-46)与式(4-47)计算相关矩阵 $\boldsymbol{\rho}$。图 4-8 为相关矩阵 $\boldsymbol{\rho}$ 的临界区域图，各个椭圆为各口井的临界区域，颜色越红代表该部分网格参数与此井的敏感性越强，颜色越蓝代表与该井的敏感性越弱，深蓝色区域的相关性值为零，即这部分网格参数与这口井不存在相关性。

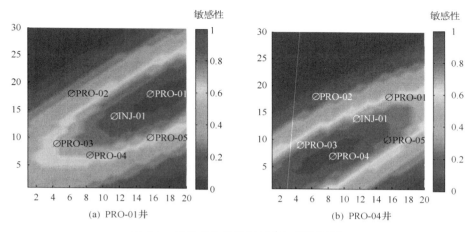

(a) PRO-01井　　　　　　　　　　(b) PRO-04井

图 4-8　部分井的临界区域(文后附彩图)

　　随着油藏的开发,在油藏不同的生产时间段,各口井处的敏感性区域也是在不断发生变化的。

　　图 4-9 为在不同时间步,第 3 个时间步(T_{step}=3)与第 11 个时间步(T_{step}=11)时,井的

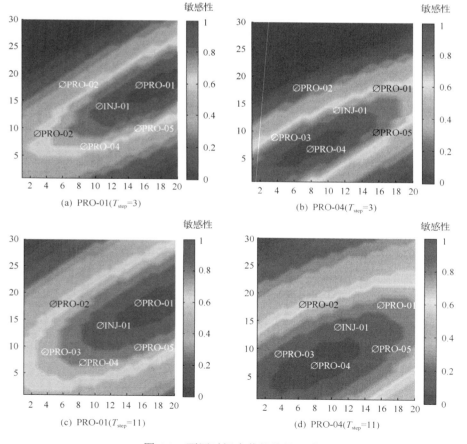

(a) PRO-01(T_{step}=3)　　　　　　　　(b) PRO-04(T_{step}=3)

(c) PRO-01(T_{step}=11)　　　　　　　　(d) PRO-04(T_{step}=11)

图 4-9　不同时间步井的临界区域

临界区域(已加上先验地质相关长度)的变化对比情况。从该图中可见,随着时间步的增加,生产井敏感区域不断扩大,注水井的敏感区域的变化情况并不明显。

(4)在获得关系矩阵信息后,结合协方差矩阵进行 Schur 运算,利用协方差区域化EnKF 更新式(4-36),对原来的 40 个初始模型重新进行历史拟合。

3. 参数场更新结果

随着时间步实时吸收生产观测数据,孔隙度及渗透率分布得到不断更新。图 4-10为对部分初始模型进行更新后得到的渗透率场分布,可见尽管初始模型(图 4-5)各不相同,但更新后的所有模型之间的差异性均明显减小,与真实模型对比(图 4-4),更新后模型都能反演出油藏的真实特征,如低渗及高渗条带等。通过应用 EnKF 不断地同化生产数据,所有模型逐渐趋于一致,减小了模型之间的差异性,使非均质特点逐渐接近真实模型(图 4-4)。

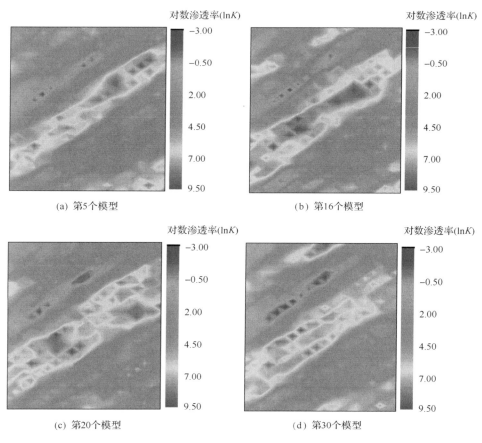

(a) 第5个模型　　　　　　　　　　　(b) 第16个模型

(c) 第20个模型　　　　　　　　　　　(d) 第30个模型

图 4-10　部分模型更新后的渗透率场分布

图 4-10 与图 4-11 为对 40 个初始模型利用 EnKF 方法更新后的平均孔隙度场及渗透率场在不同时刻的更新情况。从图中可以看出,初始平均地质模型(图 4-6)基本看

不出非均质特点，随着时间步的增加，不断的同化吸收更多的生产观测数据，经过2790d 的同化后，更新后的油藏平均孔隙度及渗透率场分布均基本反映出真实场（图4-4）的非均质分布趋势，但相应的值要比真实场要小些；经过 3870d 后，油藏非均质（如高渗条带位置等）描述情况与真实模型非常接近，之后并无明显的变化。更新模型揭示了油藏非均质特征信息，与真实孔隙度或渗透率场基本一致，降低了油藏认识的不确定性。

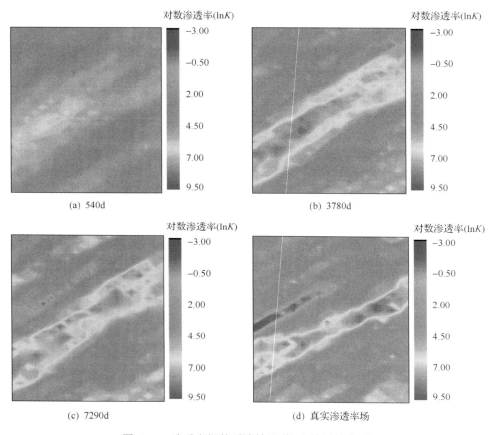

图 4-11　渗透率场的反演情况（协方差区域化后）

4. 动态数据拟合结果

图 4-12 为利用改进 EnKF 计算所得的部分生产数据的历史拟合结果，其中绿色散点代表生产数据观测值，灰色曲线为基于流线协方差区域化的 EnKF 方法对每个模型进行拟合计算得到的生产数据预测情况，蓝色曲线为利用改进 EnKF 方法对集合平均模型进行拟合后得到的生产数据变化情况，红色曲线为通过真实油藏模型计算得到的生产数据预测值。显然，在经过算法优化后，基于各个初始模型的计算生产数据与观测数据基本吻合，得到了较好的生产数据拟合效果。从图中可看出，经优化所得各个模型的计算结

果能够很好地匹配生产观测数据，基于平均模型得到的生产数据预测值(蓝色曲线)与观测数据(绿色散点)的拟合效果非常好。

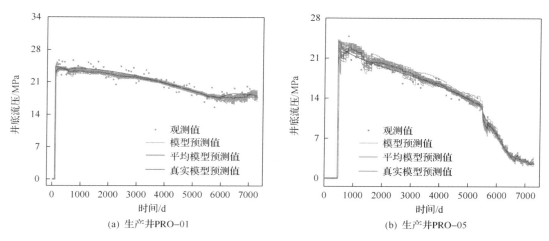

(a) 生产井PRO-01　　　　　　　　　　　(b) 生产井PRO-05

图 4-12　井底流压拟合结果(协方差区域化后)(文后附彩图)

通过实例分析，针对小集合模型历史拟合，利用基于流线协方差局域化技术的 EnKF 方法比标准 EnKF 方法效果更好：无论是在模型更新方面还是在生产数据的拟合效果方面，改善了当集合成员较少时所引起的滤波发散及数据伪相关性，反演的油藏模型基本能反映出真实油藏的基本地质特征。

4.4　降维自动历史拟合方法

历史拟合目标函数中的参数 m 和协方差矩阵 C_M 的维数相当高，有的甚至高达数十万计。如果对目标函数 $O(m)$ 直接进行求解非常困难，并且会耗费大量的时间，非常不利于解决实际问题。因此，需要对目标函数进行降维处理，使目标函数中的参数 m 转化到一个可调控的范围，避免对逆协方差矩阵 C_M^{-1} 的求解。主成分分析(principal component analysis，PCA)方法便是一种有效的特征提取方法，利用该方法可以大大简化目标函数的求解。

4.4.1　主成分分析原理

PCA 方法是目前应用很广泛的一种特征提取方法。它主要利用 $K\text{-}L$ 变换从原始的数据集中提取主要特征并构成特征向量空间，而后将原有的数据影射到特征向量空间上并得到一组投影系数，它保留了原始数据的主要特征信息。该方法保留了原向量在与其协方差矩阵最大特征值相对应的特征向量方向上的投影数据[图 4-13(b)]。PCA 方法在数据降维处理和特征提取方面的有效性使其在人脸识别领域获得了广泛应用[65]。

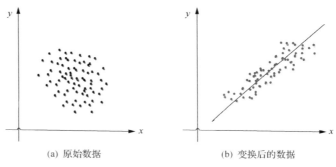

(a) 原始数据　　　　　　　　　(b) 变换后的数据

图 4-13　PCA 数据变换

对于一个 $a \times b$ 的训练场，将其转化为大小为 $n = a \times b$ 维的列向量。n 是单个训练场的维数，假设 m 是训练场的个数（一般取为 $m = 100$），则由这些训练场构成的先验

矩阵为 $\boldsymbol{X} = \begin{bmatrix} x_{11} & x_{12} & \cdots & x_{1m} \\ x_{21} & x_{22} & \cdots & x_{2m} \\ \vdots & \vdots & & \vdots \\ x_{n1} & x_{n2} & \cdots & x_{nm} \end{bmatrix}_{n \times m}$。那么 $\bar{x}$ 作为训练样本的平均场为 $\bar{x} = \dfrac{1}{m} \sum\limits_{j=1}^{m} x_j$；令

$\boldsymbol{A} = [x_1 - \bar{x}, x_2 - \bar{x}, \ldots, x_m - \bar{x}]_{n \times m}$，计算协方差矩阵 $\boldsymbol{C} = \dfrac{1}{n-1} \boldsymbol{A} \boldsymbol{A}^{\mathrm{T}}$，对于直接求 $\boldsymbol{C}$ 的特征值和特征向量计算量比较大，因此先求解矩阵 $\boldsymbol{V} = \boldsymbol{A}^{\mathrm{T}} \boldsymbol{A}$ 的特征值 λ_i 及对应的正交化特征向量 $\boldsymbol{v}_i$；将特征值由大到小排列，选取前 $p(p \leqslant m)$ 个最大特征值及对应的特征向量；这些特征向量包含了原训练样本中的主要特征信息。

利用式(4-49)，求取协方差矩阵 $\boldsymbol{C}$ 的正交归一化特征向量：

$$\boldsymbol{\phi}_i = \frac{1}{\sqrt{\lambda_i}} \boldsymbol{A} \boldsymbol{v}_i, \qquad i = 1, \cdots, p \tag{4-49}$$

获得特征向量提取矩阵为 $\boldsymbol{\phi} = [\boldsymbol{\phi}_1, \boldsymbol{\phi}_2, \ldots, \boldsymbol{\phi}_p]_{n \times p}$，即为原训练场的特征提取场。

已知特征值 λ_i 所对应的特征提取场 $\boldsymbol{\phi}_i$，其中 $i = 1, \cdots, p$，如图 4-14 所示。

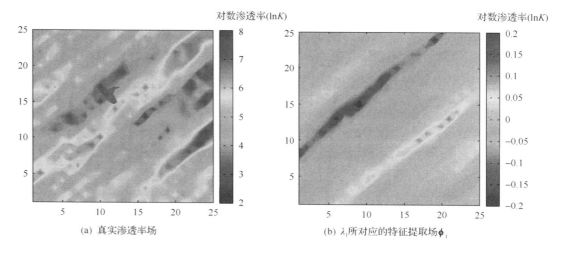

(a) 真实渗透率场　　　　　　　　　(b) λ_1 所对应的特征提取场 $\boldsymbol{\phi}_1$

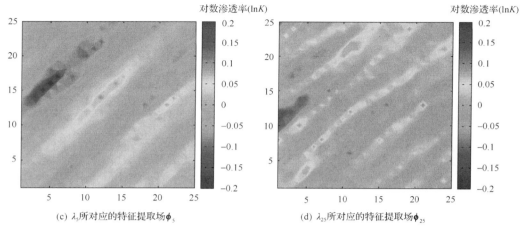

(c) λ_5 所对应的特征提取场 $\boldsymbol{\phi}_5$　　　　(d) λ_{25} 所对应的特征提取场 $\boldsymbol{\phi}_{25}$

图 4-14　不同特征值对应的特征提取场 (文后附彩图)

由图 4-14 可知，最大特征值 λ_1 所对应的特征提取场 $\boldsymbol{\phi}_1$ 中存在一条明显的低 (高) 渗通道，特征值为 λ_5 时，对应的特征提取场 $\boldsymbol{\phi}_5$ 中的高 (低) 渗通道条数增加到 3 条。依次类推，随着特征值的减小，所对应的特征提取场中的高 (低) 渗通道数越来越多。因此，真实渗透率场 $\boldsymbol{u}$ 可以由上述这些训练场进行组合表示 $\boldsymbol{u}=\sum\limits_{i=1}^{p}c_i\boldsymbol{\phi}_i$，其中 c_i 为常数。

4.4.2　PCA 在历史拟合中的应用

在实际油藏历史拟合中，由于拟合参数维数过于庞大，在计算目标函数 $O(\boldsymbol{m})$ 的值时，对协方差矩阵 $\boldsymbol{C}_{\mathrm{M}}^{-1}$ 的求解所花费的代价巨大，在实际应用中难以承受。因此，本章将利用 PCA 特征提取的方法对目标函数中 $\dfrac{1}{2}(\boldsymbol{m}-\boldsymbol{m}_{\mathrm{pr}})^{\mathrm{T}}\boldsymbol{C}_{\mathrm{M}}^{-1}(\boldsymbol{m}-\boldsymbol{m}_{\mathrm{pr}})$ 这一部分进行化简，这样既保证了目标函数中油藏参数的特征信息，又大大减小了计算量。

在初始先验油藏模型生成的过程中，假设一共生成 N_{e} 个模型，记为 $\boldsymbol{m}_j$ ($j=1,2,\cdots,N_{\mathrm{e}}$)，并且平均值为 $\boldsymbol{m}_{\mathrm{pr}}$。对于实际油藏的历史拟合问题，$N_{\mathrm{e}}$ 通常远远小于 N_{m}，由于先验模型满足序列高斯分布，则其平均模型为

$$\bar{\boldsymbol{m}}=\frac{1}{N_{\mathrm{e}}}\sum_{j=1}^{N_{\mathrm{e}}}\boldsymbol{m}_j\approx\boldsymbol{m}_{\mathrm{pr}} \tag{4-50}$$

假设油藏的网格个数为 N_{g}，在拟合过程中的参数变量仅仅是油藏渗透率及孔隙度，目标函数中参数变量为 $\boldsymbol{M}$ 可表示为

$$\boldsymbol{M}=\begin{bmatrix} m_{1,1} & m_{1,2} & \cdots & m_{1,N_{\mathrm{e}}} \\ m_{2,1} & m_{2,2} & \cdots & m_{2,N_{\mathrm{e}}} \\ \vdots & \vdots & & \vdots \\ m_{N_{\mathrm{m}},1} & m_{N_{\mathrm{m}},2} & \cdots & m_{N_{\mathrm{m}},N_{\mathrm{e}}} \end{bmatrix}_{N_{\mathrm{m}}\times N_{\mathrm{e}}} \tag{4-51}$$

协方差矩阵 $\boldsymbol{C}_\mathrm{M}$ 为

$$\boldsymbol{C}_\mathrm{M} = \frac{1}{N_\mathrm{e}-1}\sum_{j=1}^{N_\mathrm{e}}(\boldsymbol{m}_j-\bar{\boldsymbol{m}})(\boldsymbol{m}_j-\bar{\boldsymbol{m}})^\mathrm{T} = \frac{1}{N_\mathrm{e}-1}(\boldsymbol{M}-\bar{\boldsymbol{m}})(\boldsymbol{M}-\bar{\boldsymbol{m}})^\mathrm{T} \tag{4-52}$$

式中，$\boldsymbol{m}_j$ 为每个随机模型的参数；$\bar{\boldsymbol{m}}$ 为模型参数的平均值。

设

$$\boldsymbol{M}-\bar{\boldsymbol{m}} = \begin{bmatrix} m_{1,1}-\bar{m}_1 & m_{1,2}-\bar{m}_2 & \cdots & m_{1,N_\mathrm{e}}-\bar{m}_{N_\mathrm{e}} \\ m_{2,1}-\bar{m}_1 & m_{2,2}-\bar{m}_2 & \cdots & m_{2,N_\mathrm{e}}-\bar{m}_{N_\mathrm{e}} \\ \vdots & \vdots & & \vdots \\ m_{N_\mathrm{m},1}-\bar{m}_1 & m_{N_\mathrm{m},2}-\bar{m}_2 & \cdots & m_{N_\mathrm{m},N_\mathrm{e}}-\bar{m}_{N_\mathrm{e}} \end{bmatrix}_{N_\mathrm{m}\times N_\mathrm{e}} \tag{4-53}$$

利用 PCA 特征提取的方法，对矩阵 $\boldsymbol{M}-\bar{\boldsymbol{m}}$ 按照特征值由大到小进行计算并获得前 p 个特征向量 $\boldsymbol{W} = \left[u_1,u_2,\ldots,u_p\right]_{N_\mathrm{m}\times p}$，则对于 $\boldsymbol{C}_\mathrm{M}^{-1}$ 可以近似表示为

$$\boldsymbol{C}_\mathrm{M}^{-1} \approx (N_\mathrm{e}-1)\boldsymbol{\varPhi}^{-1}\boldsymbol{\varPhi}^{-\mathrm{T}} \tag{4-54}$$

此时，定义新的参数 $\boldsymbol{s}(\boldsymbol{s}\in\mathbf{R}^{N_\mathrm{p}})$ 对 $\boldsymbol{m}$ 进行参数化变换：

$$\boldsymbol{s} = \sqrt{N_\mathrm{e}-1}\,\boldsymbol{\varPhi}^{-1}(\boldsymbol{m}-\bar{\boldsymbol{m}}) \tag{4-55}$$

则目标函数变为

$$O(\boldsymbol{s}) = \frac{1}{2}\boldsymbol{s}^\mathrm{T}\boldsymbol{s} + \frac{1}{2}\left[\boldsymbol{d}_\mathrm{obs}-g(\boldsymbol{m}_\mathrm{p})\right]^\mathrm{T}\boldsymbol{C}_\mathrm{D}^{-1}\left[\boldsymbol{d}_\mathrm{obs}-g(\boldsymbol{m}_\mathrm{p})\right] \tag{4-56}$$

其中 $\boldsymbol{m}_\mathrm{p}$ 变为

$$\boldsymbol{m}_\mathrm{p} = \bar{\boldsymbol{m}} + \frac{\boldsymbol{s}}{\sqrt{N_\mathrm{e}-1}}\boldsymbol{\varPhi} \tag{4-57}$$

显然，使用 PCA 特征提取方法可将油藏模型的历史拟合问题由 N_m 维降低到 p 维，并且有效避免了协方差矩阵求逆的过程。结合优化求解方法，在每一个迭代步中，通过更新参数 $\boldsymbol{s}$ 并基于式(4-57)反求油藏的储层参数降低目标函数值，进而实现对具有强非均质性油藏的历史拟合问题的求解。

本节主要以一个油气水三相的复杂油藏模型进行历史拟合的研究，模型的网格数为 $25\times25\times1$。该油藏采用五点法布井，一共有 13 口井，其中包括 4 口生产井及 9 口注水井(图 4-15)。由于油藏中孔隙度这一参数准确度比较高，一般不宜调整。因此需要反演的参数只有渗透率，共有 625 个参数变量。在油藏历史拟合过程中，作为标准所参照的生产动态指标为油水井的井底流压(WBHP)、生产井的日产油量、日产水量(WGPR,WWPR)。历史拟合的生产周期为 1200d，每个时间控制步为 120d，共有 10 个控制步。

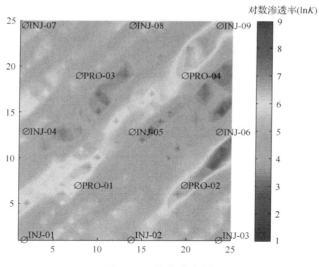

图 4-15　井位分布图

基于地质统计学原理，随机生成的先验模型如图 4-16 所示。

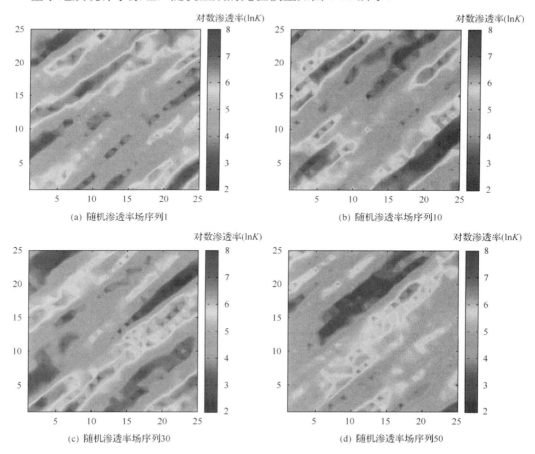

(a) 随机渗透率场序列1

(b) 随机渗透率场序列10

(c) 随机渗透率场序列30

(d) 随机渗透率场序列50

图 4-16　随机模型的实现（文后附彩图）

4.4.3　计算实例

利用 PCA 特征提取的方法对历史拟合目标函数的进行参数降维，它只需要提取先验模型中参数的重要特征信息，简化目标函数的计算。这适用于沉积相模型的拟合和具有高渗通道区分明显的油藏模型的历史拟合，但是对于地质参数(孔隙度、渗透率等)分布复杂的油气藏，简单的 PCA 降维并不能够反演出准确的储层参数。因此，在 PCA 特征提取的基础上加入离散余弦变换(DCT)[72]，然后进行该油藏的自动历史拟合。该变换能够更多体现先验数据的"可能"性(图 4-17)。因此，这既保留了先验模型参数中的非均质特征，又增强了历史拟合的鲁棒性。

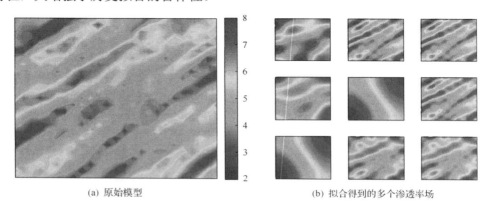

(a) 原始模型　　　　　　　　(b) 拟合得到的多个渗透率场

图 4-17　离散余弦变换(DCT)(文后附彩图)

在利用 PCA 和 DCT 进行目标函数的降维处理过程中，PCA 特征提取的向量个数为 $\frac{p}{2}$，DCT 变换的向量个数同样为 $\frac{p}{2}$。将两者组合替代原来的 PCA 降维过程，进而利用 SPSA 优化算法进行求解。

由图 4-18 可以看出，利用 PCA 和 DCT 相结合的方法进行拟合获得的渗透率场在生

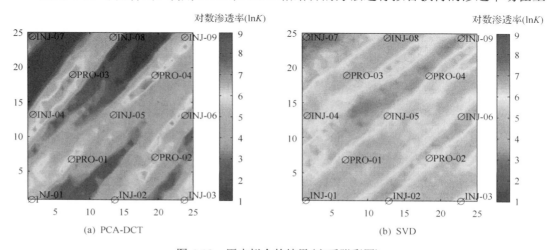

(a) PCA-DCT　　　　　　　　(b) SVD

图 4-18　历史拟合的结果(文后附彩图)

产井 PRO-01、PRO-04 和注水井 INJ-05、INJ-09 的连线上出现了高渗条带；同样，在生产井 PRO-03 和注水井 INJ-04、INJ-07 及生产井 PRO-02 和注水井 INJ-02、INJ-06 连线上也出现了高渗条带。在交叉井之间，利用该方法反演出的渗透率值也十分接近真实渗透率场。

根据利用 SVD 降维方法进行历史拟合所获得的结果来看，虽然同样反演出了渗透率场中高渗条带的大致走向和位置，但是相比 PCA-DCT 方法，该方法所反演的渗透率场中的高渗区域并不明显，与真实渗透率场差距较大。

由图 4-19（a）～图 4-19（c）可以看出，以累计产水量为指标的拟合曲线中，在生产的初期阶段，利用 PCA-DCT 方法和 SVD 方法都能够获得很好的拟合效果。在生产到 600d

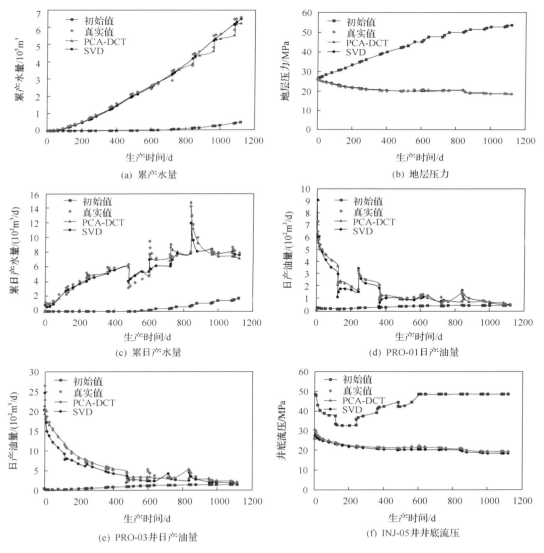

图 4-19　累计指标以及单井指标的拟合曲线

以后，利用 PCA-DCT 方法拟合的曲线相较于 SVD 方法更接近于真实生产数据。以地层压力为指标的拟合曲线中，利用 SVD 方法进行拟合获得的结果比利用 PCA-DCT 方法获得的结果更准确。在以累计日产水量为指标的拟合结果中，当累计日产水量突然增大（或减小）时，利用 PCA-DCT 方法进行拟合获得的结果更好。

图 4-19(d)～(f)表示部分单井指标的拟合结果。从图中可以看出，在以井底流压为指标的拟合结果中，利用 PCA-DCT 和 SVD 两种方法都能获得很好的拟合效果；在以日产油为指标的拟合结果中，初始模型中生产井 PRO-03 的日产油量与真实模型中的日产油量相差很大，利用 PCA-DCT 方法获得的拟合结果比 SVD 更接近于真实生产数据。

4.5　裂缝分布自动历史拟合方法

裂缝性油藏的典型特征是油藏中发育渗透率高的裂缝，不合理的布井方式容易导致注入水及边底水沿着裂缝走向迅速突破至生产井井底，造成油田的整体开发效果差。因此，实现裂缝的精细识别，进而基于裂缝分布信息优化部署开发井网，是裂缝性油藏有效开发的基础和关键。常规的识别技术如露头资料、测井、地震及地应力分析等只能够识别出裂缝分布的大致范围，无法准确定位裂缝的具体分布。因此，为了能够实现裂缝的精细识别，人们开始利用自动历史拟合技术反演裂缝分布[73,74]。自动历史拟合技术即包含裂缝的静态地质分布信息，又包含流体在裂缝存在情况下的流动信息，是获取大范围裂缝分布信息的有效方法。与反演常规的物性参数如渗透率或孔隙度不同，为了能够直接地反演出裂缝的具体分布，本节选取裂缝的表征参数：裂缝的中心位置、方位角、延伸长度为反演对象。其次，为了能够更加准确地模拟出裂缝对流体在油藏中渗流特征的影响，本章采用 DFM（discrete fracture-matrix）模型作为裂缝性油藏的数学流动模型。DFM 模型能够对裂缝进行显式表示和降维处理，相对双重介质模型更能准确地描述裂缝的存在对流体流动规律的影响[75,76]。2012 年，Sandve 等基于 MATLAB 中油藏模拟工具箱（MRST）开发了 DFM 模块，基于非结构网格模拟流体的流动规律[77,78]。书中对裂缝性油藏的数值模拟都是利用 MRST 中的 DFM 模块完成的。

裂缝是由地下岩体受地应力作用破裂而产生，人们通过研究地应力和岩石破裂准则如格里菲斯破裂准则的关系，能够确定出裂缝分布的大致范围[79]，而确定出的分布范围可以作为历史拟合目标函数中的约束条件，是进一步精细识别裂缝分布的基础。利用自动历史拟合技术精细反演裂缝实质上是一个最小化拟合目标函数的过程：基于最优化算法降低目标函数值，逐步更新裂缝参数，直至拟合收敛，最终得到与实际油藏情况符合的裂缝分布。为了能够有效地实现反演裂缝的最小化过程，本章选取了改进的 SPSA 算法。SPSA（simultaneous perturbation stochastic approximation）算法是由 Gao 等[80]引入到自动历史拟合问题中。SPSA 方法的优势在于能保证计算得到的梯度恒为下坡方向，移植性好。改进后的 SPSA 能够保证计算结果更加稳定，符合油藏参数的实际情况[81]。

4.5.1　拟合参数以及观测数据的选取

历史拟合的基本思想决定了选取的拟合参数应该与油藏模拟值密切相关，模拟值对其有很高的敏感性，且拟合参数应具有一定的可调范围。通常情况下，二维裂缝性油藏中的裂缝被简化抽象为一维线段，主要的表征参数有：裂缝的中心位置 (x_0, y_0)、方位角 α、延伸长度 L 及开度 H，其中方位角 α 是从 x 轴顺时针旋转到裂缝的角度，范围为 $-90° \leqslant \alpha \leqslant 90°$ 或 $0° \leqslant \alpha < 180°$ [82,83]，如图 4-20 所示。

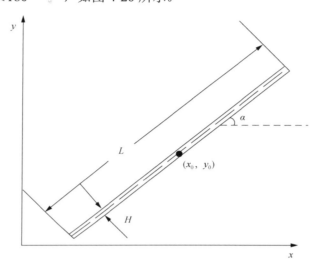

图 4-20 二维油藏的裂缝示意图

目前，本节以反演较大的裂缝为研究目标，裂缝的中心位置 x_0 和 y_0、方位角 α 及延伸长度 L 直接决定着裂缝的形态和分布，也直接决定了裂缝对流体渗流规律的重要影响，且这些参数的不确定性强，有较大的变动范围。因此，选取裂缝的中点位置 (x_0, y_0)、方位角 α 及延伸长度 L 作为拟合参数。

为了保证拟合结果的可靠性，选取资料较为准确的油田总产油量（FOPR）和总产水量（FWPR），以及单井的产油量（WOPR）和产水量（WWPR）等历史数据作为观测数据。

4.5.2 裂缝性油藏的 DFM 模型

假设裂缝性油藏中流体流动的基本条件为基岩中的流体和岩石微可压缩，考虑毛细管力的作用，油井以定产量生产，油藏为封闭外边界。则油藏中油水两相渗流的数学模型为[84]

基岩中：

$$\nabla \cdot (\lambda_n \nabla P_j) + q_j - \delta_i q'_{ji} = \frac{\partial(\phi S_j)}{\partial t}, \quad j = \text{o或w} \tag{4-58}$$

$$\begin{aligned} S_o + S_w &= 1 \\ P_o - P_w &= P_c \end{aligned} \tag{4-59}$$

裂缝中：

$$\frac{\partial}{\partial l}\left(\lambda_j \frac{\partial P_j}{\partial l}\right) + q'_j = \frac{\partial (\phi S_j)_i}{\partial t}, \quad j = \text{o或w} \tag{4-60}$$

$$S_{oi} + S_{wi} = 1 \tag{4-61}$$

基岩与裂缝之间的窜流项：

$$q'_{ji} = \left[\xi \lambda_j (P_j - P_i)\right]_i, \quad j = \text{o或w} \tag{4-62}$$

式(4-58)～式(4-62)，下标 o 和 w 分别代表油水两相；λ_j 为两相的流动系数；P_j 为两相的压力；ρ_j 为两相的密度；q_j 为注入井或生产井的体积流动量；ϕ 为基质或裂缝系统的孔隙度；S_j 为两相的饱和度；δ_i 为 Delta 函数，当基质网格被第 i 条裂缝穿过时，δ_i=1，否则 δ_i=0；q'_{ji} 为裂缝与基岩间的窜流量；P_i 为流体从何基岩系统流向裂缝系统时第 i 条裂缝上的压力；l 为裂缝长度；ξ 是裂缝的一种形状参数。

以上各式是 DFM 模型的基本数学模型基础，基于 MATLAB 中油藏模拟工具箱（MRST）中的 DFM 模块能够模拟得到裂缝性油藏的模拟值。

4.5.3　基于格里菲斯准则预测裂缝的分布规律

格里菲斯准则是 Griffith 于 1920 年首次提出的。他认为实际的固体内部必定包含大量的微裂纹和微空洞，因此，他指出固体的破坏是从微小裂纹处开始发生，裂纹周边的应力集中导致了裂纹的扩展[79,85]。格里菲斯准则在二维情况下的表示为

$$\begin{cases} \sigma_t = \frac{(\sigma_1 - \sigma_3)^2}{8(\sigma_1 + \sigma_3)}, & \sigma_1 + 3\sigma_3 \geqslant 0 \\ \sigma_t = -\sigma_3, & \sigma_1 + 3\sigma_3 < 0 \end{cases} \tag{4-63}$$

$$\begin{cases} \cos 2\beta = \frac{\sigma_1 - \sigma_3}{2(\sigma_1 + \sigma_3)}, & \sigma_1 + 3\sigma_3 \geqslant 0 \\ \sin 2\beta = 0, & \sigma_1 + 3\sigma_3 < 0 \end{cases} \tag{4-64}$$

式中，σ_1 为最大主应力；σ_3 为最小主应力；σ_t 为破裂应力；β 为破裂角，代表岩石的破裂方位与最大主应力 σ_1 之间的夹角。

基于格里菲斯准则预测裂缝的分布规律的主要操作为：①基于声波测井法或有限元数值模拟方法得到研究区块的地应力分布；②基于格里菲斯准则计算出岩石的破裂应力 σ_t；③基于破裂实验统计分析岩石的破裂概率；④基于岩石的破裂应力和破裂概率可以预测出裂缝的发育区域及破裂方位。

4.5.4　裂缝的反演过程

首先是基于地应力和破裂准则分析的结果得到裂缝分布的大致范围，然后基于自动历史拟合进一步精细地反演出裂缝的分布，具体步骤如下。

(1) 选取裂缝分布的特征参数 x_0、y_0、α 和 L 作为拟合参数。

(2) 基于油藏的静态地质参数，估计出拟合参数的先验参数 m_{pr}；基于油田的生产资料得到观测值 d_{obs}，如果是没有真实生产资料的理论实例，可以基于设定的真实模型与式(4-4)得到观测值 d_{obs}。

(3) 设定初始的拟合参数，通常情况，将先验参数作为拟合的初始参数。

(4) 基于初始参数或者更新的参数 m，运行 MRST 中的 DFM 模块得到裂缝性油藏的模拟值 $g(m)$。

(5) 根据式(4-7)计算目标函数值。

(6) 基于改进的 SPSA 算法更新拟合参数，并且基于步骤(4)和步骤(5)计算新的目标函数值。

(7) 重复步骤(6)，直到目标函数不再下降或者达到最大的迭代步数。

4.5.5　计算实例

为了验证本章方法的有效性，对多个理论实例进行了拟合验证。需要注意的是，由于是对理论实例进行自动历史拟合，缺少油田的实际生产资料。因此，首先设定一些含有特定裂缝分布的裂缝性油藏作为参考油藏，即为拟合过程中的真实模型，然后基于式(4-4)获得所需的观测数据 d_{obs}。基于自动历史拟合的基本流程，采用 Fortran 语言已经将整个拟合反演过程编制成了一整套程序。在拟合的过程中，目标函数不断下降，当拟合过程收敛或达到最大的迭代次数时，拟合结束，查看目标函数的最终值及真实模型和最终模型的相关指标，如果差异很小，则认为反演成功，也验证了该方法反演裂缝的有效性。

1. 反演一条裂缝

实例 1 是一个包含一条裂缝的理论实例。研究的区域是 330m×330m，油藏压力为 15MPa，模型采用反九点法注采井网，总共布井 9 口，包括 8 口生产井和 1 口注水井，其中井距为 150m。该实例中，拟合参数是裂缝的四个基本特征参数，分别为中心位置 (x_0, y_0)、方位角 α 及延伸长度 L。观察数据即拟合指标包括全油田的产油量(FOPR)、产水量(FWPR)及单井的产油量(WOPR)、产水量(WWPR)等历史生产数据。裂缝性油藏的模拟值是运行 MATLAB 中油藏模拟工具箱(MRST)的 DFM 模块得到的，共运行 25 个模拟步。

基于地应力和岩石破裂准则的关系分析，能够得到裂缝在油藏中的大致分布范围。假设基于地应力的相关分析可以得到如表 4-2 所示的裂缝参数的变动范围，然后将这些范围变为优化变量的约束条件，进行优化操作时，再基于对数变换将有约束的优化问题转化为无约束的优化问题。

表 4-2　一条裂缝特征参数的变动范围

变动范围	裂缝参数			
	x_0	y_0	α	L
上限	140	140	10	240
下限	190	190	40	330

所有的数据文件准备好后,运行自动历史拟合程序自动减小模拟值和观测值的差异,更新拟合参数。当拟合过程收敛时,得到最终的裂缝分布。

将一条裂缝的特征参数在真实模型、初始模型及真实模型的具体值如表 4-3 所示。

表 4-3　一条裂缝特征参数值

模型	裂缝参数			
	x_0/m	y_0/m	α/(°)	L/m
真实模型	150.0	170.0	15.0	280.0
初始模型	180.0	150.0	35.0	250.0
最终模型	148.58	169.5	15.52	291.21

对比图 4-21 和图 4-22 中真实模型、初始模型及最终模型的裂缝分布图和饱和度分布图,可以明显看出最终模型中的裂缝分布与真实模型中的裂缝分布几乎完全相同。此外,表中裂缝特征参数的具体值更加直观地表明最终模型中的裂缝与真实模型几乎完全一样。拟合效果非常好,成功反演出该条裂缝的精细分布。接下来,画出目标函数的曲线图及产油量图(图 4-23),从动态数据方面评价拟合结果。

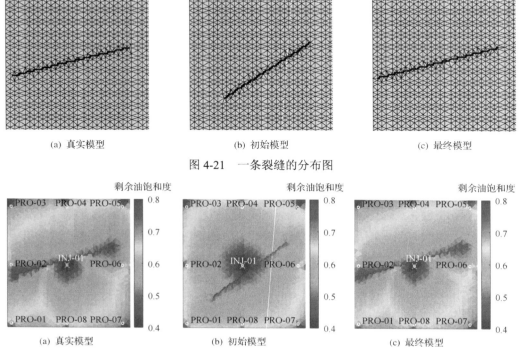

(a) 真实模型　　　(b) 初始模型　　　(c) 最终模型

图 4-21　一条裂缝的分布图

(a) 真实模型　　　(b) 初始模型　　　(c) 最终模型

图 4-22　水驱后的剩余油饱和度分布图

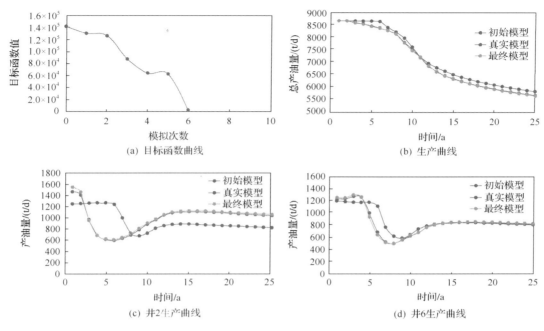

图 4-23　目标函数曲线以及产油量曲线

目标函数的下降曲线表明目标函数下降速度很快，仅仅迭代了 6 步即完成了拟合过程，最终的目标值非常小，表明最终模型的产量模拟值与真实模型的产量模拟值是一致的。从产油量曲线中也可以直观地看出，最终模型的产油量与真实模型的产油量拟合效果非常好，几乎无差异。因此，从动态生产数据方面评价，这次拟合也是非常成功的，准确地反演出了这条裂缝的精细分布。

2. 反演三条裂缝

实例 2 与实例 1 的拟合过程相同，不同之处在于实例 3 中含有三条裂缝。同样的，首先基于地应力的相关分析可以得到如表 4-4 所示的裂缝参数的变动范围，然后将这些范围变为优化变量的约束条件。

表 4-4　三条裂缝特征参数的变动范围

裂缝参数	第一条裂缝		第二条裂缝		第三条裂缝	
	下限	上限	下限	上限	下限	上限
x_0/m	90	130	90	130	90	130
y_0/m	150	190	70	110	190	230
α/(°)	50	80	10	40	10	30
L/m	260	330	130	180	170	220

当拟合过程收敛后，拟合结果如下。

将三条裂缝的特征参数在真实模型、初始模型及真实模型的具体值如表 4-5 所示。

表 4-5　两条裂缝特征参数值

裂缝参数	真实模型			初始模型			最终模型		
	第一条裂缝	第二条裂缝	第三条裂缝	第一条裂缝	第二条裂缝	第三条裂缝	第一条裂缝	第二条裂缝	第三条裂缝
x_0/m	100	100	110	120	120	125	107.02	92.33	128.98
y_0/m	160	100	200	180	80	220	176.44	87.76	197.29
α/(°)	75	20	15	60	35	30	77.7	32.63	14.9
L/m	300	160	180	270	140	200	260.66	132.32	194.61

　　从图 4-24 和图 4-25 中可以明显地看出，最终模型中的裂缝分布与真实模型中的裂缝分布有较明显的差异，拟合效果不如实例 1 和实例 2，但是相比于初始模型和真实模型的差异，最终模型与真实模型的一致性非常强，可以认为拟合成功，这三条裂缝被反演出。接下来，画出目标函数的曲线图以及产油量图，从动态数据方面评价拟合结果。

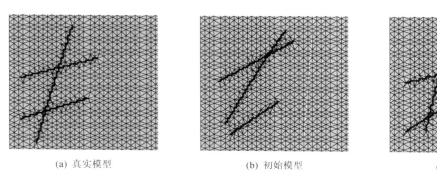

(a) 真实模型　　　　　　　(b) 初始模型　　　　　　　(c) 最终模型

图 4-24　三条裂缝的分布图

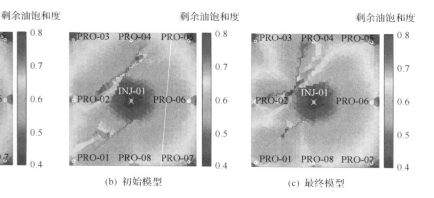

(a) 真实模型　　　　　　　(b) 初始模型　　　　　　　(c) 最终模型

图 4-25　水驱后的剩余油饱和度分布图

　　目标函数的下降曲线表明目标函数的下降较为平缓，当迭代到 60 步时，拟合收敛。最终的目标函数值较小，最终模型的产油量与真实模型的产油量大致拟合成功。从动态数据方面评价，可以认为这次拟合结果成功。

　　虽然三条裂缝的反演也较成功，但其反演效果显然不如一条裂缝和两条裂缝的反演效果好。其原因在于作为一种反问题，反演裂缝具有多解性这一固有缺陷，即不同裂缝参数值的组合可能对应相似的生产值，且裂缝越多，裂缝之间的干扰性越明显，多解性越强，精细反演裂缝难度越大。因此，如何减轻反演裂缝的多解性，实现更多裂缝的精细反演是裂缝反演继续研究的趋势。

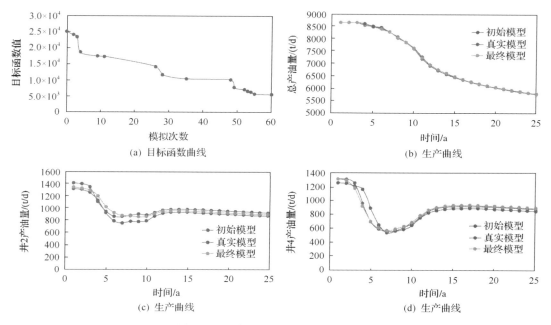

图 4-26　目标函数曲线及产油量曲线

参 考 文 献

[1] 李淑霞, 谷建伟. 油藏数值模拟基础. 青岛: 中国石油大学出版社, 2009.

[2] Honarpour, Mehdi. A development of regression models for predicting two-phase relative permeability in consolidated rock. Missouri: University of Missouri Rolla, 1980.

[3] 闫霞, 李阳, 姚军, 等. 基于流线 EnKF 油藏自动历史拟合. 石油学报, 2011, 32 (3): 495-499.

[4] Oliver D S, Reynolds A C. Inverse Theory for Petroleum Reservoir Characterization and History Matching. New York: Cambridge University Press, 2008.

[5] 熊琦华, 胡相阳, 吴胜和. 储层建模方法研究进展. 石油大学学报(自然科学版), 2001, 25 (1): 107-112.

[6] 孙风涛, 姜华. 储层随机建模和随机模拟原理. 内江科技, 2008, 06: 69-69.

[7] 贺维胜, 印兴耀, 黄旭日. 贝叶斯-序贯高斯模拟方法. 石油大学学报(自然科学版), 2005, 29 (5): 28-32.

[8] 余振, 何静, 魏福吉, 等. 序贯指示模拟和序贯高斯模拟在某地区精细流体预测中的联合应用. 天然气地球科学, 2012, 23 (6): 1170-1174.

[9] 包兴, 李君, 李少华. 截断高斯模拟方法在冲积扇储层构型建模中的应用. 断块油气田, 2012, 19 (3): 316-318.

[10] 问雪. 基于随机模拟的构造不确定性分析方法研究. 青岛: 中国石油大学(华东), 2014.

[11] 兰向荣, 潘懋, 王占刚, 等. 基于 TIN 的体布尔算法及其地质应用. 地理与地理信息科学, 2008, 24 (4): 6-10.

[12] 席少霖, 赵凤治. 最优化计算方法. 上海: 上海科学技术出版社, 1983.

[13] 王曙光, 郭德志. Nelder-Mead 单纯形法的推广及其在自动历史拟合中的应用. 大庆石油地质与开发, 1998, 17(4): 22-24.

[14] 高惠民. 运用自动历史拟合技术反求地层参数. 油气井测试, 1994, (4): 18-24.

[15] Chen W H, Gavalas G R, Seinfeld J H, et al. A new algorithm for automatic history matching. Society of Petroleum Engineers Journal, 1974, 14(6): 593-608.

[16] Sarma P, Aziz K, Durlofsky L J. Implementation of adjoint solution for optimal control of smart wells. SPE Reservoir Simulation Symposium, Houston, 2005.

[17] Anterion F, Eymard R, Karcher B. Use of parameter gradients for reservoir history matching. SPE Symposium on Reservoir Simulation, Houston, 1989.

[18] Li R, Reynolds A C, Oliver D S. History matching of three-phase flow production data. SPE Reservoir Simulation Symposium, Houston, 2003.

[19] Wu Z, Reynolds A C, Oliver D S. Conditioning geostatistical models to two-phase production data. SPE Annual Technical Conference and Exhibition, New Orleans, 1999.

[20] Rodrigues J R P, Wachter A, Conn A, et al. Combining adjoint calculations and Quasi-Newton methods for automatic history matching. SPE Europec/EAGE Annual Conference and Exhibition, Vienna, 2006.

[21] Wang C H, Li G M, Reynolds A C. Production optimization in closed-loop reservoir managerment. SPE Journal, 2009, 14(3): 506-523.

[22] Azmy R, Daoud A M, Khaled A. Fast and efficient sensitivity calculation using adjoint method for 3 phase field-scale history matching. SPE Middle East Oil and Gas Show and Conference, Manama. 2009.

[23] Gavalas G R, Shah P C, Seinfeld J H. Reservoir history matching by bayesian estimation. Society of Petroleum Engineers Journal, 1976, 16(16): 337-350.

[24] Broyden C G. The convergence of a class of double rank minimization algorithm parts I and II. Journal of Institute of Mathematics and its Applications. 1970, 6(1): 76-90, 222-231.

[25] Nocedal J. Updating quasi-newton matrices with limited storage. Mathematics of Computation, 1980, 35(151): 773-782.

[26] Zhang F, Reynolds A C. Optimization algorithms for automatic history matching of production data. 8th European Conference on the Mathematics of Oil Recovery, Freiberg, 2002.

[27] Gao G, Reynolds A C. An improved implementation of the LBFGS algorithm for automatic history matching. SPE Annual Technical Conference and Exhibition, Houston, 2006.

[28] Tan T B, Kalogerakis N. A fully implicit, three-dimensional, three-phase simulator with automatic history-matching capability. SPE Symposium on Reservoir Simulation, Anaheim, 1991.

[29] 邓宝荣, 袁士义, 李建芳, 等. 计算机辅助自动历史拟合在油藏数值模拟中的应用. 石油勘探与开发, 2003, 30(1): 71-74.

[30] Ouenes A, Brefort B, Meunier G, et al. A new algorithm for automatic history matching: Application of simulated annealing method(SAM) to reservoir inverse modeling. Society of Petroleum Engineers, 1993.

[31] Tokuda N, Takahashi S, Watanabe M, et al. Application of genetic algorithm to history matching for core flooding. SPE Asia Pacific Oil and Gas Conference and Exhibition, Perth, 2004.

[32] Ramgulam A, Ertekin T, Peter B. Utilization of artificial neural networks in the optimization of history matching. Latin American & Caribbean Petroleum Engineering Conference, Buenos Aires, 2007.

[33] Mantica S, Mantica G. Chaotic optimization for reservoir history matching. ECMOR VII-7th European Conference on the Mathematics of Oil Recovery EAGE, Baveno, 2000.

[34] Ouenes A, Brefort B, Meunier G, et al. A new algorithm for automatic history matching: Application of simulated annealing method(SAM) to reservoir inverse modeling. SPE, 1993.

[35] Sen M K, Stoffa P L, Lake L W, et al. Stochastic reservoir modeling using simulated annealing and genetic algorithm. SPE Formation Evaluation, 1995, 10(1): 49-56.

[36] Ouenes A, Bhagavan S, Bunge P H, et al. Application of simulated annealing and other global optimization methods to reservoir description: Myths and realities. SPE Annual Technical Conference and Exhibition, New Orleans, 1994.

[37] Deutsch C V, Journel A G. The application of simulated annealing to stochastic reservoir modeling. SPE Advanced Technology, 1994, 2(2): 222-227.

[38] Tokuda N, Takahashi S, Watanabe M, et al. Application of genetic algorithm to history matching for core flooding. SPE Asia Pacific Oil and Gas Conference and Exhibition, Perth, 2004.

[39] Romero C E, Carter J N, Gringarten A C, et al. A modified genetic algorithm for reservoir characterization. International Oil and Gas Conference and Exhibition in China, Beijing, 2000.

[40] Vazquez M, Suarez A, Aponte H, et al. Global optimization of oil production systems, a unified operational view. SPE Annual Technical Conference and Exhibition, New Orleans, 2001.

[41] Du Y Q, Weiss W W, Xu J Y, et al. Obtain an optimum artificial neural network model for reservoir studies. SPE Annual Technical Conference and Exhibition, Denver, 2003.

[42] Ramgulam A, Ertekin T, Peter B. Utilization of artificial neural networks in the optimization of history matching. Latin American & Caribbean Petroleum Engineering Conference, Buenos Aires, 2007.

[43] Reis L. Risk analysis with history matching using experimental design or artificial neural networks. SPE Europec/EAGE Annual Conference and Exhibition, Vienna, 2006.

[44] Cullick A S, Johnson D, Shi G. Improved and more-rapid history matching with a nonlinear proxy and global optimization. SPE Annual Technical Conference and Exhibition, San Antonio, 2006.

[45] Silpngarmlers N, Guler B, Ertekin T, et al. Development and testing of two-phase relative permeability predictors using artificial neural Networks. SPE Journal, 2002, 7(3): 299-308.

[46] Mantica S, Mantica G. Chaotic optimization for reservoir history matching. 7th European Conference on the Mathematics of Oil Recovery, Baveno, 2000.

[47] Mantica S, Cominelli A, Mantica G. Combining global and local optimization techniques for automatic history matching production and sesimic data. SPE Journal, 2001, 7(2): 123-130.

[48] Nicotra G, Godi A, Cominelli A, et al. Production data and uncertainty quantification: A real case study. SPE Reservoir Simulation Symposium, The Woodlands, 2005.

[49] Mohamed L, Christie M, Demyanov V. Comparison of stochastic sampling algorithms for uncertainty quantification. SPE Reservoir Simulation Symposium, Texas, 2009.

[50] Geir N, Mannseth T, Vefring E H. Near-well reservoir monitoring through ensemble Kalman filter. Proceeding of SPE/DOE Improved Oil Recovery Symposium, Tulsa, 2002.

[51] Lorentzen R J, Berg A M, Naevdal G, et al. A new approach for dynamic optimization of waterflooding problems. Intelligent Energy Conference and Exhibition, Amsterdam, 2006.

[52] Chen Y, Oliver D S, Zhang D X. Efficient ensemble-based closed-loop production optimization. SPE Symposium on Improved Oil Recovery, Tulsa, 2008.

[53] Zafari M. Assessing the uncertainty in reservoir description and performance predictions with the ensemble Kalman filter. SPE Journal, 2005, 12(3): 382-391.

[54] Reynolds A C, Zafari M, Li G. Iterative forms of the ensemble Kalman filter. Preceedings of the 10th European Conference on the Mathematics of Oil Recovery, Amsterdam, 2006.

[55] Gu Y, Oliver D S. History matching of the PUNQ-S3 reservoir model using the ensemble Kalman filter. SPE Annual Technical Conference and Exhibition, Houston, 2004.

[56] Emerick A A, Reynolds A C. EnKF-MCMC. SPE Europec/EAGE Annual Conference and Exhibition, Barcelona, 2010.

[57] Emerick A A, Reynolds A C. Combining the ensemble Kalman filter with markov chain Monte Carlo for improved history matching and uncertainty characterization. SPE Reservoir Simulation Symposium, The Woodlands, 2011.

[58] Heidari L, Gervais V, Ravalec M L, et al. History matching of petroleum reservoir models by the ensemble kalman filter and parameterization methods. Computer & Geosciences, 2013, 55(6): 84-95.

[59] Chen Y, Oliver D S. History matching of the Norne full-field model with an iterative ensemble smoother. SPE Reservoir Evaluation & Engineering, 2014, 17(02): 244-256.

[60] Kang B, Lee K, Choe J. Ensemble sampling with EnKF for fast and efficient uncertainty quantification//Eage Conference and Exhibition, Vienna, 2016.

[61] Elkin A N, Deepak D, Datta-Gupta A, et al. Streamline assisted ensemble kalman filter for rapid and continuous reservoir model updating. International Oil & Gas Conference and Exhibition in China, Beijing, 2008.

[62] Emerick A, Reynolds A. Combining sensitivities and prior information for covariance localization in the ensemble kalman filter for petroleum reservoir applications. Couputers and Geosciences, 2011, 15(2): 251-269.

[63] Gómez S, Levy A V. The tunneling algorithm for the global optimization of constrained functions. SIAM Journal on Scientific and Statistical Computing, 1985, 6(1): 15-29.

[64] Spall J C. Multivariate stochastic approximation using a simulataneous perturbation gradient approximation. IEEE Transactions Automatic Ĉontrol, 1992, 37(3): 332-341.

[65] Powell M J. UONYQA: Unconstrained optimization by quadratic approximation. Math Programming, 2002, 92: 555-582.

[66] Sarma P, Durlofsky L J, Aziz K, et al. A new approach to automatic history matching using kernel PCA. SPE Reservoir Simulation Symposium, Houston, 2007.

[67] Cheng H, Wen X, Milliken W J, et al. Field experiences with assisted and automated history matching using streamline models. SPE Annual Technical Conference and Exhibition, Houston, 2004.

[68] Cheng H, Kharghoria A, He Z, et al. Fast history matching of finite-difference models using streamline-derived sensitivities. SPE/DOE Symposium on Improved Oil Recovery, Tulsa, 2004.

[69] Vasco D W, Yoon S, Datta-Gupta A. Integrating dynamic data into high-resolution reservoir models using streamline-based analytical sensitivity coefficients. SPE Annual Technical Conference and Exhibition, New Orleans, 1998.

[70] Arroyo-Negrete E, Devegowda D, Datta-Gupta A. Streamline assisted ensemble kalman filter for rapid and continuous reservoir model updating. SPE Reservoir Evaluation & Engineering, 2008, 11(6): 1046-1060.

[71] Gaspari G, Cohn S E. Construction of correlation functions in two and three dimensions. Quarterly Journal of the Royal Meteorological Society, 1999, 125(554): 723-757.

[72] 胡永刚, 吴翊, 王洪志. 高维数据降维的 DCT 变换. 计算机工程与应用, 2006, 42(32): 21-23.

[73] Gang T, Kelkar M G. Efficient history matching in naturally fractured reservoirs. Symposium on Improved Oil Recovery, Tulsa, 2006.

[74] Suzuki S, Daly C, Caers J K, et al. History matching of naturally fractured reservoirs using elastic stress simulation and probability perturbation method. SPE Journal, 2007, 12(1): 118-129.

[75] Noorishad J, Mehran M. An upstream finite element method for solution of transient transport equation in fractured porous media. Water Resources Research, 1982, 18(3): 588-596.

[76] Hægland H, Assteerawatt A, Dahle H K, et al. Comparison of cell and vertex-centered discretization methods for flow in a two-dimensional discrete-fracture-matrix system. Advances in Water Resources, 2009, 32(12): 1740-1755.

[77] Krogstad S, Lie K A, Ligaarden I S, et al. Open-source MATLAB implementation of consistent discretisations on complex grids. Computational Geosciences, 2012, 16(2): 297-322.

[78] Sandve T H, Berre I, Nordbotten J M. An efficient multi-point flux approximation method for discrete fracture-matrix simulations. Journal of Computational Physics, 2012, 231(9): 3784-3800.

[79] 张敏. 基于声波测井信息的地应力分析与裂缝预测研究. 东营: 中国石油大学(华东), 2008.

[80] Gao G, Li G, Reynolds A C. A stochastic optimization algorithm for automatic history matching. SPE Annual Technical Conference and Exhibition, Houston, 2007.

[81] Zhang K, Lu R, Zhang L M. A two-stage efficient history matching procedure of non-Gaussian fields. Journal of Petroleum Science and Engineering, 2015, 128: 189-200.

[82] Pan D L. Naturally fractured reservoir simulation with effective permeability tensor. Qingdao: China University of Petroleum, 2007.

[83] Yang J, Lv X R, Li J L, et al. Study on discrete fracture network random generation and numerical simulation of fractured reservoir. Petroleum Geology and Recovery Efficiency, 2011, 18(6): 74-77.

[84] Karimi-Fard M, Firoozabadi A. Numerical simulation of water injection in 2D fractured media using discrete-fracture model. SPE Annual Technical Conference and Exhibition, New Orleans, 2001.

[85] 陈艳华, 朱庆杰, 苏幼坡. 基于格里菲斯准则的地下岩体天然裂缝分布的有限元模拟研究. 岩石力学与工程学报, 2003, 22(3): 364-369.

第5章 油藏开发实时注采优化理论

水驱油藏开发实时注采优化是通过调整油藏区块内油水井的产出和注入状态，实现生产效益的最大化，这是一个典型的最优化问题。它的原理与 GPS 汽车定位有些类似，对于 GPS 来说，目标选定后，根据你目前的位置优化一条最佳(近、车少等)的路线行进，当行进到另一个位置时如果出现故障(如道路变更等)，马上又重新优化计算，实时优化出新的行进路线。而这里对油藏实时优化来说，在最初开发时可以为油水井优化制定一组最优的生产方案，但在开发一段时间后随着对油藏状况的逐步深入了解(渗透率场、孔隙度场等未知因素明了化)，发现需要对现有的开发方案进行调整，于是基于该时刻的油水分布，重新对开发区块进行优化计算，实时得到新的最优开发方案[1,2]。

5.1 国内外研究现状

优化方法在油藏中的应用时间并不长，为油藏制定合理工作制度的应用时间更短。油藏生产优化作为一个新兴的油藏领域，吸引着越来越多的石油工作者对其进行研究。总体来说，目前应用于油藏生产优化的优化算法大致可以分为两大类：梯度类算法和无梯度类算法。

2001 年，Sudaryanto 和 Yortsos[3]对具有相同流度的混相流体的二维油藏注水策略进行了优化研究，发现该问题为一个"bang-bang"型的优化问题。Jansen 和 Brouwer[4]采用了最优控制理论对二维非均质油藏进行生产优化研究，优化过程中保持注入量和产油量不变。由于流线模拟器比传统的有限差分运算速度快。2003 年，Thiele 和 Batycky[5]利用流线数值模拟器来进行水驱油田生产优化研究，对注水井的产量和生产井的注水量进行优化。由于运算速度的加快，油藏生产优化可以用于处理较大型的油藏。2004 年，Brouwer 和 Jansen[6]拓展到动态水驱优化，用伴随方法求取梯度，从而对整个生产系统进行动态优化。

2005 年以前，历史拟合和油藏生产优化的概念均已出现，并作为两个方面单独进行研究。后来研究人员将这两个过程连接到一块，提出了"闭环油藏生产"的概念。2005 年，Saputelli 等[7]提出 MPC 自适应油藏管理方法。同年，Sarma 等[8]采用序列二次规划方法(SQP)作为优化算法，通过更新控制参数变量获得最优控制方案。2006 年，Naevdal 等[9]提出一种新的闭环控制方法。至此，油藏生产优化的理论框架已很清晰，之后的研究者主要对目标函数和优化方法作了改进，并将之推广应用于指导实际油藏生产。

2006 年，Sarma 等[10]采用伴随梯度方法研究了非线性约束条件下的生产优化问题，文章中对几种处理非线性约束的方法进行了比较，并重点介绍了可行方向法。但是应用伴随梯度方法需要熟悉油藏模拟器，为了克服这个缺点，2006 年，Lorentzen 等[11]提出利用 EnKf 方法作为优化算法。

2007 年，Zandvliet 等[12]详细研究了什么情况下水驱问题的最优解符合"bang-bang"控制及出现这种现象的原因。同步随机扰动算法（SPSA）是一种随机扰动算法，Gao 等[13]将 SPSA 算法引入到油藏工程中用来做历史拟合。Wang 等[14]在研究油藏闭环生产时用 SPSA 算法来进行油藏生产优化。

以上研究都很少涉及油藏生产优化中的非线性约束问题，但是在生产过程中常会受到含水率等条件的制约，这些因素相对于控制变量来说属于强非线性约束。2008 年，Güyagüler 和 Byer[15]利用可行方向方法，结合伴随梯度问题，实现了对约束问题的近似处理。2009 年，Wang 等[16]通过对控制变量进行对数变换，成功地解决了边界约束的问题，并且对 SPSA 算法和伴随梯度算法的优化效果进行了对比。

2008 年，Chen 等[17]在集合卡尔曼滤波（EnKf）的基础上，结合油藏数值模拟的特点，提出了一种新的优化方法——集合优化方法（EnOpt）。该方法属于近似梯度方法，在计算的过程中不需要对油藏数值模拟器进行解剖，仅需要计算每步的函数值，大大简化了使用过程。2009 年，Masroor 等[18]利用共轭梯度算法对 EnOpt 算法进行改进，提出了共轭集合优化算法（CGEnOpt）。由于 EnOpt 算法得到的是近似梯度，并不能保证在任意一点都能够收敛，所以在迭代过程中可能出现不收敛的现象。利用 CGEnOpt 能够保证经过有限次的迭代后能够收敛，提高了计算效率。2009 年，Bjarne 等[19]提出了一种新的为油水井配产的思路，即 Lagrangian 分解方法，该模型假设在各个时间段油藏都处于拟稳态状态。

2010 年，Cardoso 和 Durlofsky[20]将降低维度的思想引入到油藏生产优化中。确定油田的最佳生产状况是一个极其复杂的优化过程，需要进行很多次油藏数值模拟。降低维度的思想能够提高模拟效率，加快计算速度。通过使用 POD 方法，将油藏模拟问题转化到较小的维度。降维思想大大简化了计算，提高计算速度，并且得到的优化结果比较接近于在真实模型下得到的优化方案。

2010 年，张凯等[21]基于最优控制理论，对油藏生产优化问题进行了细致的研究，选取净现值（net present value, NPV）作为优化目标，并且考虑了钻井成本的影响。在优化过程中对生产井采用定井底流压控制，注水井采取定注入量控制。同时，利用最优控制理论对井位进行优化。

2011 年，赵辉等[22]着重对无梯度优化算法进行研究，对比了多种优化算法在油藏生产中的应用效果，并且根据插值二次型算法和近似梯度算法提出了一种组合优化算法，即 QIM-AG 算法。经过反复验证表明，该算法可以成功应用到油藏生产优化中，并且优化效果较好，优化速度较快。同时，Van Essen 等[23]针对在油藏生产优化中常常只关心油藏长期目标而忽略了短期目标的问题，提出了长-短期层次优化的思路。

2012 年，Chen 和 Oliver[24]为了减少由于油藏静态资料的不确定性带来的影响，利用鲁棒优化的思路对 Bruggle 油田进行油藏生产优化，从而提高了优化结果的可靠性。

5.2　最优化理论基础

在实际生产活动中，经常会遇到这样一些问题：工程设计中应如何设计参数，才能使所设计的方案既能满足各种要求又能够降低总费用；产品制造中应如何安排生产计划，才能够以最小的成本获得最大的经济效益；交通运输中应如何选择运输方案，才能使运输方案既然满足运输要求又能降低运输成本；油气田开发中应如何设计油气田开发方案，才能使得油田能够以最小的成本获得最高的经济效益和最高的采收率。这些问题的共同特点是在所有可能的方案中，选出能够满足事先规定条件中的最优方案，寻找最优方案的方法就称为最优化方法。

5.2.1　最优化问题数学模型的构成

数学模型可以定义为：在对所研究问题的大量分析、了解及实践经验的基础上，根据问题研究的特定目的，建立用于描述问题的内在规律、反映研究变量之间相互关系的一组数学方程或方程组。

一个完整的优化数学模型包括四个部分：性能指标、设计变量、约束条件和目标函数。

（1）性能指标。

性能指标就是研究所要优化的量，如成本、利润、产量和采收率等，对于一个实际的最优化问题，必须首先根据研究的目的选择其性能指标。只有选定好性能指标后，相应的最优化问题才有明确的目标和确定的结果，因为不同的性能指标将会得到不同的结果[25]。

（2）设计变量。

方案设计中可以独立改变的参数通常用 $\boldsymbol{x}=(x_1,x_2,\cdots,x_n)^{\mathrm{T}}$ 来表示，设计变量中分量的每一种取值组合对应着一种设计方案，只要有一个分量的取值不同就代表不同的设计方案。对应于最优设计方案的设计变量取值称为最优解，相对应的目标函数值称为最优值。

（3）约束条件。

对设计变量取值范围的限制条件称为最优化模型的约束条件，通常用 $g_i(x)\leqslant 0$（$i=1,2,\cdots,m$）表示，m 表示约束条件的个数。如果给出的约束条件表达式越接近实际情况，则所求得的最优化问题的解也就越接近于实际情况的最优解。

（4）目标函数。

目标函数是所选取的性能指标的数学表达式，用来评价所设计方案的优劣，是所选取的设计变量的函数，通常用 $f(x)=f(x_1,x_2,\cdots,x_n)$ 表示，如果用利润、油田原油产量、采收率等作为目标函数，则需要求目标函数的极大值；若用费用、成本、油田生产含水率等作为目标函数，则需要求目标函数的极小值。

5.2.2　最优化问题求解方法及选用标准

在建立了所研究的最优化问题的数学模型后，最重要的问题就是如何选取适当的求解方法求解所建立的数学模型，这也是最优化研究的主要问题。目前，最优化问题求解方法主要分为以下四类。

（1）解析法。

解析法的求解思想是先根据函数取得极值的必要条件，用求导或变分法求出优化数学模型的解析解，再根据充要条件及所研究问题的实际物理意义来确定最优解。这种求解方法只适用于目标函数和约束条件都具有比较简单的数学表达式的一类的最优化问题，在实际问题中适用范围较小。

（2）数值计算方法。

数值计算方法的基本思路是采用直接搜索方法，先选取一个初始的点，然后经过迭代运算产生一个点的序列，使点列逐步收敛到最优点。这种求解方法适用于目标函数具有比较复杂数学表达式或根本无法用解析法来求解的最优化问题。

（3）梯度方法。

梯度方法是一种解析与数值计算相结合的方法。在求解最优化问题时，该方法不仅需要计算目标函数的值，而且还需要计算目标函数对设计变量的一阶导数或高阶导数，在求出目标函数对设计变量的梯度后，再以梯度的方向作为搜索最优值的方向，这种求解方法适用于多变量最优化问题的求解。常用的以梯度法为基础的数值解法主要有最速下降法、牛顿法与拟牛顿法、变尺度法及共轭梯度法等。

（4）网络最优化法。

网络最优化方法是基于图论方法进行搜索的寻找最优值的方法，该方法主要适用于可以用网络图进行描述的系统。

为了比较各种优化方法的好坏，建立如下主要的评价标准。

（1）可靠性。

可靠性是指算法在合理的精度要求下，在所允许的时间内所能求解出的各种不同类型的最优化问题的成功率，如果算法能够求解出的不同类型的问题越多，则说明算法的可靠性越好。换言之，如果算法对于有些类型问题的求解较好，而对其他类型的问题求解比较差，随机性比较大，实际使用时没有把握，则可靠性就比较差。

（2）有效性。

有效性指的是算法的求解效率。有效性通常有两种衡量标准：一是用同一问题，在相同的精度要求和初始条件下，比较不同算法求解所需机时数的多少；二是在相同的精度要求下，求解同一问题得到最优解所需的计算目标函数值的次数及导数值的次数。

（3）简便性。

简便性通常包括两种含义：一是指实现该算法需要准备的工作量的大小，如编制算法程序的难易程度等，通常程序编制越困难，则程序出错的可能性就越大；二是指算法所需占用存储单元的数量，如果算法需占用的单元数很大，则对计算机就有更高的要求，显然对使用者来说不方便，也不经济，有时甚至不可能。

由上面的三个评价标准可以看出，无法判断一个算法的好坏，因为不同的算法根据上面三个准则作评价时，不同的算法各有其优缺点，而且由于目标函数的多样性，各种算法对不同目标函数所体现出来的标准，其衡量结果也不同，因此算法的评价是一个比较复杂的问题，需要根据具体问题选定不同的算法进行求解。

5.2.3　最优化问题建模的一般步骤

最优化问题首先应将实际问题按优化问题的模型格式建立优化数学模型，然后根据实际问题的特点选择合适的优化方法编写相应的计算机程序，最后通过计算机求解获得最优的方案，具体建模步骤如下。

(1)建立最优化问题的数学模型。

实际优化问题的数学模型，是在合理的假设条件下，把所研究的问题用数学关系式准确地表达出来。由于实际优化设计问题各有其特点，导致所建立的数学模型也多种多样。因此，实际优化问题中如何正确建立优化数学模型，是一项比较困难的工作，同时也是解决实际优化问题的关键和前提。

(2)选择合适的优化方法。

不同的优化方法各有其特点和适用场合，需要根据具体的最优化问题，选择特定的优化方法来进行求解。在选择优化方法时，通常考虑的主要因素有：目标函数的维数和连续性，目标函数的偏导数是否容易求得，约束条件是线性约束还是非线性约束，是等式约束还是不等式约束等。对于目标函数维数较低的问题应该选择结构简单，易于编程的优化方法，而对于目标函数维数较高的问题，效率就显得比较重要，应该选择收敛速度较快的优化方法，对于偏导数求解较困难的优化问题应选择直接法。

(3)绘制流程图和编写源程序。

为了编写源程序有一个正确的思路，编写源程序之前，应该根据实际问题绘制一个详细的程序流程图，使之能够较好地反映各个计算步骤和各种运算之间的逻辑关系。流程图既便于程序编制者对程序的编写，同时也可以方便使用者对程序的阅读理解。源程序的编制需要许多的技巧和经验，而且容易出错，是一项比较细致的工作。

5.3　注采调控优化数学模型的建立

5.3.1　注采调控优化问题描述

经历一次采油后，水驱开发成为提高采收率的一种重要手段，该方法有许多优点：①注水可以补充地层能量；②注水可以提高驱替效率；③注水可以提高采油速度；④注水可以保护地层流体的性质等，因此注水开发油田已经在世界范围内得到了广泛的应用。对于一个实际注水开发的油藏来说，影响油藏注水开发效果的因素很多，如油水井井数、井位、井型和油水井的工作制度(或注采策略)等，水驱注采调控优化问题就是在油水井井数、井位、井型等参数固定的情况下，寻找最优的油水井工作制度，通过延缓注入水的指进，增大注入水的波及范围，从而达到增加原油的采出量，减少产水量，达到提高油田采收率及开发效果的目的。

图 5-1 为简化的一注一采生产系统，以该系统为例，水驱注采调控的目标是提高油藏的累产油量，调控的对象是注水井的注水量和生产井的产液量，通过动态调控(或阶段调控)注水井的注水量和生产井的产液量，会引起油藏生产系统状态(油藏的压力和饱和度分布情况)的改变，进而引起生产井产油量的变化，即不同的注采策略会得到不同的油田累油量，因此需要通过寻找最优的水驱注采调控方式取得最优的油藏开发效果。

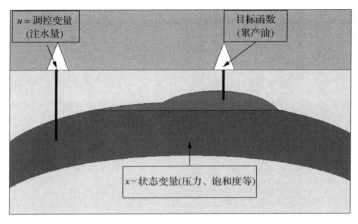

图 5-1 生产系统示意图

5.3.2 注采调控的性能指标

研究水驱油藏注采调控优化问题[26-28]，需要针对实际情况提出不同的性能指标。因为不同的性能指标会得到不同的最优调控结果，所以必须结合油田开发的实际情况选取适当的性能指标，如净现值、累产油量、采收率、累产水量和含水率等。当以净现值、累产油量、采收率为性能指标时，优化时要求使性能指标达到最大值，而当以累产水量、含水率为性能指标时，则优化时要求使性能指标达到最小值。在实际油藏生产管理中，通常用净现值（NPV）对注水开发油藏的经济效益进行评估。

净现值法是根据企业追求的投资效果，选定企业目标收益率作为贴现率，计算所设计的方案在使用年限内发生的现金流入及现金流出的现值总和，即净现值。净现值的表达式为

$$\text{NPV} = \sum_{t=1}^{n} \left[\text{CI}(t) - \text{CO}(t) \right] (1 + i_c)^{-t} \tag{5-1}$$

式中，NPV 为净现值，元；$\text{CI}(t)$ 为第 t 年的现金流入量（主要指销售生产产品获得的收入），元；$\text{CO}(t)$ 为第 t 年的现金流出量（主要指投资、成本及销售税金等），元；$\text{CI}(t) - \text{CO}(t)$ 为第 t 年的净现金流量，元；n 为计算期，年；i_c 为企业目标收益率，也称折现率。

净现值法的决策规则是：当只有一个备选方案供选择时，净现值为正则接受，净现值为负则不接受，而在有多个备选方案的互斥选择决策中，则应从净现值是正值的方案中选择净现值最大者，即净现值越大，表明项目的经济效益越好。

净现值法已成为项目动态经济评价中最重要的几种方法之一。其优点是：①考虑资金的时间价值，加强投资的经济性评价；②考虑投资的风险性，若投资风险大则可以采用较高的折现率，若投资风险较小，则可以采用较低的折现率。其缺点是：①净现值的计算比较困难，难以掌握；②折现率的取值比较难确定；③当项目的投资金额不相等时，无法准确判断方案的优劣。

5.3.3　注采调控的目标函数

水驱注采优化的主要目的是使油田开发获得最大的利润，当只考虑油田原油的销售收入和生产井产出水的处理费用及注水井的注水费用时，油田的利润为：原油的价格×累油量–产出水处理成本×累产水量–注水成本×累注水量，再考虑到资金的时间价值，第 n 个控制时间步内的目标函数净现值的表达式可以写为

$$L^n = \frac{\Delta t^n}{\left(1+d\right)^{t^n}}\left[\sum_{i=1}^{N_p}\left(aQ_{o,i}^n - bQ_{w,i}^n\right) - \sum_{j=1}^{N_I}cQ_{wi,j}^n\right] \tag{5-2}$$

式中，$Q_{o,i}$ 为第 i 口生产井的年产油量，m^3/a；$Q_{w,i}$ 为第 i 口生产井的年产水量，m^3/a；$Q_{wi,j}$ 为第 j 口注水井的年注水量，m^3/a；a 为原油的价格，元$/m^3$；b 为产出水处理成本，元$/m^3$；c 为注水成本，元$/m^3$；Δt 为时间段，年；d 为折现率；N_p 为生产井总数，口；N_I 为注水井总数，口。该目标函数的优点是当参数 a、b、c、d 取不同的值时，目标函数可以表示不同的物理量。

(1) 当 a、b、c、d 分别取原油的价格、产出水处理成本、注水成本和折现率时，L 为净现值。

(2) 当 $a=1$，$b=c=d=0$ 时，L 为区块累产油量。

(3) 当 $b=-1$，$a=c=d=0$ 时，L 为区块累产水量。

(4) 当 $c=-1$，$a=b=d=0$ 时，L 为区块累注水量。

因此，可以根据油田的实际情况和油田管理者所关心的对象，给定不同的参数值，从而对不同的目标函数进行水驱注采优化。

由于 $Q_{o,i}^n$、$Q_{w,i}^n$、$Q_{wi,j}^n$ 是油藏状态变量和控制变量的函数，整个生产期内的目标函数可以写为

$$J = \sum_{n=0}^{N-1}L^n\left(x^{n+1},u^n\right) \tag{5-3}$$

式中，J 为整个生产期内的目标函数；x^{n+1} 为 $n+1$ 调控步油藏的状态变量(压力,饱和度)；u^n 为 n 调控步的调控变量(注采井的注采量)；N 为总调控步。

5.3.4　注采调控的设计变量

水驱注采调控的调控变量可以是生产井的产油量、产液量、井底流压等，或者是注水井的注水量、注入压力等，对于智能井还可以是阀门的打开程度等。总之，一切生产井和注水井可以调控的参数都可以用做水驱注采调控的调控变量，在实际问题中可以根据现场油水井的设备等加以选择，本章主要选用生产井的产液量和注水井的注水量作为调控变量。

5.3.5　注采调控的约束条件

任何的油气田注采过程都是在一定的约束条件下进行的，主要包括以下几类约束条件。

(1)物质守恒原理(连续性方程)：油藏渗流微分方程组(必备的约束条件)。

(2)原油脱气压力(泡点压力)<生产井井底流压<油藏合理压力保持水平等。

(3)油藏压力<注水井压力<油藏岩石破裂压力等。

(4)单井经济极限产量<生产井产量<单井最大产量。

(5)单井最小注入量<注水井注水量<单井最大注入量。

(6)0<油田总产液量<油田处理产液能力。

(7)油田总注水量 = 常数。

(8)为了弥补油藏亏空，保持一定的油藏压力：总注入量 = 总采液量(注采平衡)。

第(1)个约束条件是必不可少的约束条件，因为其实质是流体在流动过程中要满足物质守恒原理，也正是基于这个约束条件，将最优化技术和油藏数值模拟技术有机结合起来用于水驱油藏注采调控优化研究中。

第(2)～(5)个约束条件为单井约束条件，上面给出的上下边界值只是一个参考值，可以定性或定量的给定，当然，如果给定的上下边界越符合实际情况，那么得到的最优解也将越符合实际的情况。第(6)～(8)个约束条件是对区块总的生产指标的约束。第(2)～(8)个约束条件都是可选约束条件，可以根据实际情况选取其中的一部分或全部选取。

5.3.6　注采调控数学模型

综合前面建立的水驱注采调控优化数学模型的各个组成部分，可以得到如下完整的水驱注采调控优化数学模型：

$$\max\left[J = \sum_{n=0}^{N-1} L^n\left(x^{n+1}, u^n\right)\right], \quad \forall n \in \left(0, \cdots, N-1\right) \tag{5-4}$$

约束条件如下。

(1)必不可少的约束条件：

$$g^n\left(x^{n+1}, x^n, u^n\right) = 0, \quad \forall n \in \left(0, \cdots, N-1\right) \tag{5-5}$$

$$x^0 = x_0 \qquad (初始条件) \tag{5-6}$$

(2)可选约束条件：

$$U_{\min} \leqslant u^n \leqslant U_{\max}, \qquad \forall n \in \left(0, \cdots, N-1\right) \tag{5-7}$$

$$Q_{1,\min} < \sum_{j=1}^{N_p} \sum_{n=0}^{N-1} Q_{1,j}^n \Delta t^n < Q_{1,\max} \tag{5-8}$$

$$\sum_{j=1}^{N_1} \sum_{n=0}^{N-1} Q_{w,j}^n \Delta t^n = Q_{\text{const}} \tag{5-9}$$

$$\sum_{i=1}^{N_p} \sum_{n=0}^{N-1} Q_{1,i}^n \Delta t^n = \sum_{j=1}^{N_1} \sum_{n=0}^{N-1} Q_{w,j}^n \Delta t^n \tag{5-10}$$

式中，$U_{\min}$、$U_{\max}$ 分别为约束条件的最小值和最大值；$Q_{1,\min}$、$Q_{1,\max}$ 分别为总产量的最小值和最大值；$Q_{1,j}^n$ 为第 n 个时间步内的产量；$Q_{w,j}^n$ 为第 n 个时间步内的注入量；Q_{const} 为总注入量；Δt^n 为时间间隔。

以上各式中，式(5-5)和式(5-6)构成了油藏渗流微分方程组；式(5-7)为单井的边界约束条件；式(5-8)为油田总产液量约束条件；式(5-9)为油田总注入量约束条件；式(5-10)为油田的注采平衡约束条件。

因此，水驱注采调控优化问题可以描述为：在注采调控变量 u^n（油井采液量及水井注入量）满足约束条件式(5-5)~式(5-10)时，求取使目标函数 J 取得最大值的最优控制 $u^*(t)$。

5.4　生产优化梯度算法高效求解

目前，求解生产优化问题的优化方法主要可以分为两大类：一类是包括遗传算法（GA）和模拟退火算法等在内的随机算法，另一类是包括最速下降法和拟牛顿法在内的梯度算法。随机算法需要大量的函数计算且不能保证目标函数单调上升或下降，但是通过大量的模拟计算后能够找到问题的全局最优解。相对于随机算法，梯度算法只需少量的模拟计算，并且能够保证每次迭代运算后目标函数单调上升或下降，因此效率更高，但是当目标函数是非连续光滑函数时，梯度算法并不能保证目标函数收敛到全局最优值。

对于水驱注采调控优化问题来说，需要结合油藏数值模拟技术，而实际生产区块的模拟网格通常数以万计，甚至数以十万计，在现有的常见计算机配置下，模拟一次通常都需要花费几小时甚至更长的时间。由于随机算法需要大量的模拟计算才能找到最优解，因此，选择梯度算法来进行水驱油藏注采调控优化问题的求解将更有效可行。另外，影响油田开发效果的因素众多且不确定性较强，实际开发中不可能也没有必要找到全局最优开发方案，而且，油田开发是一个投资较大的工程，只要能找到目前开发状态下的局部最优解，也将产生巨大的经济效益。因此本节选择基于梯度的算法来求解上一章建立的水驱注采调控优化数学模型。

梯度算法是一类算法,其中又包括多种算法,这类算法主要包括最速下降法、共轭梯度法(CG)、预处理共轭梯度法(PCG)、BFGS 方法、LBFGS 方法、高斯-牛顿法(Gauss-Newton)、Quasi-Newton 方法、Levenberg-Marquardt 方法和 LMF(Levenberg-Marquardt-Flectcher)方法等。因此,在选定梯度算法后,需要确定选用哪种梯度算法,本节选择迭代计算简单、计算量较小的最速下降法。

5.4.1　最速下降法

最速下降法是由著名数学家 Cauchy 于 1847 年提出的,它是求解无约束最优化问题中最简单的优化方法,本节主要介绍最速下降法的基本原理和迭代步骤,下一节将对最速下降法中需要使用的梯度的高效求解方法进行研究。

1. 最速下降法基本原理

多维无约束最优化问题可以表示为

$$\min_{X \in \mathbf{R}^n} f(X) \tag{5-11}$$

为了求解该问题的最优解,最优化算法的基本思想是从一个给定的初始点 X_0 出发,通过基本迭代公式 $X_{k+1} = X_k + \alpha_k P_k$,按照特定的算法产生一串离散点列 $\{X_k\}$,如果该点列收敛,则该点列的极限点为式(5-11)的最优解[28]。

在基本迭代公式 $X_{k+1} = X_k + \alpha_k P_k$ 中,如果每次迭代搜索方向 P_k 取为目标函数 $f(X)$ 的负梯度方向,即 $P_k = -\nabla f(X_k)$,而每次迭代的步长 α_k 取为最优步长,则由此确定的算法称为最速下降法。

为了求解式(5-11),假定已经迭代了 k 次,获得了第 k 个迭代点 X_k,现在从 X_k 出发,可选择的下降方向很多,一个自然的想法是选取最速下降方向(即负梯度方向)作为搜索方向应该最好,至少在 X_k 邻近的范围内是这样,因此,取搜索方向为

$$P_k = -\nabla f(X_k)$$

为了使目标函数在搜索方向上获得最多的下降,沿 P_k 进行一维搜索,由此得到第 $k+1$ 个迭代点 X_{k+1},即

$$X_{k+1} = X_k - \alpha_k \nabla f(X_k) \tag{5-12}$$

其中,步长 α_k 由式(5-13)确定:

$$f\left[X_k - \alpha_k \nabla f(X_k)\right] = \min_{\alpha} f\left[X_k - \alpha_k \nabla f(X_k)\right] \tag{5-13}$$

显然,令 $k = 0, 1, 2, \cdots$,就可以得到一个点列 $X_0, X_1, X_2, \cdots$,其中 X_0 是初始点,可以任意

选取。当 $f(X)$ 满足一定的条件时，由式(5-12)所产生的点列 $\{X_k\}$ 必定收敛于 $f(X)$ 的极小点 X^*。

2. 最速下降法迭代步骤

若已知目标函数 $f(X)$ 及给定的精度要求 $\varepsilon > 0$，则最速下降法的迭代步骤如下[25]。

(1)选定初始迭代点 X_0，计算目标函数的初值 $f_0 = f(X_0)$ 及 $\nabla f(X_0)$，令 $k = 0$。

(2)若 $\|\nabla f(X_k)\| \leqslant \varepsilon$，则迭代停止，$X^* = X_k$，否则令 $P_k = -\nabla f(X_k)$。

(3)在 X_{k+1} 处沿着方向 P_k 作线搜索得 $X_{k+1} = X_k + \alpha_k P_k$，令 $k = k+1$，转步骤(2)。

最速下降法流程如图 5-2 所示。

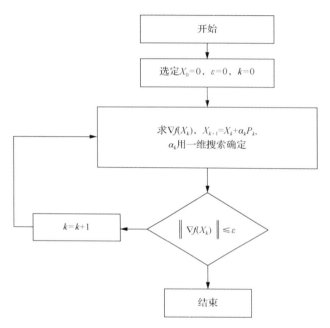

图 5-2　最速下降法流程图

5.4.2　梯度求解方法

梯度类方法需要计算目标函数对控制变量的梯度，对于水驱油藏注采调控优化问题，目标函数和控制变量是通过油藏这个动态系统联系起来的，它们之间的关系非常复杂，且水驱注采调控问题结合了油藏数值模拟技术，因此不可能采用解析方法求解目标函数对控制变量的梯度，必须采用数值的方法来求解目标函数对控制变量的梯度，常用的计算梯度的数值方法主要包括有限差分法、伴随法和改进的伴随法。

1. 有限差分法

有限差分法(finite difference method, FDM)是最简单的求解梯度的数值算法，也可以称为摄动算法(perturbation method)，该方法是一种用节点上的函数值的差商代替偏导数计算的方法，从而将一个微分计算问题转换为一个代数计算问题，该方法数学概念直观，且数学表达式简单，是发展较早且比较成熟的一种计算梯度的方法。按取点位置的不同，又可以分为向前差分法、二阶中心差分法、向后差分法，为了提高计算精度，一般采用二阶中心差分法，其表达式为

$$\frac{\partial J}{\partial u_i} = \frac{J(u_i + \delta u_i) - J(u_i - \delta u_i)}{2\delta u_i} \tag{5-14}$$

式中，J 为目标函数；u_i 为第 i 个变量。

由式 (5-14) 可以看出，当利用有限差分法计算目标函数对控制变量的梯度时，由于油藏数值模拟器只是当作黑箱使用，只需计算得到相关性能指标的值即可，如累油量、累产水量、累注水量等。该方法容易与任意的商业数值模拟器相结合，不需要修改油藏数值模拟器的代码，所以不需要对油藏模拟器代码有深刻的认识，因此该方法的原理比较简单。

由式 (5-14) 还可以看出，利用有限差分法求解目标函数对控制变量的梯度时，每进行一次梯度计算都需要进行两次油藏数值模拟计算，因此有限差分法计算梯度需要进行的油藏数值模拟计算次数为控制变量的 2 倍，即油水井总数与控制时间步乘积的 2 倍。而当地质模型网格数较多时，每一次数值模拟计算通常都需要花费较长时间，因此，当网格数和控制变量较多时，利用有限差分法求解最速下降法所需的梯度，其计算量很大，而且算法的效率会随着控制变量数目的增加急剧减小，因此，有限差分法比较适用于控制变量比较少情况下的目标函数对控制变量的梯度计算。

利用有限差分法求解目标函数对控制变量的梯度，以此进行油藏注采优化，计算步骤如下。

(1) 选取初始的注采工作制度。

(2) 利用数值模拟器沿着时间尺度求解油藏渗流模型，并根据目标函数的表达式及油藏数值模拟的结果计算目标函数的值。

(3) 选取某一注采控制变量进行微小的上下两次扰动，得到两种新的注采工作制度，重新沿着时间尺度分别求解油藏数值模型，并根据结果计算目标函数的值，根据二阶中心差分计算梯度的公式求取目标函数对该注采控制变量的梯度。

(4) 对所有的注采控制变量重复执行步骤 (3)，得到目标函数对所有注采控制变量的梯度，并判断目标函数对所有控制变量的梯度值是否都为 0。

(5) 根据计算所得到的目标函数对控制变量的梯度值，由最速下降法制定出新的注采工作制度。

(6) 转步骤 (2)，重复优化过程，直到目标函数对所有注采控制变量的梯度接近 0 为止。

利用有限差分法求解梯度，进行水驱油藏注采调控优化的流程图如图 5-3 所示。

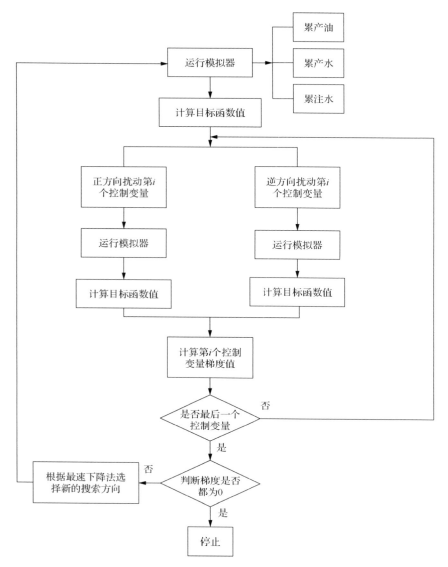

图 5-3　有限差分法求解梯度的注采优化流程图

2. 伴随法

伴随法(adjoint method)是目前计算梯度方法中最有效的方法之一，伴随法计算梯度的方法如下。

(1)引入拉格朗日乘子向量 $\boldsymbol{\lambda}$，将所有的等式约束条件引入到目标函数中，构建等价的增广的目标函数：

$$J = J_{\mathrm{A}} = \sum_{n=0}^{N-1} L^n(x^{n+1}, u^n) + \boldsymbol{\lambda}^{T_0}(x_0 - x^0) + \sum_{n=0}^{N-1} \boldsymbol{\lambda}^{T(n+1)} g^n(x^{n+1}, x^n, u^n) \qquad (5\text{-}15)$$

(2) 对增广的目标函数进行一阶变分：

$$\delta J_{\mathrm{A}} = \sum_{n=0}^{N-1}\left(\frac{\partial L^n}{\partial x^{n+1}}\delta x^{n+1} + \frac{\partial L^n}{\partial u^n}\delta u^n\right) + (x_0 - x^0)\delta \boldsymbol{\lambda}^{T0}$$
$$+ \sum_{n=0}^{N-1}\left\{g^n \delta \boldsymbol{\lambda}^{T(n+1)} + \boldsymbol{\lambda}^{T(n+1)}\left(\frac{\partial g^n}{\partial x^{n+1}}\delta x^{n+1} + \frac{\partial g^n}{\partial x^n}\delta x^n + \frac{\partial g^n}{\partial u^n}\delta u^n\right)\right\} \tag{5-16}$$

由于 $x_0 - x^0 = 0$ 且 $g^n = 0$，式 (5-16) 可化简为

$$\sum_{n=0}^{N-1}\left(\frac{\partial L^n}{\partial x^{n+1}}\delta x^{n+1} + \frac{\partial L^n}{\partial u^n}\delta u^n\right) + \sum_{n=0}^{N-1}\left\{\boldsymbol{\lambda}^{T(n+1)}\left(\frac{\partial g^n}{\partial x^{n+1}}\delta x^{n+1} + \frac{\partial g^n}{\partial x^n}\delta x^n + \frac{\partial g^n}{\partial u^n}\delta u^n\right)\right\}$$

$$= \left\{\sum_{n=1}^{N}\frac{\partial L^{n-1}}{\partial x^n}\delta x^n + \sum_{n=0}^{N-1}\frac{\partial L^n}{\partial u^n}\delta u^n\right\} + \left\{\sum_{n=1}^{N}\boldsymbol{\lambda}^{Tn}\frac{\partial g^{n-1}}{\partial x^n}\delta x^n + \sum_{n=0}^{N-1}\boldsymbol{\lambda}^{T(n+1)}\frac{\partial g^n}{\partial x^n}\delta x^n + \sum_{n=0}^{N-1}\boldsymbol{\lambda}^{T(n+1)}\frac{\partial g^n}{\partial u^n}\delta u^n\right\}$$

$$= \left\{\sum_{n=1}^{N}\frac{\partial L^{n-1}}{\partial x^n}\delta x^n + \sum_{n=1}^{N}\boldsymbol{\lambda}^{Tn}\frac{\partial g^{n-1}}{\partial x^n}\delta x^n + \sum_{n=0}^{N-1}\boldsymbol{\lambda}^{T(n+1)}\frac{\partial g^n}{\partial x^n}\delta x^n\right\} + \left\{\sum_{n=0}^{N-1}\frac{\partial L^n}{\partial u^n}\delta u^n + \sum_{n=0}^{N-1}\boldsymbol{\lambda}^{T(n+1)}\frac{\partial g^n}{\partial u^n}\delta u^n\right\}$$

$$= \left\{\frac{\partial L^{N-1}}{\partial x^N}\delta x^N + \boldsymbol{\lambda}^{TN}\frac{\partial g^{N-1}}{\partial x^N}\delta x^N\right\} + \left\{\sum_{n=1}^{N-1}\frac{\partial L^{n-1}}{\partial x^n}\delta x^n + \sum_{n=1}^{N-1}\boldsymbol{\lambda}^{Tn}\frac{\partial g^{n-1}}{\partial x^n}\delta x^n + \sum_{n=1}^{N-1}\boldsymbol{\lambda}^{T(n+1)}\frac{\partial g^n}{\partial x^n}\delta x^n + \boldsymbol{\lambda}^{T1}\frac{\partial g^0}{\partial x^0}\delta x^0\right\}$$

$$+ \left\{\sum_{n=0}^{N-1}\frac{\partial L^n}{\partial u^n}\delta u^n + \sum_{n=0}^{N-1}\boldsymbol{\lambda}^{T(n+1)}\frac{\partial g^n}{\partial u^n}\delta u^n\right\}$$

$$= \left\{\frac{\partial L^{N-1}}{\partial x^N} + \boldsymbol{\lambda}^{TN}\frac{\partial g^{N-1}}{\partial x^N}\right\}\delta x^N + \sum_{n=1}^{N-1}\left(\frac{\partial L^{n-1}}{\partial x^n} + \boldsymbol{\lambda}^{Tn}\frac{\partial g^{n-1}}{\partial x^n} + \boldsymbol{\lambda}^{T(n+1)}\frac{\partial g^n}{\partial x^n}\right)\delta x^n + \sum_{n=0}^{N-1}\left(\frac{\partial L^n}{\partial u^n} + \boldsymbol{\lambda}^{T(n+1)}\frac{\partial g^n}{\partial u^n}\right)\delta u^n$$

即

$$\delta J_{\mathrm{A}} = \left\{\frac{\partial L^{N-1}}{\partial x^N} + \boldsymbol{\lambda}^{TN}\frac{\partial g^{N-1}}{\partial x^N}\right\}\delta x^N + \sum_{n=1}^{N-1}\left(\frac{\partial L^{n-1}}{\partial x^n} + \boldsymbol{\lambda}^{Tn}\frac{\partial g^{n-1}}{\partial x^n} + \boldsymbol{\lambda}^{T(n+1)}\frac{\partial g^n}{\partial x^n}\right)\delta x^n$$
$$+ \sum_{n=0}^{N-1}\left(\frac{\partial L^n}{\partial u^n} + \boldsymbol{\lambda}^{T(n+1)}\frac{\partial g^n}{\partial u^n}\right)\delta u^n \tag{5-17}$$

由于 $x_0 - x^0 = 0$ 且 $g^n = 0$，由式 (5-15) 可知，拉格朗日乘子向量取任意值时目标函数 J 和 J_{A} 都是相等的，因此可以先选取适当的 $\boldsymbol{\lambda}$ 值，得

$$\frac{\partial L^{N-1}}{\partial x^N} + \boldsymbol{\lambda}^{TN}\frac{\partial g^{N-1}}{\partial x^N} = 0 \tag{5-18}$$

$$\frac{\partial L^{n-1}}{\partial x^n} + \boldsymbol{\lambda}^{Tn}\frac{\partial g^{n-1}}{\partial x^n} + \boldsymbol{\lambda}^{T(n+1)}\frac{\partial g^n}{\partial x^n} = 0, \qquad \forall n \in (1,\cdots,N-1) \tag{5-19}$$

即

$$\lambda^{TN} = -\left[\frac{\partial L^{N-1}}{\partial x^N}\right]\left[\frac{\partial g^{N-1}}{\partial x^N}\right]^{-1} \tag{5-20}$$

$$\lambda^{Tn} = -\left[\frac{\partial L^{n-1}}{\partial x^n} + \lambda^{T(n+1)}\frac{\partial g^n}{\partial x^n}\right]\left[\frac{\partial g^{n-1}}{\partial x^n}\right]^{-1}, \qquad \forall n \in (1,\cdots,N-1) \tag{5-21}$$

以上求解拉格朗日乘子向量的式(5-20)和式(5-21)称为伴随模型，由式(5-21)可知，在求解 n 时刻的拉格朗日乘子向量 λ^{Tn} 时需要用到 $n+1$ 时刻的拉格朗日乘子向量 $\lambda^{T(n+1)}$，因此在求解拉格朗日乘子向量时，需要进行逆向的求解，即先由式(5-20)计算出 N 时刻的拉格朗日乘子向量，再将计算得到的 λ^{TN} 代入式(5-21)计算出 $\lambda^{T(N-1)}$，以此类推，最后计算出所有时刻的拉格朗日乘子向量。在求解出满足式(5-18)和式(5-19)的拉格朗日乘子向量后，目标函数的一阶变分公式(5-16)最终可化简为

$$\delta J_A = \sum_{n=0}^{N-1}\left(\frac{\partial L^n}{\partial u^n} + \lambda^{T(n+1)}\frac{\partial g^n}{\partial u^n}\right)\delta u^n \tag{5-22}$$

所以，目标函数对控制变量的梯度可以表示为

$$\frac{\mathrm{d}J}{\mathrm{d}u^n} = \frac{\mathrm{d}J_A}{\mathrm{d}u^n} = \frac{\partial L^n}{\partial u^n} + \lambda^{T(n+1)}\frac{\partial g^n}{\partial u^n}, \qquad \forall n \in (0,\cdots,N-1) \tag{5-23}$$

利用伴随法求解目标函数对控制变量的梯度进行水驱油藏注采优化计算步骤如下(图 5-4)。

(1)选取初始的注采工作制度。

(2)利用数值模拟器沿着时间尺度求解油藏渗流数学模型，并根据目标函数的表达式及油藏数值模拟的结果计算目标函数的值。

(3)数值求解伴随模型式(5-20)和式(5-21)得到各时间步拉格朗日乘子向量。

(4)将所得到的拉格朗日乘子向量代入到梯度求解式(5-23)中，一次得到目标函数对所有注采控制变量的梯度，并判断目标函数对所有控制变量的梯度值是否都为 0。

(5)根据计算所得到的目标函数对注采控制变量的梯度值，由最速下降法制定出新的注采生产制度。

(6)转步骤(2)，重复优化过程，直到目标函数对所有注采控制变量的梯度接近 0。

由上述步骤可以看出，使用伴随法计算目标函数对注采调控变量的梯度时，所需计算的模拟次数与注采调控变量的个数无关，只需一次沿时间尺度上的正向流动模拟计算和一次逆向的伴随模型计算，即可算出目标函数对全部注采调控变量的梯度，与使用有限差分法计算梯度进行水驱油藏注采调控优化相比，可以极大地减少梯度计算所需的计算量，因此效率得到了极大的提高。

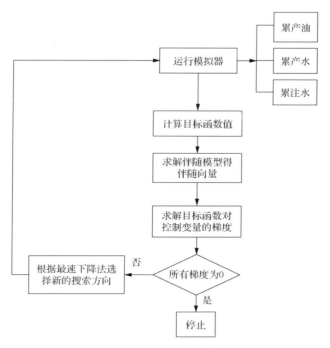

图 5-4　伴随法求解梯度的注采优化流程图

3. 改进的伴随法

由上一节推导出的伴随模型，以及式(5-20)和式(5-21)可知，求解伴随模型所需求的偏导数总共有三个，分别为 $\dfrac{\partial g^{n-1}}{\partial x^n}$、$\dfrac{\partial g^n}{\partial x^n}$ 和 $\dfrac{\partial L^{n-1}}{\partial x^n}$。

$n-1$ 时间步油藏流动方程为

$$g^{n-1}(x^n, x^{n-1}, u^{n-1}) = F^{n-1}(x^n) + W^{n-1}(x^n, u^{n-1}) - \left[A^n(x^n) - A^{n-1}(x^{n-1}) \right] \qquad (5\text{-}24)$$

由于 $A^{n-1}(x^{n-1})$ 只是 $n-1$ 时间步的油藏状态变量 x^{n-1} 的函数，与 n 时刻的油藏状态变量 x^n 无关，所以有

$$\frac{\partial A^{n-1}(x^{n-1})}{\partial x^n} = 0$$

故

$$\frac{\partial g^{n-1}}{\partial x^n} = \frac{\partial F^{n-1}(x^n)}{\partial x^n} + \frac{\partial W^{n-1}(x^n, u^{n-1})}{\partial x^n} - \frac{\partial A^n(x^n)}{\partial x^n} \qquad (5\text{-}25)$$

由油藏数值模拟理论知，$\dfrac{\partial g^{n-1}}{\partial x^n}$ 为采用全隐式方法求解油藏流动方程组时的雅可比矩阵，因此求解伴随模型时，无需再计算该偏导数，只需在全隐式油藏数值模拟器求解

过程中先保存各个时间步的该偏导数，待计算伴随模型时直接读取该偏导数即可。

n 时间步的油藏流动方程为

$$g^n(x^{n+1}, x^n, u^n) = F^n(x^{n+1}) + W^n(x^{n+1}, u^n) - \left[A^{n+1}(x^{n+1}) - A^n(x^n) \right] \tag{5-26}$$

由于 $F^n(x^{n+1})$、$W^n(x^{n+1}, u^n)$ 和 $A^{n+1}(x^{n+1})$ 都只是 $n+1$ 时间步的油藏状态变量 x^{n+1} 的函数(其中 A 为饱和度改变项，F 为网格之间的流动项，W 为油水井井项)，与 n 时间步的油藏状态变量 x^n 无关，因此，这三项对 n 时刻的油藏状态变量 x^n 的偏导数均为 0，即

$$\frac{\partial F^n(x^{n+1})}{\partial x^n} = \frac{\partial W^n(x^{n+1}, u^n)}{\partial x^n} = \frac{\partial A^{n+1}(x^{n+1})}{\partial x^n} = 0 \tag{5-27}$$

所以有

$$\frac{\partial g^n}{\partial x^n} = \frac{\partial A^n(x^n)}{\partial x^n}$$

由雅可比矩阵 $\frac{\partial g^{n-1}}{\partial x^n}$ 的式(5-25)可知，该偏导数为式(5-25)中的第三项，因此，在计算伴随模型时，$\frac{\partial g^n}{\partial x^n}$ 同样无需再单独计算，只需在全隐式油藏数值模拟器求解过程中先保存各个时间步的该偏导数，待计算伴随模型时直接读取该偏导数即可。

$n-1$ 时间步的目标函数为

$$L^{n-1} = \frac{\Delta t^{n-1}}{(1+d)^{t^{n-1}}} \left[\sum_{j=1}^{N_P} \left(a W_{o,j}^{n-1} - b W_{w,j}^{n-1} \right) - \sum_{k=1}^{N_I} c W_{wi,k}^{n-1} \right] \tag{5-28}$$

所以有

$$\frac{\partial L^{n-1}}{\partial x^n} = \frac{\Delta t^{n-1}}{(1+d)^{t^{n-1}}} \left[\sum_{j=1}^{N_P} \left(a \frac{\partial W_{o,j}^{n-1}}{\partial x^n} - b \frac{\partial W_{w,j}^{n-1}}{\partial x^n} \right) - \sum_{k=1}^{N_I} c \frac{\partial W_{wi,k}^{n-1}}{\partial x^n} \right]$$

该偏导数中包含的偏导数($\frac{\partial W_{o,j}^{n-1}}{\partial x^n}$，$\frac{\partial W_{w,j}^{n-1}}{\partial x^n}$，$\frac{\partial W_{wi,k}^{n-1}}{\partial x^n}$)为油水井射开网格的流动方程中源汇项对状态变量的偏导数，由雅可比矩阵 $\frac{\partial g^{n-1}}{\partial x^n}$ 的表达式(5-25)可知，这三项偏导数为雅可比矩阵表达式中的第二项，因此，如果在全隐式油藏数值模拟器求解过程中保存各个时间步的该偏导数，那么当计算伴随模型所需的偏导数 $\frac{\partial L^{n-1}}{\partial x^n}$ 时，只需先读取这三项偏导数，然后再进行简单的计算就可得到 $\frac{\partial L^{n-1}}{\partial x^n}$，而无需再单独计算该偏导数。

由上述分析可知，求解伴随模型所需的偏导数 $(\frac{\partial g^{n-1}}{\partial x^n},\ \frac{\partial g^n}{\partial x^n},\ \frac{\partial L^{n-1}}{\partial x^n})$ 均无需要单独进行求解，而只需在油藏流动模拟计算过程中先保存伴随模型求解所需的偏导数，然后再进行简单的计算即可，这将大大提高目标函数对注采控制变量梯度的求解速度。

利用改进的伴随法求解目标函数对控制变量的梯度进行水驱油藏注采调控优化计算的步骤如下(图 5-5)。

(1)选取初始的注采工作制度。

(2)利用数值模拟器沿着时间尺度求解油藏渗流模型，并分别保存每个模拟时间步的雅可比矩阵的三个组成部分 $(\frac{\partial g^{n-1}}{\partial x^n},\ \frac{\partial g^n}{\partial x^n},\ \frac{\partial L^{n-1}}{\partial x^n})$。

(3)根据目标函数的表达式及油藏数值模拟的结果计算目标函数的值。

(4)根据拉格朗日乘子向量的计算公式和保存的雅可比矩阵的三个组成部分，计算拉格朗日乘子向量。

(5)将所得到的拉格朗日乘子向量代入梯度求解方程中，得到目标函数对所有注采控制变量的梯度。

(6)根据计算所得到的目标函数对注采控制变量的梯度值，由最速下降法制定出新的注采生产制度。

(7)转步骤(2)，重复优化过程，直到目标函数对所有注采控制变量的梯度接近0。

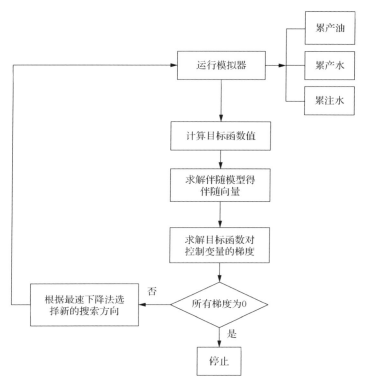

图 5-5　改进的伴随法求解梯度的注采优化流程图

4. 三种梯度求解方法对比分析

由前面的分析可以看出，有限差分法、伴随法和改进的伴随法三种求解梯度的方法各有优缺点，决定了这三种方法适用的范围也不一样，需要根据实际问题的特点确定使用那一种方法进行目标函数对控制变量梯度的求解，这三种求解梯度的方法对比如表 5-1 所示。

表 5-1　三种梯度求解方法对比

方法	优点	缺点	适用范围
有限差分法	①计算简单；②容易与任意的商业数值模拟器相结合	每一时间步每一个控制变量需要两次数值模拟计算，计算量非常大	控制变量个数较少的情况（控制变量的个数=油水井总数×控制时间步）
伴随法	①每一时间步仅需一次正向流动模拟计算和一次逆向伴随计算；②与控制变量的个数无关，计算速度快	油藏数值模拟器的编制及伴随模型的求解程序编制较困难	控制变量个数较多的情况
改进的伴随法	①每一时间步仅仅需要一次正向的伴随计算和逆向的简单的伴随计算，无须再计算伴随计算所需的偏导数；②与控制变量的个数无关，计算速度最快（大约是伴随法的 2 倍）	油藏数值模拟器的编制较困难，存储量大	控制变量个数较多的情况

由于实际油田中油水井数比较多，且需要优化预测的时间较长，为了尽可能达到及时调整的目的，所需调控步也较多，同时控制变量的个数（油水井总数与控制时间步的乘积）也就比较大。故本章采用改进的伴随法计算，利用最速下降法计算水驱注采调控优化问题所需的目标函数对控制变量的梯度。

5.5　生产优化无梯度算法求解

油藏生产优化问题属于大型优化问题，利用最优化方法解决油藏生产问题的时间并不长。研究早期，不少国内外学者基于离散极大值原理，采用伴随方法求解梯度，但是伴随梯度的求解非常烦琐，在求解过程中需要与油藏数值模拟器相结合，并且涉及大型矩阵的求解。因此，伴随方法在处理实际大型油藏的优化问题时，难以直接应用。鉴于伴随梯度求解非常困难，近年来，基于无梯度的优化算法逐步应用到油藏生产优化中。整体来说，常用的无梯度方法可以大致分为三类：近似梯度类算法、启发式的全局随机算法和插值型算法。这里将这三类算法同油藏数值模拟器进行耦合，从而实现对油藏问题的优化[23]。

5.5.1　近似梯度算法

1. 同步随机扰动算法

1987 年，Spall[29]提出了同步随机扰动算法(simultaneous perturbation stochastic approximation, SPSA)。SPSA 算法同 FD 算法类似，通过对控制变量进行微小的改变，确定搜索方向。SPSA 算法是一种更有效的梯度近似算法，一次梯度计算对所有的控制变量同时扰动，大大减少了计算函数的次数。1992 年，Spall[30]又对 SPSA 算法进行了全面的分析和论证，计算 SPSA 梯度带有一定的随机性，但是沿该方向总能找到函数值增加的点，同时，随机梯度的期望值是真实梯度方向。2006 年，Bangerth 等[31]首先将 SPSA 算法用于井位优化。2007 年，王春红等又将 SPSA 算法引入到油藏闭环生产优化，取得了较好的效果[21]。SPSA 算法每次梯度逼近的工作量是 FD 算法的 $1/n$，当迭代次数相同时，两种算法可以达到同样的精度。利用 SPSA 方法求取极大值的过程如图 5-6 所示。

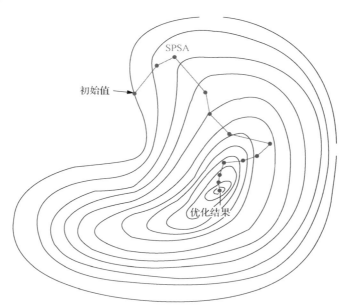

图 5-6　SPSA 算法示意图

标准 SPSA 方法的计算步骤如下所示。

(1) 选取初始数据，初始点 u^0，给定终止误差，令 $k = 0$。

(2) 产生序列 $\{\alpha_k\}$，$\{c_k\}$ 及独立同分布且均值为 0 的 N 维向量 $\mathbf{\Delta}_k$，其中，

$$\alpha_k = \alpha / \left(A + k + 1 \right)^a \tag{5-29}$$

$$c_k = c / \left(k + 1 \right)^{\gamma} \tag{5-30}$$

(3) 利用式 (5-31) 估算梯度：

$$\hat{g}_k(\boldsymbol{U}^k) = \begin{bmatrix} \dfrac{J(\boldsymbol{U}^k + c_k\boldsymbol{\Delta}_k) - J(\boldsymbol{U}^k - c_k\boldsymbol{\Delta}_k)}{2c_k\boldsymbol{\Delta}_{k,1}} \\ \dfrac{J(\boldsymbol{U}^k + c_k\boldsymbol{\Delta}_k) - J(\boldsymbol{U}^k - c_k\boldsymbol{\Delta}_k)}{2c_k\boldsymbol{\Delta}_{k,2}} \\ \vdots \\ \dfrac{J(\boldsymbol{U}^k + c_k\boldsymbol{\Delta}_k) - J(\boldsymbol{U}^k - c_k\boldsymbol{\Delta}_k)}{2c_k\boldsymbol{\Delta}_{k,N}} \end{bmatrix} \tag{5-31}$$

(4) 得到新的迭代值 $u^{k+1} = u^k + \alpha_k\hat{g}_k(u^k)$。

(5) 重复步骤③~⑤，直到满足收敛条件。

式中，$\boldsymbol{U}^k$ 为第 k 迭代步的自变量；c_k 为扰动步长；α_k 为迭代步长；$\boldsymbol{\Delta}_k$ 为 N 维随机变量，其中各个元素满足 Bernoulli 分布。

为了使得随机梯度方向更接近真实梯度方向，可以在同一个迭代步内多次求取随机梯度，计算其平均值：

$$\overline{\hat{g}_k(\boldsymbol{U}^k)} = \frac{1}{M}\sum_{i=1}^{M}\hat{g}_i(\boldsymbol{U}^k) \tag{5-32}$$

式中，M 为随机生成的样本数目。

根据油藏生产优化的特点，对标准的 SPSA 算法做了相应的处理。由于 α_k 的选择直接影响着计算的速度，正确地选取 α_k 能够加快算法。本书主要采用估算的方法。

利用公式 $J(\boldsymbol{U}^{k+1}) = J(\boldsymbol{U}^k) + \hat{g}_k(\boldsymbol{U}^k)(\boldsymbol{U}^{k+1} - \boldsymbol{U}^k)$ 可得

$$\boldsymbol{U}^{k+1} = \boldsymbol{U}^k + \frac{J(\boldsymbol{U}^{k+1}) - J(\boldsymbol{U}^k)}{\hat{g}_k(\boldsymbol{U}^k)} = \boldsymbol{U}^k + \frac{\lambda_k J(\boldsymbol{U}^k)}{\hat{g}_k(\boldsymbol{U}^k)} \tag{5-33}$$

式中，λ_k 为递减序列。

2. 集合优化算法

2009 年，Chen 等[17]提出了集合优化算法(ensemble optimization, EnOpt)，目前该算法在鲁棒生产优化方面应用比较广泛。其基本思想为基于当前最优控制生成 N_e 个服从高斯分布的控制向量，然后利用这些控制向量及其相对应的目标函数值获得目标函数 J 对控制变量 $\boldsymbol{U}$ 的相关关系，进而通过迭代算法对控制变量进行更新。首先生成随机变量 $\boldsymbol{\Delta}_k$ 和随机扰动变量满足：

$$\boldsymbol{\Delta}_k = \boldsymbol{C}_u^{1/2}\boldsymbol{Z}^k \tag{5-34}$$

$$U^k = \overline{U}^k + \varDelta_k \tag{5-35}$$

式中，Z_k 为服从标准正态分布的扰动向量，即 $Z_k \sim N(\mathbf{0}, I_N)$，其中 I_N 为 N 维单位向量，C_u 为控制变量协方差矩阵；$C_u^{1/2}$ 为下三角矩阵，可由 Cholesky 分解方法获得，且满足 $C_u^{1/2}\left(C_u^{1/2}\right)^{\mathrm{T}} = C_u$。

控制变量之间的协方差矩阵可以近似表示为

$$C_u = \frac{1}{M-1}\sum_{j=1}^{M}\left(U_j^k - \overline{U^k}\right)\left(U_j^k - \overline{U^k}\right)^{T} \tag{5-36}$$

式中，$\overline{U^k} = \dfrac{1}{M}\sum\limits_{j=1}^{M} U_j^k$。

控制变量和函数值之间的协方差矩阵可以近似表示为

$$C_{u,J} = \frac{1}{M-1}\sum_{j=1}^{M}\left(U_j^k - \overline{U^k}\right)\left(J(U_j^k) - J(\overline{U^k})\right)^{\mathrm{T}} \tag{5-37}$$

根据近似方程：

$$J(U_j^k) = J\left(\overline{U^k}\right) + \left[\nabla J\left(\overline{U^k}\right)\right]^{\mathrm{T}}\left(U_j^k - \overline{U^k}\right) \tag{5-38}$$

将式 (5-38) 代入式 (5-37) 可得

$$C_{u,J}^k = \frac{1}{M-1}\sum_{j=1}^{M}\left(U_j^k - \overline{U^k}\right)\left(U_j^k - \overline{U^k}\right)^{\mathrm{T}}\left[\nabla J\left(\overline{U^k}\right)\right] \tag{5-39}$$

将式 (5-36) 代入式 (5-39) 可得

$$C_{u,J}^k = C_u\left(\nabla J\left(\overline{U^k}\right)\right) \tag{5-40}$$

可见，当 $M \to \infty$ 时，$C_{u,J}^k$ 可看作是控制变量协方差 C_u 与真实梯度的乘积，其搜索方向同样是将协方差作为 Hessian 逆矩阵的拟牛顿方向。在标准的 EnOpt 算法中，Chen 等[17] 也使用 $C_u C_{u,J}^k$ 代替 $C_{u,J}^k$ 作为实际的搜索方向，其计算公式为

$$U^{k+1} = U^k + \alpha_k C_u C_{u,J}^k \tag{5-41}$$

式中，α_k 为搜索步长，其确定方法与 SPSA 方法中搜索步长的确定方法相同。

3. 基于方向导数的梯度

梯度反映了函数值沿各个坐标轴方向的变化率，方向导数反映了函数值沿某个特定方向的变化率，其数值差分形式可以写成式(5-42)。同时，两者之间存在着一定的关系，如式(5-44)所示：

$$\mathrm{Grad}\,J=\begin{bmatrix}\dfrac{\partial J}{\partial u_1}\\[2mm]\dfrac{\partial J}{\partial u_2}\\\vdots\\\dfrac{\partial J}{\partial u_N}\end{bmatrix}=\begin{bmatrix}\dfrac{J(U+\alpha e_1)-J(U)}{\alpha}\\[2mm]\dfrac{J(U+\alpha e_2)-J(U)}{\alpha}\\\vdots\\\dfrac{J(U+\alpha e_N)-J(U)}{\alpha}\end{bmatrix} \tag{5-42}$$

$$\frac{\partial J}{\partial l}=\frac{J(U+\Delta U)-J(U)}{\left\|\Delta U\right\|_2} \tag{5-43}$$

$$\frac{\partial J}{\partial l}=\frac{\partial J}{\partial x_1}\cos\theta_1+\frac{\partial J}{\partial x_2}\cos\theta_2+\cdots+\frac{\partial J}{\partial x_N}\cos\theta_N \tag{5-44}$$

式中，$\dfrac{\partial J}{\partial l}$ 为目标函数沿着 $\vec{l}$ 方向的方向导数；$\cos\theta_i$ 为 $\left\langle e_i,\vec{l}\right\rangle$ 夹角的余弦值。

假定第 k 个迭代步得到的控制变量为 $U^k=\left\{U_1^k,U_2^k,\cdots,U_N^k\right\}$，在 U^k 点进行一次微小的扰动 $\Delta^k=\left\{\Delta_1^k,\Delta_2^k,\cdots,\Delta_N^k\right\}$。沿 Δ^k 方向的方向导数可以表述为

$$\frac{\partial J}{\partial l}=\frac{J(U^k+\Delta^k)-J(U^k)}{\sqrt{(\Delta_1^k)^2+(\Delta_2^k)^2+\cdots+(\Delta_N^k)^2}}=\frac{J(U^k+\Delta^k)-J(U^k)}{\left\|\Delta^k\right\|_2} \tag{5-45}$$

借鉴 SPSA 方法的思路，本书定义近似的梯度方向为

$$\tilde{g}^k=\begin{bmatrix}\dfrac{J(U^k+\Delta^k)-J(U^k)}{\Delta_1^k}\\[3mm]\dfrac{J(U^k+\Delta^k)-J(U^k)}{\Delta_2^k}\\\vdots\\\dfrac{J(U^k+\Delta^k)-J(U^k)}{\Delta_N^k}\end{bmatrix} \tag{5-46}$$

则某一个方向的偏导数怎可以表示为

$$\tilde{g}_i^k = \frac{J(U^k + \varDelta^k) - J(U^k)}{\varDelta_i^k} = \frac{J(U^k + \varDelta^k) - J(U^k)}{\|\varDelta^k\|_2} \frac{\|\varDelta^k\|_2}{\varDelta_i^k} \tag{5-47}$$

将式(5-47)代入式(5-45)中可得

$$\frac{\partial J}{\partial l} = \tilde{g}_i^k \cos \theta_i^k \tag{5-48}$$

则有

$$\begin{aligned}
n \frac{\partial J}{\partial l} &= \tilde{g}_1^k \cos \theta_1^k + \tilde{g}_2^k \cos \theta_2^k + \cdots + \tilde{g}_N^k \cos \theta_N^k \\
&= \left(\tilde{g}^k\right)^{\mathrm{T}} \cos\langle\boldsymbol{\theta}\rangle = \left(\cos\langle\boldsymbol{\theta}\rangle\right)^{\mathrm{T}} \tilde{g}^k
\end{aligned} \tag{5-49}$$

利用真实梯度表示该点的方向导数为

$$\begin{aligned}
\frac{\partial J}{\partial l} &= g_1^k \cos \theta_1^k + g_2^k \cos \theta_2^k + \cdots + g_N^k \cos \theta_N^k \\
&= \left(g^k\right)^{\mathrm{T}} \cos\langle\boldsymbol{\theta}\rangle
\end{aligned} \tag{5-50}$$

式(5-49)和式(5-50)相乘,可得

$$n\left(\frac{\partial J}{\partial l}\right)^2 = \left(g^k\right)^{\mathrm{T}} \cos\langle\boldsymbol{\theta}\rangle \left(\cos\langle\boldsymbol{\theta}\rangle\right)^{\mathrm{T}} \tilde{g}^k \geqslant 0 \tag{5-51}$$

令 $\hat{g}^k = \cos\langle\boldsymbol{\theta}\rangle\left(\cos\langle\boldsymbol{\theta}\rangle\right)^{\mathrm{T}} \tilde{g}^k$,由式(5-51)可以看出,$(g^k)^{\mathrm{T}} \hat{g}^k \geqslant 0$,所以 $\hat{g}^k$ 恒为上山方向,可以取该方向为搜索方向。

5.5.2 微粒群算法

微粒群优化(particle swarm optimization, PSO),又称粒子群算法,是由 Kennedy 和 Eberhart[32]于 1995 年开发的一种演化计算技术,来源于对鸟群觅食行为的模拟。

PSO 算法同遗传算法(GA)算法类似,是一种基于迭代的优化工具。由于没有 GA 算法过程中的交叉和变异操作,PSO 算法的优势在于简单容易实现,优化效果显著。PSO 算法的基本思想是从某一随机产生的初始群体开始,每个微粒在可行解空间中移动,通过移动速度来决定移动的方向和距离。在移动过程中,每个粒子都记录下自身

的移动方向、最优位置和整个微粒群体的最优位置，结合三个方面的信息，找到整体最优值。

假定微粒群的规模是 M，每个微粒的维数为 N，对于第 t 代第 i 个微粒，其当前位置为 $\boldsymbol{U}_i^t = \left(x_{i1}^t, x_{i2}^t, \cdots, x_{iN}^t \right)^{\mathrm{T}}$，当前的移动速度为 $\boldsymbol{V}_i^t = \left(v_{i1}^t, v_{i2}^t, \cdots, v_{iN}^t \right)^{\mathrm{T}}$。微粒 i 本身最优位置为 $\boldsymbol{PU}_i^t = \left(pu_{i1}^t, pu_{i2}^t, \cdots, pu_{iN}^t \right)^{\mathrm{T}}$，全局最优位置为 $\boldsymbol{GU}^t = \left(gu^t, gu^t, \cdots, gu^t \right)^{\mathrm{T}}$，则具体过程如式(5-52)和式(5-53)所示：

$$v_{ij}^{t+1} = \underbrace{c_0 v_{ij}^t}_{(1)} + \underbrace{c_1 r_1 \left(pu_{ij}^t - u_{ij}^t \right)}_{(2)} + \underbrace{c_2 r_2 \left(gu_j^t - u_{ij}^t \right)}_{(3)} \tag{5-52}$$

$$u_{ij}^{t+1} = u_{ij}^t + v_{ij}^{t+1} \tag{5-53}$$

式中，下标 i 代表第 i 个微粒；下标 j 代表第 j 维；上标 t 代表第 t 个迭代步；c_0 为权重；c_1、c_2 均为加速因子；r_1、r_2 均为[0,1]区间上的两个独立分布的随机数。

式(5-52)中，搜索速度由三部分组成：第一部分为粒子本身原来的移动速度；第二部分为粒子根据自己的先前经验得到的修正速度；第三部分为单个粒子根据整个粒子群提供的信息得到的修正速度。其中，第二部分称为认知部分，第三部分称之为社会部分。

PSO 算法的计算流程如下所示。

(1)初始化一组微粒 $X^0 \in \mathbf{R}^{M \times N}$，令 $k = 0$。

(2)计算每一个微粒的适应度 $J(\boldsymbol{U}_i^k)$，其中 $i = 1, 2, \cdots, M$。

(3)对于每一个微粒，将其当前的函数值 $J(\boldsymbol{U}_i^k)$ 和它经历过的最好位置的函数值 $J(\boldsymbol{PU}_i)$ 进行比较，按照式(5-54)更新每个微粒的最优位置：

$$\boldsymbol{PU}_i = \begin{cases} \boldsymbol{U}_i^k, & J(\boldsymbol{U}_i^k) > J(\boldsymbol{PU}_i) \\ \boldsymbol{PU}_i, & \text{其他} \end{cases} \tag{5-54}$$

(4)对于每一个微粒，将其经历过的最好位置的函数值与所有微粒经过的最好位置的函数值进行比较，按照式(5-55)更新所有微粒的最优位置：

$$\boldsymbol{GX} = \begin{cases} \boldsymbol{PX}_i, & J(\boldsymbol{PX}_i) > J(\boldsymbol{GX}) \\ \boldsymbol{GX}, & \text{其他} \end{cases} \tag{5-55}$$

(5)根据式(5-54)和式(5-55)更新每个微粒的速度和位置。

(6)判断是否达到收敛的条件，如果没有重复步骤(2)～(6)，否则退出循环。

5.5.3　插值型算法

用多项式函数逼近一般的函数能够解决复杂问题,原因之一是多项式函数非常简单,其函数值的计算只需要有限次的加、减、乘、除就可以完成,而且多项式函数无穷次求导,其导数和原函数仍是多项式。其中,经常用二次函数来逼近所研究的问题。

1. 序列二次规划

序列二次规划算法(sequential quardratic programming,SQP)是用逐步逼近的二次型代替原方程,从而求解一般的非线性规划问题。

其基本思想是在每一个迭代点 $U^{(k)}$,构造一个近似的二次型,利用二次型的一次项作为迭代的搜索方向 $d^{(k)}$,然后沿着该方向进行一维搜索,即

$$U^{(k+1)} = U^{(k)} + d^{(k)} \tag{5-56}$$

式中,$U^{(k+1)}$ 为点的 $k+1$ 步位置向量;$U^{(k)}$ 为点的第 k 步位置向量。

重复上述迭代过程,直到数列 $\left\{ U^{(k)} \middle| k = 0,1,2,\cdots \right\}$ 满足收敛条件,逼近于真实的最优值 x^*。

对于一般的非线性规划问题:

$$\min \quad f(U) \tag{5-57}$$

若在一个迭代点 $U^{(k)}$ 处,对目标函数 $f(U)$ 做 Taylor 展开,对其截断到二阶得

$$
\begin{aligned}
f(U) = &f(U^{(k)}) + \nabla f(U^{(k)})^{\mathrm{T}} (U - U^{(k)}) \\
&+ \frac{1}{2}(U - U^{(k)})^{\mathrm{T}} H_k (U - U^{(k)})
\end{aligned}
\tag{5-58}
$$

式中,$U \in \mathbf{R}^n$ 为函数的自变量;$\nabla f(U^{(k)}) \in \mathbf{R}^n$ 为函数 $f(U)$ 的梯度;$H_k \in \mathbf{R}^{n \times n}$ 为函数 $f(U)$ 的 Hession 矩阵。

$$
\nabla f(U^{(k)}) = \begin{bmatrix}
\dfrac{\partial f(U^{(k)})}{\partial U_1} \\[2mm]
\dfrac{\partial f(U^{(k)})}{\partial U_2} \\[1mm]
\vdots \\[1mm]
\dfrac{\partial f(U^{(k)})}{\partial U_n}
\end{bmatrix}
\tag{5-59}
$$

$$H_k = \begin{bmatrix} \dfrac{\partial^2 f(\boldsymbol{U}^{(k)})}{\partial \boldsymbol{U}_1 \partial \boldsymbol{U}_1} & \dfrac{\partial^2 f(\boldsymbol{U}^{(k)})}{\partial \boldsymbol{U}_1 \partial \boldsymbol{U}_2} & \cdots & \dfrac{\partial^2 f(\boldsymbol{U}^{(k)})}{\partial \boldsymbol{U}_1 \partial \boldsymbol{U}_n} \\ \dfrac{\partial^2 f(\boldsymbol{U}^{(k)})}{\partial \boldsymbol{U}_2 \partial \boldsymbol{U}_1} & \dfrac{\partial^2 f(\boldsymbol{U}^{(k)})}{\partial \boldsymbol{U}_2 \partial \boldsymbol{U}_2} & \cdots & \dfrac{\partial^2 f(\boldsymbol{U}^{(k)})}{\partial \boldsymbol{U}_2 \partial \boldsymbol{U}_n} \\ \vdots & \vdots & & \vdots \\ \dfrac{\partial^2 f(\boldsymbol{U}^{(k)})}{\partial \boldsymbol{U}_n \partial \boldsymbol{U}_1} & \dfrac{\partial^2 f(\boldsymbol{U}^{(k)})}{\partial \boldsymbol{U}_n \partial \boldsymbol{U}_2} & \cdots & \dfrac{\partial^2 f(\boldsymbol{U}^{(k)})}{\partial \boldsymbol{U}_n \partial \boldsymbol{U}_n} \end{bmatrix} \tag{5-60}$$

采用数值方法对其中的各个参数进行求解，如式(5-61)所示：

$$\frac{\partial f(\boldsymbol{U}^{(k)})}{\partial \boldsymbol{U}_i} = \frac{f(\boldsymbol{U}^{(k)} + \alpha \boldsymbol{e}_i) - f(\boldsymbol{U}^{(k)})}{\alpha} \tag{5-61}$$

这样便得到了式(5-58)在迭代点 $\boldsymbol{U}^{(k)}$ 处的一个近似二次规划问题。

2. Powell 拟插值算法

尽管利用 SQP 方法求解目标函数的极值问题是一种非常有效的方法，但是在油藏生产优化中却遇到了很大困难，主要体现在：①目标函数相对于控制变量的梯度和 Hessian 矩阵很难通过解析方法得到；②当采用数值方法梯度和 Hessian 矩阵时，计算代价太大，几乎不可能实现。

例如，利用式(5-53)来将目标函数表述为二次函数形式：

$$J(\boldsymbol{U}) \approx Q(\boldsymbol{U}) = c + \nabla J(\boldsymbol{U}_0)^{\mathrm{T}}(\boldsymbol{U} - \boldsymbol{U}_0) + \frac{1}{2}(\boldsymbol{U} - \boldsymbol{U}_0)^{\mathrm{T}} \boldsymbol{H}(\boldsymbol{U} - \boldsymbol{U}_0) \tag{5-62}$$

式中，$\nabla J(\boldsymbol{U}_0)$ 为目标函数在 $\boldsymbol{U}_0$ 点的梯度，含有 N 个位置变量；$\boldsymbol{H}$ 目标函数在 $\boldsymbol{U}_0$ 点的 Hessian 矩阵，含有 $N \times N$ 个位置变量，但是由于该矩阵有对称矩阵，所以其未知变量的个数为 $\dfrac{N(N+1)}{2}$ 个。式(5-61)共含有 $\dfrac{(N+1)(N+2)}{2}$ 个未知变量，需要 $\dfrac{(N+1)(N+2)}{2}$ 次油藏数值模拟才能构造出二次型。对于油藏数值模拟来说，不能接受这样的计算强度。

因此，Powell[33]提出的方法能够利用较少的插值节点构造目标函数的近似二次型。梯度的求取和标准 SQP 一样，直接采用插值方法进行求取。对于 Hessian 矩阵则采用了 Powell[33]提出的最小二范数的标准，构造近似二次型仅需要 $N^* \geqslant N+1$ 个节点。

根据 Powell 的思想，新构造的二次型应该满足：

$$\begin{aligned} \min \quad & \|\boldsymbol{H}\|_F^2 = \frac{1}{4}\sum_{i=1}^{N_x}\sum_{j=1}^{N_x} H_{i,j}{}^2 \\ \text{s.t.} \quad & Q(\boldsymbol{U}_l) = J(\boldsymbol{U}_l), \qquad 1 \leqslant l \leqslant N^* \end{aligned} \tag{5-63}$$

从而，对于二次型函数的求取转化是对上述最优问题的求解。具体过程如下所示。

(1)构造增广拉格朗日函数 $L(\boldsymbol{H}, \lambda)$：

$$
\begin{aligned}
L(c, \boldsymbol{g}, \boldsymbol{H}) &= \frac{1}{4}\sum_{i=1}^{N}\sum_{j=1}^{N}H_{i,j}{}^2 - \sum_{l=1}^{N^*}\lambda_l\left[Q(\boldsymbol{U}_l) - J(\boldsymbol{U}_l)\right] \\
&= \frac{1}{4}\sum_{i=1}^{N}\sum_{j=1}^{N}H_{i,j}{}^2 - \sum_{l=1}^{N^*}\lambda_l\left[c + (\boldsymbol{U}-\boldsymbol{U}_0)^{\mathrm{T}}g + \frac{1}{2}(\boldsymbol{U}-\boldsymbol{U}_0)^{\mathrm{T}}H(\boldsymbol{U}-\boldsymbol{U}_0) - J(\boldsymbol{U}_k)\right]
\end{aligned}
\tag{5-64}
$$

(2)求取增广拉格朗日函数的偏导数：

$$
\nabla L_c = \sum_{l=1}^{N^*}\lambda_l
\tag{5-65}
$$

$$
\nabla L_g = \sum_{l=1}^{N^*}\lambda_l(\boldsymbol{U}_l - \boldsymbol{U}_0)
\tag{5-66}
$$

$$
\nabla L_{H_{i,j}} = \frac{1}{2}H_{i,j} - \frac{1}{2}\sum_{l=1}^{N^*}\lambda_l(u_{l,i} - u_{0,i})(u_{l,j} - u_{0,j})
\tag{5-67}
$$

(3)当函数取得极小值时，式(5-67)均等于 0。

$$
H_{i,j} = \sum_{l=1}^{N^*}\lambda_l(u_{l,i} - u_{0,i})(u_{l,j} - u_{0,j})
\tag{5-68}
$$

表示成矩阵的形式为

$$
\boldsymbol{H} = \sum_{l=1}^{N^*}\lambda_l(\boldsymbol{U}_l - \boldsymbol{U}_0)(\boldsymbol{U}_l - \boldsymbol{U}_0)^{\mathrm{T}}
\tag{5-69}
$$

(4)将式(5-70)代入式(5-64)中，可得

$$
\begin{aligned}
Q(\boldsymbol{U}) &= c + (\boldsymbol{U}-\boldsymbol{U}_0)^{\mathrm{T}}\boldsymbol{g} + \frac{1}{2}(\boldsymbol{U}-\boldsymbol{U}_0)^{\mathrm{T}}\sum_{l=1}^{N^*}\lambda_l(\boldsymbol{U}_l-\boldsymbol{U}_0)(\boldsymbol{U}_l-\boldsymbol{U}_0)^{\mathrm{T}}(\boldsymbol{U}-\boldsymbol{U}_0) \\
&= c + (\boldsymbol{U}-\boldsymbol{U}_0)^{\mathrm{T}}\boldsymbol{g} + \frac{1}{2}\sum_{l=1}^{N^*}\lambda_l\left[(\boldsymbol{U}-\boldsymbol{U}_0)^{\mathrm{T}}(\boldsymbol{U}_l-\boldsymbol{U}_0)\right]^2
\end{aligned}
\tag{5-70}
$$

式(5-70)中有 $N+N^*+1$ 个未知数，其中 c 有 1 个，g 有 N 个，G 有 N^* 个，这时仅需要 $N+N^*+1$ 个方程就可以求解得到相应的插值二次函数。现已知 N^* 个插值节点，可以构造 N^* 个方程。同时，式(5-65)和式(5-66)分别提供了 1 个和 N 个方程。因此，$N+N^*+1$ 个方程对应着 $N+N^*+1$ 个未知量，可得唯一解，构造唯一的插值二次型。

令 $\boldsymbol{A}_{i,k} = \frac{1}{2}\left\{(\boldsymbol{U}_i-\boldsymbol{U}_0)^{\mathrm{T}}(\boldsymbol{U}_k-\boldsymbol{U}_0)\right\}^2, 1 \leqslant i, k \leqslant N_{\mathrm{m}}$，将上述过程写成矩阵的形式为

$$\begin{pmatrix} A & e & X^{\mathrm{T}} \\ e^{\mathrm{T}} & 0 & 0 \\ X & 0 & 0 \end{pmatrix} \begin{pmatrix} \lambda \\ c \\ g \end{pmatrix} = \begin{pmatrix} F \\ 0 \\ 0 \end{pmatrix} \tag{5-71}$$

3. 信赖域算法

以上两小节中介绍了构造近似二次型的方法，得到了一个与目标函数近似的二次函数，可以采用信赖域算法对该函数进行求解。信赖域算法能够避免在线性搜索算法中由于搜索半径选择不当而造成的不收敛问题。

5.5.4　混合型算法

由上述可知，在油藏生产优化中经常使用三种算法：近似梯度算法、全局随机算法和插值型算法，不少石油工作者试图将各种各样的优化算法引入到油藏生产优化中。但是，各种算法都存在缺陷，单一的算法能够成功地解决某些问题。为了综合各种算法的优点，有效避开其缺点，需要仔细地研究各种算法的优缺点，将两种或者两种以上的算法进行有效组合，形成更加有效的算法。

1. 近似梯度算法和 PSO 算法结合

由式(5-54)可以看出，在更新下一个迭代点时，粒子的速度由三部分组成：惯性部分、认知部分和社会部分。这样的组合看似考虑到了所有方面，但是仔细研究可以发现它存在以下缺点。

(1)迭代开始时，粒子的更新方向主要取决于单个粒子上一步的更新方向(惯性)。但是，由于初始时刻不能确定粒子的搜索方向，一般随机生成一组随机数，初始搜索方向不具有任何指导性。

(2)由 PSO 算法在认知部分和社会部分上增加了一个随机数，理论上属于全局搜索算法。但是，当初始点选择不恰当时，往往会陷于局部最优解。同时由于在局部最优点处，认知部分和社会部分的效应为很小，随机作用失效，使问题陷于局部最优解。

(3)粒子的数目不好确定，当选取粒子数目较少时，容易陷入具备最优解；当选取粒子数目较多时，迭代一次所需要的数值模拟次数增加，严重影响了优化速度。

针对 PSO 算法的缺点，可以结合近似梯度算法(SPSA、EnOpt 等)对其提出相应的改进措施。

(1)初始时刻的粒子速度不采用随机生成的一组数据，利用近似梯度算法得到近似的函数值增大方向，作为初始的粒子速度，这样避免了初始速度选择的盲目性。

(2)关于当前迭代步下，全局最优粒子的速度更新采用与其他粒子更新不同的策略，如式(5-72)所示。

$$v_{ij}^{t+1} = \begin{cases} \alpha_{t+1}\hat{g}_j(GU), & PU_i = GU \\ c_0 v_{ij}^t + c_1 r_1 \left(pu_{ij}^t - u_{ij}^t \right) + c_2 r_2 \left(gu_j^t - u_{ij}^t \right), & 其他 \end{cases} \tag{5-72}$$

式中，$\hat{g}_j(GU)$ 为由近似梯度算法得到的搜索方向；a_{t+1} 为第 $t+1$ 迭代步的时间步长。

（3）在 PSO 标准算法中，为了避免所求的解陷于局部最优解，常需要所取得粒子群数目非常大。在计算过程中，随着收敛程度的增加，很多解趋近与同一个点。但是，每一个点都必须进行计算，这样就会有很多重复计算，大大减慢了收敛速度。为了尽量减少重复计算的次数，数值模拟前可以首先做一个判断，如果两个值比较接近，可以不计算其中一个值或重新生成一个随机数，加入到全局搜索中。

其中，$\|PU_i - PU_j\|$ 为粒子 i 与粒子 j 找到的最优解之间的插值。首先按照表 5-2 的规则生成粒子之间两两向量差值的二范数。按照序号逐一进行扫描，如果 $\|PU_i - PU_j\|_2 < \varepsilon$，则按照式(5-73)或式(5-74)更新节点。

表 5-2　两个粒子的距离

$\|\cdot\|_2$	PU_1^t	PU_2^t	$\cdots$	PU_{M-1}^t	PU_M^t
PU_1^t	0	$\|PU_2^t - PU_1^t\|_2$	$\cdots$	$\|PU_{M-1}^t - PU_1^t\|_2$	$\|PU_M^t - PU_1^t\|_2$
PU_2^t	$\|PU_1^t - PU_2^t\|_2$	0	$\cdots$	$\|PU_{M-1}^t - PU_2^t\|_2$	$\|PU_M^t - PU_2^t\|_2$
$\vdots$	$\vdots$	$\vdots$	0	$\vdots$	$\vdots$
PU_{M-1}^t	$\|PU_1^t - PU_{M-1}^t\|_2$	$\|PU_2^t - PU_{M-1}^t\|_2$	$\cdots$	0	$\|PU_M^t - PU_{M-1}^t\|_2$
PU_M^t	$\|PU_1^t - PU_M^t\|_2$	$\|PU_2^t - PU_M^t\|_2$	$\cdots$	$\|PU_{M-1}^t - PU_M^t\|_2$	0

当 $i>j$ 时，

$$\begin{cases} U_i^t = \text{rand}(U) \\ PU_i^t = U_i^t \\ PF_i^t = 0 \end{cases} \quad \begin{cases} U_j^t = U_j^t \\ PU_j^t = PU_j^t \\ PF_j^t = PF_j^t \end{cases} \quad (5\text{-}73)$$

当 $i<j$ 时，

$$\begin{cases} U_j^t = \text{rand}(U) \\ PU_j^t = X_j^t \\ PF_j^t = 0 \end{cases} \quad \begin{cases} U_i^t = U_i^t \\ PU_i^t = PU_i^t \\ PF_i^t = PF_i^t \end{cases} \quad (5\text{-}74)$$

通过这样的处理，可以使在尽量减少粒子群数目的同时，增加算法的随机性。

2. 近似梯度算法和插值型算法相结合

很多实例表明，利用二次函数逼近原函数的处理方法，能够快速找到最优解，并且能够有效避免由于搜索半径选取不当引起的无效搜索等问题。但是插值型算法在油藏生产优化中很少使用，原因之一为每迭代一次便需要重新构造插值二次型。但是，目标函数关于控制变量的导数不能通过解析方法得到，通常需要利用有限差分方法求取。每次构造近似二次型的计算代价太大，以至不能够应用在油藏生产优化中。

尽管 Powell[33] 提出了改进的二次型算法（Newoua 算法），如前面章节所介绍的，这样构造二次型仍至少需要 $N+1$ 次数值模拟，大大增加了算法的实用性。但是，由于油藏生产优化中井的数目比较多，生产时间比较长，涉及的变量比较多，所需要的计算代价仍然比较大。鉴于此问题，仍需要对该方法进行改进。

由于某些近似梯度算法，可以扰动一次即得到目标函数对控制变量的梯度。鉴于此，可以如式 (5-75) 重新构造插值二次型：

$$Q(\boldsymbol{U}) = J(\boldsymbol{U}_{\mathrm{opt}}^k) + \hat{g}(\boldsymbol{U}_{\mathrm{opt}}^k)^{\mathrm{T}}(\boldsymbol{U} - \boldsymbol{U}^t) + \frac{1}{2}(\boldsymbol{U} - \boldsymbol{U}_{\mathrm{opt}}^k)^{\mathrm{T}} \boldsymbol{H}(\boldsymbol{U} - \boldsymbol{U}_{\mathrm{opt}}^k) \tag{5-75}$$

式中，$\boldsymbol{U}^k$ 为第 k 个迭代步的控制变量；$\hat{g}(\boldsymbol{U}^k)$ 为用近似梯度算法求取的近似梯度；$\boldsymbol{H}$ 为 Hession 矩阵，采用最小 F-范数的方法进行求取。

对于 SPSA 算法来说，通过扰动一次便可以求得 $\hat{g}(\boldsymbol{U}^k)$，所以构造插值二次型最少需要两次油藏数值模拟，大大减少了模拟的次数。以下将详细介绍该插值二次型的构造，简称为 QIM-AG 算法[22]。

根据 Powell 的思路，构造插值二次型可以等效为以下最小值问题：

$$\mathrm{Min} \qquad \frac{1}{4}\left\|\boldsymbol{H}^{k+1}\right\|_F^2 = \frac{1}{4}\sum_{i=1}^N \sum_{j=1}^N (H_{i,j}^{k+1})^2 \tag{5-76}$$
$$\mathrm{s.t.} \qquad Q(\boldsymbol{U}_l^{k+1}) = J(\boldsymbol{U}_l^{k+1}), \qquad l = 1, 2, \cdots M$$

对上述问题，构造拉格朗日函数如式 (5-76) 所示：

$$\begin{aligned} L(\boldsymbol{H}^{k+1}, \lambda^{k+1}) &= \frac{1}{4}\sum_{i=1}^N \sum_{i=1}^N (H_{i,j}^{k+1})^2 - \sum_{l=1}^M \lambda_l^{k+1}\left[Q(\boldsymbol{U}_l^{k+1}) - J(\boldsymbol{U}_l^{k+1})\right]^2 \\ &= \frac{1}{4}\sum_{i=1}^N \sum_{i=1}^N (H_{i,j}^k)^2 \\ &\quad -\sum_{l=1}^M \lambda_l^k\left[J(\boldsymbol{U}_{\mathrm{opt}}^k) + \hat{g}(\boldsymbol{U}_{\mathrm{opt}}^k)^{\mathrm{T}}(\boldsymbol{U} - \boldsymbol{U}^t) + \frac{1}{2}(\boldsymbol{U} - \boldsymbol{U}_{\mathrm{opt}}^k)^{\mathrm{T}} H(\boldsymbol{U} - \boldsymbol{U}_{\mathrm{opt}}^k) - J(\boldsymbol{U}_l^k)\right]^2 \end{aligned} \tag{5-77}$$

对拉格朗日函数求取偏导数得

$$\nabla_{H_{i,j}^k} L = \frac{1}{2} H_{i,j}^{k+1} - \frac{1}{2}\sum_{l=1}^M \lambda_l^{k+1}\left[(u_{l,i}^{k+1} - u_{\mathrm{opt},i}^k)(u_{l,j}^{k+1} - u_{\mathrm{opt},j}^k)\right], \quad 1 < i, j < M \tag{5-78}$$

得

$$H_{i,j}^{k+1} = \sum_{l=1}^M \lambda_l^{k+1}\left[(u_{l,i}^{k+1} - u_{\mathrm{opt},i}^k)(u_{l,j}^{k+1} - u_{\mathrm{opt},j}^k)\right], \quad 1 < i, j < M$$

处理成矩阵的形式，则有

$$H^{k+1} = \sum_{l=1}^{M} \lambda_l^{k+1} \left[(U_l^{k+1} - U_{\text{opt}}^k)(U_l^{k+1} - U_{\text{opt}}^k) \right] \tag{5-79}$$

由式(5-79)可以看出，矩阵 H^{k+1} 为一对称矩阵，且当所有的拉格朗日算法 λ_l^{k+1} 为正数时，矩阵 H^{k+1} 为正定矩阵。将式(5-79)代入式(5-77)得到新的插值二次型：

$$\begin{aligned} Q(u) = {}& J(U_{\text{opt}}^k) + \hat{g}(U_{\text{opt}}^k)^{\mathrm{T}}(U - U^t) \\ & + \frac{1}{2} \sum_{l=1}^{M} \lambda_l^{k+1} \left[(U - U_{\text{opt}}^k)^{\mathrm{T}}(U^{k+1} - U_{\text{opt}}^k) \right]^2 \end{aligned} \tag{5-80}$$

式(5-80)中，仅有拉格朗日算子 λ_l^{k+1} 未知，将其代入式(5-76)所示的 M 个插值节点中，可以得到 M 个线性方程组，方程组数和拉格朗日乘子的数目相同，因此可以得到唯一的解。该线性方程组以矩阵形式表示为

$$A\lambda^{k+1} = \mathbf{R}^{k+1} \tag{5-81}$$

式中，$\lambda^{k+1} = \left[\lambda_1^{k+1}, \lambda_2^{k+1}, \cdots, \lambda_M^{k+1} \right]$；$A \in \mathbf{R}^{N \times N}$，各个元素可以表示为

$$A_{i,j}^{k+1} = \frac{1}{2}(U_i^{k+1} - U_{\text{opt}}^k)(U_j^{k+1} - U_{\text{opt}}^k), \qquad 1 < i, j < N \tag{5-82}$$

求解线性方程组式(5-81)可以获得相应的拉格朗日乘子，将其代入到式(5-77)中，最终得到原目标函数的插值二次型。在计算过程中，插值节点的个数可以视情况增加或者减少，这样大大提高了已知节点的利用效率，使得构造的插值二次型在全局上更加接近原目标函数。

3. 近似梯度算法和有限差分相结合

随机梯度优化算法(如 SPSA、EnOpt 等)，由于计算简单，且容易实现与任何油藏模拟器结合，因此得到了广泛应用。然而，随机梯度仅能提供真实梯度的粗略近似值，尽管通过适当方法得到的随机梯度可以保证对于最大化问题而言恒为上升方向，但是研究表明，随机梯度与其真实的梯度方向仍相差甚远。

在此基础上提出了一种更加稳定有效的优化方法，将随机梯度(stochastic gradient，SG)与有限差分梯度(finite difference，FD)相结合，称为 SGFD 方法[34]，是介于梯度算法与随机近似算法之间的一种方法，既能在计算代价上远小于有限差分方法，又能在近似梯度的准确率上远优于随机梯度方法，优化效果可逼近伴随梯度算法。SGFD 方法的提出不仅摆脱了有限差分法计算代价太大而在实际应用中难以实现的问题，而且解决了伴随梯度难以结合商业模拟器应用的局限性，不必求解伴随矩阵，易与任意油藏模拟器结合，同时，大幅度地提高了随机近似梯度的准确性，改善了算法的优化质量。

以下为 SGFD 方法的基本求解步骤。

初始化：选择搜索方向所允许的最低准确率 ε，用当前搜索方向 ∇J_{D} 与真实梯度方向夹角的余弦来表征；设定在迭代步 m 中利用有限差分进行重新计算的重要元素的个数 n_{key}；选择扰动大小 α。

(1)利用随机梯度方法求解近似梯度。为了更具体化，这里以 GPSA 近似梯度为例。取 $z^{(j)} \sim N(0, I_{N_x})$，$j=1,2,\cdots,N_{\mathrm{e}}$，GPSA 梯度的计算公式为

$$\hat{g}(x^{\ell-1}) = \frac{1}{N_{\mathrm{e}}}\sum_{j=1}^{N_{\mathrm{e}}}\left[\frac{J(x^{\ell-1}+\alpha z^{(j)})-J(x^{\ell-1})}{\alpha}\right]z^{(j)} \tag{5-83}$$

式中，α 为扰动大小；N_{e} 为梯度样本个数；$x^{\ell-1}$ 为第 $\ell-1$ 代决策变量。

(2)在随机梯度 $\hat{g}(x^{\ell-1})$ 中，将下标在集合 $I_{\mathrm{U}}^{(m-1)}$ 中的分量按绝对值从大到小排列，即

$$\left|\hat{g}_{k_1}\right| \geqslant \left|\hat{g}_{k_2}\right| \geqslant \cdots \geqslant \left|\hat{g}_{k_{\mathrm{key}}}\right| \geqslant \cdots \geqslant \left|\hat{g}_{k_{n_{\mathrm{U}}^{(m-1)}}}\right| \tag{5-84}$$

选取前面 n_{key} 个元素记作"重要元素"，更新"重要元素"集合 $I_{\mathrm{D}}^{(m)}$ 及个数 $n_{\mathrm{D}}^{(m)}$：

$$I_{\mathrm{D}}^{(m)} = I_{\mathrm{D}}^{(m-1)} \bigcup \left\{k_1,\cdots,k_{n_{\mathrm{key}}}\right\} \tag{5-85}$$

$$n_{\mathrm{D}}^{(m)} = n_{\mathrm{D}}^{(m-1)} + n_{\mathrm{key}} \tag{5-86}$$

更新 $I_{\mathrm{U}}^{(m)}$：

$$I_{\mathrm{U}}^{(m)} = I\,/\,I_{\mathrm{D}}^{(m)} \tag{5-87}$$

式(5-87)中，符号" / "代表集合补集求解。因此，$I_{\mathrm{U}}^{(m)}$ 为不在集合 $I_{\mathrm{D}}^{(m)}$ 的所有元素的集合。然后，用有限差分重新计算集合 $I_{\mathrm{D}}^{(m)}$ 中的第 k 个"重要元素"，进而得到逼真梯度 $\nabla J_{\mathrm{D}}^{(m)}(x^{\ell-1})$。

$$\frac{\partial J}{\partial x_k}(x^{\ell-1}) \approx \frac{J(x^{\ell-1}+\alpha e_k)-J(x^{\ell-1})}{\alpha}, \quad k \in I_{\mathrm{D}}^{(m)} \tag{5-88}$$

(3)在上一步通过有限差分求解获得 $\frac{\partial J}{\partial x_k}(x^{\ell-1})$ 之后，计算 $\Delta J_{\mathrm{D}}^{(j),m}$ 与 $\Delta J_{\mathrm{U}}^{(j),m}$：

$$\Delta J_{\mathrm{D}}^{(j),m}(x^{\ell-1}) = \sum_{k\in I_{\mathrm{D}}^{(m)}} \alpha z_k^{(j)}\frac{\partial J}{\partial x_k}(x^{\ell-1}), \quad j=1,\cdots,N_{\mathrm{e}} \tag{5-89}$$

$$\Delta J_{\mathrm{U}}^{(j),m}(x^{\ell-1}) = \Delta J^{(j)}(x^{\ell-1}) - \Delta J_{\mathrm{D}}^{(j),m}(x^{\ell-1}), \quad j=1,\cdots,N_{\mathrm{e}} \tag{5-90}$$

(4)判断逼真梯度 $\nabla J_{\mathrm{D}}^{(m)}$ 与未知的真实梯度的方向夹角 θ 是否充分小，即利用下面公式计算 $\cos\theta$，判断是否满足最低准确率 ε：

$$\cos\theta = \sqrt{1 - \frac{E\left\{\left[\Delta J_{\mathrm{U}}^{(m)}(x^{\ell-1})\right]^2\right\}}{E\left\{\left[\Delta J(x^{\ell-1})\right]^2\right\}}} \tag{5-91}$$

通过计算夹角的余弦值，可以判断当前的逼真梯度是否与真实梯度接近。一旦当 $\cos\theta \geqslant \varepsilon$ 时，令 $d^\ell = \nabla J_{\mathrm{D}}^{(m)}$，退出循环。

(5) 若 $\cos\theta < \varepsilon$，判断在集合 $I_{\mathrm{D}}^{(m)}$ 中根据随机梯度判断的"重要"元素，是否真正对应于真实梯度中的重要元素。

重复所有步骤，直到逼真梯度 $\nabla J_{\mathrm{D}}^{(m)}$ 满足准确度条件 $\cos\theta \geqslant \varepsilon$。需要注意的是，样本个数 N_{e} 及通过有限差分计算的"重要"元素的个数 n_{D} 不是固定不变的，而是由迭代过程中根据当前 $\nabla J_{\mathrm{D}}(x^{\ell-1})$ 准确性自适应确定。

随机梯度与有限差分方法结合的 SGFD 方法解决了随机近似梯度准确率低的问题，同时给出了逼真梯度的评价方法，为目前现有各种随机近似梯度算法的改进研究提供了一个新思路。

5.5.5　无约束的油藏生产优化案例

1. 油藏的基本参数

该模型为两维两相油藏模型，油藏与井的模型如图 5-7 所示。整个油藏模型中含有 5 口生产井和 5 口注水井。油藏面积为 450m×450m，厚度为 10m，整个模型为一个 45×45×1 的二维网格非均质模型。流体为微可压缩油、水两相流体，束缚水饱和度为 0.1，残余油饱和度为 0.1，地层的原始压力为 20MPa。

图 5-7 为该油藏的渗透率场分布。从图中可以看出，该模型具有两条高渗条带，分别位于北侧和南侧，在该油藏中共布有 5 口生产井(位于油藏东部)和 5 口注水井(位于油

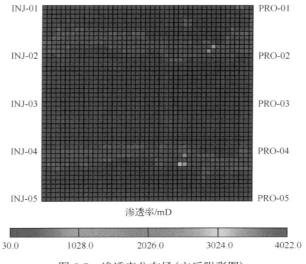

图 5-7　渗透率分布场(文后附彩图)

藏西部）。其中，注水井 INJ-02 井和生产井 PRO-02 井之间有一条高渗条带；注水井和 PRO-04 井之间联系着另一条高渗条带。

根据前面的理论研究，优化过程中，注入井采用定流量控制，生产井采用定井底流压控制。给定初始的生产制度，每口注水井的注入量为 45cm³/d，生产井的井底流压为 10MPa。总的生产时间为 1800d，每隔 180d 对生产井和注水井的工作制度进行一次大的调控。因此，整个过程中总共有(5+5)×10=100 个变量。

原油的销售价格为 4000 元/m³，产出水的处理费用为 500 元/m³，注入水的注入费用为 300 元/m³，折现率为 10%。

2. 优化结果分析

在计算中，各种算法用到的参数取值如下：SPSA 算法中，扰动步长取值为 0.1，计算一次近似梯度需要的平均扰动次数为 5；EnOpt 算法中，扰动向量采用高斯型分布，计算一次近似梯度需要计算函数值次数为 5 次；基于方向导数的梯度，该案例中采用 Bernulle 分布，计算一次近似梯度需要的扰动次数为 5；PSO 算法中，粒子群大小为 20；Newoua 算法中，初始插值节点的个数选择为 $N+1$。

各种优化算法在计算过程中的初始值均相同，生产井的井底流压(BHP)为 10MPa，注水井的注入速度为 45m³/d，各种允许的最大数值模拟次数为 800 次。图 5-8 给出了各种算法的 NPV 随着模拟次数的变化情况。可以看出，Newoua 算法最终的 NPV 最高，可以达到 $6.44×10^8$ 元；EnOpt 算法的 NPV 居于其次，为 $6.35×10^8$ 元；QIM 算法初期的运算速度很快，经过 321 次油藏数值模拟，其 NPV 收敛于 $6.14×10^8$ 元；由于基于方向导数的算法每次沿着对角线搜索，其收敛速度相对较慢，其最终的 NPV 为 $6.12×10^8$ 元；标准 SPSA 算法具有很大的随机性，在该次运算中，其最终 NPV 为 $5.87×10^8$ 元；PSO 算法的效果最差，主要原因是 PSO 算法理论上属于全局收敛算法，但是需要的初始估计

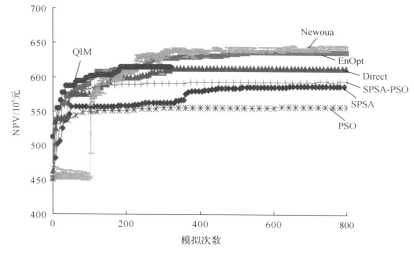

图 5-8　数值模拟次数与 NPV 关系曲线

值很多，当减少初始估计值的个数时，PSO 的全局收敛性就会遭到破坏，而过早的收敛，其最终的 NPV 为 5.59×10^8 元；经过改进后，PSO 算法能够有所提高，用改进后的 PSO 算法得到的 NPV 为 5.95×10^8 元。

图 5-9 显示了常规生产控制方法和利用各种优化算法得到的各种开发方案的最终剩余油饱和度分布场。从图中可以看出，由于高渗条带的存在，按照常规方法进行控制，导致油藏注水过早突破，油藏整体的波及系数比较低，尤其是中间部分，只留了大量的剩余油。但是，经过各种算法优化后得到的方案，虽然中间仍残存了剩余油，但是剩余油明显减少，有效地提高了水驱波及系数，提高了油藏的最终采收率。整体来说，利用 Newoua 方法得到的剩余油分布场最好，其采出程度较高，其次是近似梯度算法中的 EnOpt 算法和基于方向导数的算法，这和利用 NPV 分析得到的结果相符合。

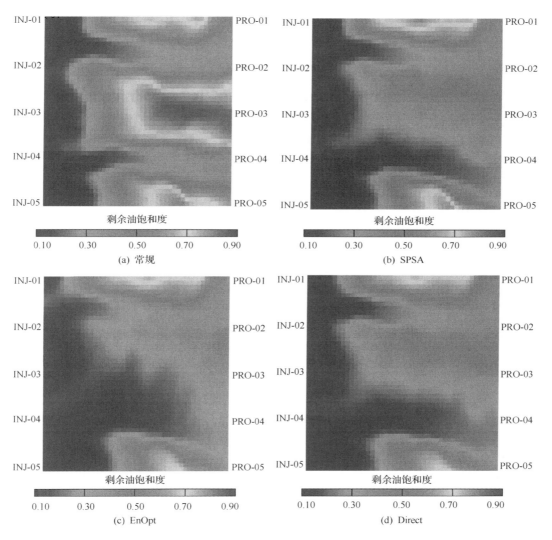

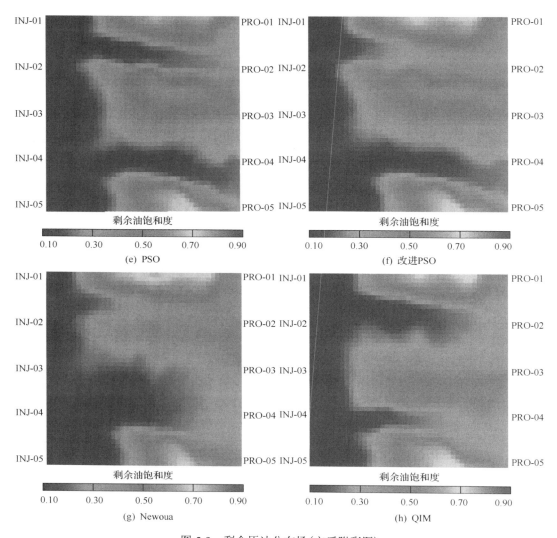

图 5-9　剩余原油分布场(文后附彩图)

图 5-10 显示了各种优化算法得到的油水井的生产调控图。由于 PRO-02 井与 INJ-02 井之间有一个高渗条带,并且生产井 PRO-04 井与注水井 INJ-04 井之间有一个高渗条带,并且这两条高渗条带都在主渗透率的方向上。按照常规的思路是将处在高渗条带上的井全部关掉,这样子在一定程度上能够控制水的突进问题。但是,这样造成井的利用率下降,并且不能形成最有效的波及。多种优化思路给出的生产调控方案不尽相同,但是都反映出这样一个特点:即各口井之间的生产存在相互干扰关系,为了使整体油藏的采收率达到最大值,必须协调多口井的作用。例如,在 SPSA 算法得到的优化结果中,处于高渗条带上的注水井 INJ-04 井并没有关掉,相反一直以较大的注入量投入生产,主要原因是由于生产井 PRO-03 井的井底流压一直处于最高状态。虽然有高渗条带连接,两者之间并不形成指进现象。相反,由注水井 INJ-04 井注入的大量水在高渗条带中形成带状"水线",在地层中较均匀地推进。

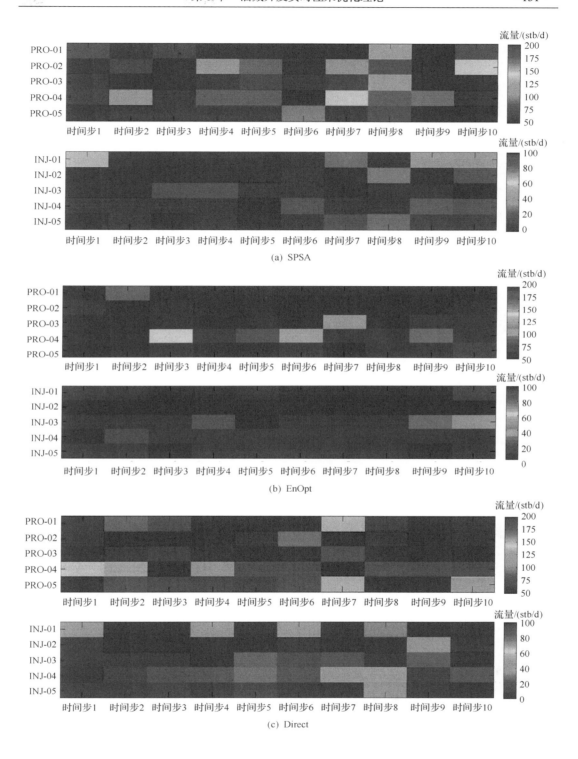

(a) SPSA

(b) EnOpt

(c) Direct

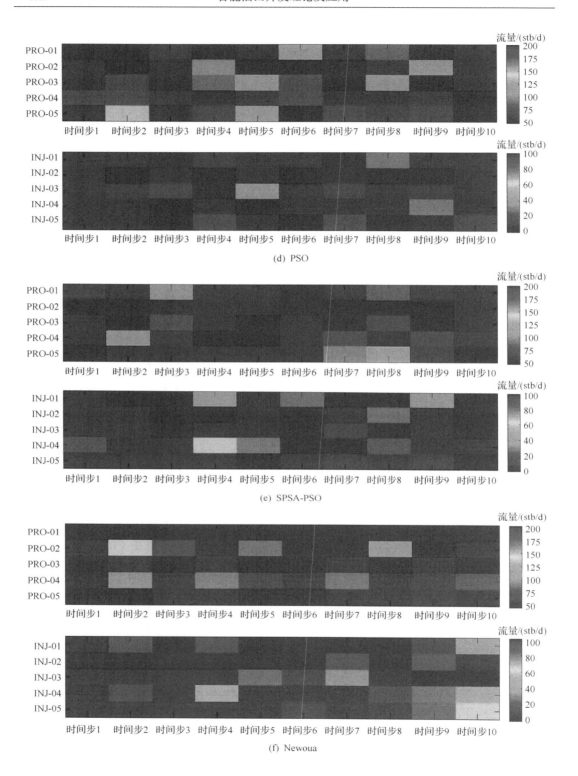

(d) PSO

(e) SPSA-PSO

(f) Newoua

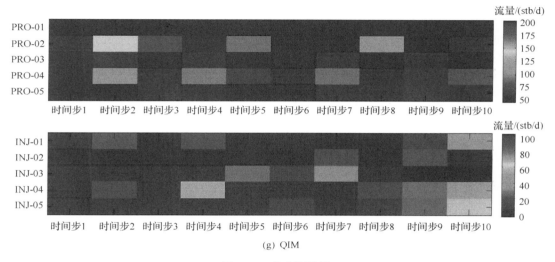

(g) QIM

图 5-10　单井调控图

5.6　约束条件的处理方法

5.6.1　边界约束的处理方法

在油藏生产过程中，由于设备能力的限制，注入井的注入量或生产井的产出量都必须在一定的范围内，这样等于对控制变量的上限和下限，如式 (5-92) 所示。这种约束叫做边界约束。处理边界约束的方法主要有截断法和对数变换法。

1. 截断法

对于控制变量 $u = \{u_1, u_2, \cdots u_N\} \in \mathbf{R}^N$，其中 N 为控制变量的维数。每一个变量都必须满足：

$$u_i^{\min} \leqslant u_i \leqslant u_i^{\max} \tag{5-92}$$

但是，由于在利用上一步的迭代结果 $u^{(k)}$ 产生新的控制变量 $u^{(k+1)}$ 的过程中，如式 (5-93) 所示。由于步长的选择，可能不满足式 (5-92)，这时需要对新产生的控制变量进行人为处理，强制限制在所要求的范围内：

$$u^{(k+1)} = u^{(k)} + \alpha_k \hat{g}^{(k)} \tag{5-93}$$

$$u_i^{(k+1)} = \begin{cases} u_i^{\min} + \varepsilon, & u_i^{(k+1)} \leqslant u_i^{\min} \\ u_i^{(k+1)}, & u_i^{\min} < u_i^{(k+1)} < u_i^{\max} \\ u_i^{\max} - \varepsilon, & u_i^{(k+1)} > u_i^{\max} \end{cases} \tag{5-94}$$

利用截断方法处理后，能够保证所有的结果在控制范围以内，但是这样得到的解不能够保证新搜索方向为上山方向(求最大值问题)。

2. 对数变换法

对于边界约束，另一种处理思路是通过函数变换关系，将原来的有限的数值转化为无限的数值，在另一个空间中求取最优值。此时，另一个空间中的最优值已经不受边界的限制。最后，利用对数反变换原则转化到原空间中，即可以得到原空间的最优值。常用的变换函数如式(5-95)所示：

$$s_i^{(k)} = \ln\left(\frac{u_i^{(k)} - u_i^{\min}}{u_i^{\max} - u_i^{(k)}}\right), \quad i = 1, 2, \cdots, N \tag{5-95}$$

式中，$u_i^{(k)}$ 为第 k 个迭代步控制变量的第 i 个分量；$u_i^{\min}$ 为控制变量第 i 个分量的下边界；$u_{\max}^m$ 为控制变量第 i 个分量的上边界；$s_i^{(k)}$ 为对数变换后的第 k 个迭代步控制变量的第 i 个分量。

每次运算结束后，所有的油水井控制变量都应该进行对数反变换，转化为原空间中的控制变量，如式(5-96)所示：

$$u_i^{(k)} = \frac{\exp\left(s_i^{(k)}\right) u_i^{\max} + u_i^{\min}}{1 + \exp\left(s_i^{(k)}\right)} = \frac{u_i^{\max} + u_i^{\min} \exp\left(-s_i^{(k)}\right)}{1 + \exp\left(-s_i^{(k)}\right)} \tag{5-96}$$

$u_i^{(k)}$ 对 $s_i^{(k)}$ 求导数，得

$$\frac{\mathrm{d}s_i^{(k)}}{\mathrm{d}u_i^{(k)}} = \frac{(u_i^{(k)} - u_i^{\min})(u_i^{\max} - u_i^{(k)})}{u_i^{\max} - u_i^{\min}} \tag{5-97}$$

5.6.2 一般约束的处理方法

1. 增广拉格朗日方法

在增广拉格朗日方法中，将等式约束和非等式约束作为惩罚项，与目标函数一起构造新的拉格朗日函数为[21, 35]

$$L(x, u, \lambda, \mu) = J - \sum_{i=1}^{n_e} \varphi_i(x, u) - \sum_{j=1}^{n_c} \psi_j(x, u) \tag{5-98}$$

式中，n_e 为等式约束个数；n_c 为不等式约束个数；函数 $\varphi_i(x, u)$ 和函数 $\psi_i(x, u)$ 分别定义为

$$\varphi_i(x, u) = \lambda_{e,i} e_i(x, u) + \frac{1}{2\mu}\left[e_i(x, u)\right]^2 \tag{5-99}$$

$$\psi_j(x,u) = \lambda_{e,j}\left[c_j(x,u)+v_j\right] + \frac{1}{2\mu}\left[c_j(x,u)+v_j\right]^2 \tag{5-100}$$

式(5-98)~式(5-100)中，μ 为惩罚因子；$\lambda_{e,i}$ 为第 i 个等式约束条件对应的拉格朗日因子；$\lambda_{c,j}$ 为第 j 个非等式约束条件对应的拉格朗日因子；v_j 为第 j 个引入的松弛变量；主要是将非等式约束变换为等式约束。

对第 j 个松弛变量求导数得

$$\frac{\partial L}{\partial v_j} = -\frac{\partial \varphi_j}{\partial v_j} = -\lambda_{c,j} - \frac{1}{\mu}\left[c_i(x,u)+v_j\right] \tag{5-101}$$

当偏导数等于零时，可以得到松弛变量的表达式为

$$v_j = -c_j(x,u) - \mu\lambda_{c,j} \tag{5-102}$$

由式(5-102)可以看出，当 $c_j(x,u)+u\lambda_{c,j}>0$ 时，$v_j<0$，松弛变量为负值，此时取其下限 $v_j=0$；将式(5-102)代入式(5-100)中，可以得到函数 $\psi_j(x,u)$ 是关于不等式 c_j 的二次函数，即

$$\psi_j(x,u) = \lambda_{c,j}c(x,u) + \frac{1}{2\mu}\left[c_j(x,u)\right]^2 \tag{5-103}$$

否则，$\psi_j(x,u)$ 为一个常数，即

$$\psi_j(x,u) = -\frac{\mu}{2}\lambda_{c,j}{}^2 \tag{5-104}$$

经过以上的处理后，松弛因子可以消去，代入式(5-98)中，可以得到新的拉格朗日函数：

$$L(x,u,\lambda,\mu) = J - \sum_{i=1}^{n_e}\varphi_i(x,u) - \sum_{j=1}^{n_c}\psi_j(x,u) \tag{5-105}$$

其中，$\varphi_i(x,u)$ 保持不变；$\psi_i(x,u)$ 应该分段记为

$$\psi_i(x,u) = \begin{cases} \lambda_{c,j}c_j(x,u) + \frac{1}{2\mu}\left[c_j(x,u)\right]^2, & c_j(x,u)+\mu\lambda_{c,j}>0 \\ -\frac{\mu}{2}\left(\lambda_{c,j}\right)^2, & c_j(x,u)+\mu\lambda_{c,j}\leqslant 0 \end{cases} \tag{5-106}$$

2. 投影梯度方法

1960 年，Rosen 首次提出了投影梯度方法[36]，其主要思想是当迭代点位于可行域的内部时，以该点的梯度方向作为上升可行方向；当迭代点在可行域的边界上且梯度方向

指向可行域的外部时，取该点梯度方向在边界上的投影为上升可行方向。重复迭代过程，当可行方向为零向量时，停止迭代过程，得到问题的极大值。因此，投影梯度方法是最速下降方法的一种近似方法。

投影梯度方法主要用于处于线性约束，假设所求的最优化问题为

$$\begin{aligned} \max \quad & f(\boldsymbol{x}) \\ \text{s.t.} \quad & g_j(\boldsymbol{x}) = a_{ji}x_j - b_j \leqslant 0, \quad j=1,2,\cdots,N_1 \end{aligned} \tag{5-107}$$

式中，N_1 为线性约束的个数。

将约束条件表述成向量的形式为

$$\boldsymbol{g}_j^{\mathrm{T}} \cdot \boldsymbol{x} \leqslant b_j, \quad j=1,2,\cdots,N_1 \tag{5-108}$$

还可以表示成矩阵的形式：

$$\boldsymbol{A}_1 \boldsymbol{x} \leqslant \boldsymbol{b} \tag{5-109}$$

将上一步迭代值 $\boldsymbol{x}^{(k)}$ 代入约束条件中，找出能够取得等式的约束条件，记为

$$\boldsymbol{g}_j^{\mathrm{T}} \cdot \boldsymbol{x} = b_j, \quad j=1,2,\cdots,N_{\mathrm{a}} \tag{5-110}$$

式中，N_{a} 为有效约束的个数。

写成矩阵的形式：

$$\boldsymbol{g}_{\mathrm{a}} = \boldsymbol{N}^{\mathrm{T}} \boldsymbol{x} - \boldsymbol{b} = \boldsymbol{0} \tag{5-111}$$

投影梯度方法的基本思想是：$\boldsymbol{x}$ 位于垂直于各个有效约束的空间方向上。所以，计算 $\boldsymbol{x}$ 的位置应该是

$$\boldsymbol{x}^{(k+1)} = \boldsymbol{x}^{(k)} + \alpha_k \boldsymbol{s} \tag{5-112}$$

根据假设，$\boldsymbol{s}$ 的方向应该满足：$\boldsymbol{N}^{\mathrm{T}} \boldsymbol{s} = \boldsymbol{0}$。这样的方向并不唯一。当然，可以选择最快的下降方向，则应该满足：

$$\begin{aligned} \min \quad & \boldsymbol{s}^{\mathrm{T}} \nabla f \\ \text{s.t.} \quad & \boldsymbol{N}^{\mathrm{T}} \boldsymbol{s} = 0 \\ & \boldsymbol{s}^{\mathrm{T}} \boldsymbol{s} = 1 \end{aligned} \tag{5-113}$$

为了将上述优化问题转化为无约束问题，首先引入拉格朗日因子 λ、μ，则构造得到的拉格朗日函数为

$$L(\boldsymbol{s},\lambda,\mu) = \boldsymbol{s}^{\mathrm{T}} \nabla f - \boldsymbol{s}^{\mathrm{T}} \boldsymbol{N} \lambda - \mu\left(\boldsymbol{s}^{\mathrm{T}} \boldsymbol{s} - 1\right) \tag{5-114}$$

拉格朗日函数对 s 求偏导得

$$\nabla_s L(s, \lambda, \mu) = \nabla f - N\lambda - 2\mu s \tag{5-115}$$

当函数取得极大值时，满足：

$$\nabla_s L(s, \lambda, \mu) = 0 \tag{5-116}$$

对于式 (5-115)，两边同时乘以 N^{T}，则：

$$N^{\mathrm{T}}\nabla f - N^{\mathrm{T}}N\lambda - 2N^{\mathrm{T}}\mu s = 0 \tag{5-117}$$

根据式 (5-117)，可以化简为

$$N^{\mathrm{T}}\nabla f - N^{\mathrm{T}}N\lambda = 0 \tag{5-118}$$

利用式 (5-118)，可以求取 λ：

$$\lambda = \left(N^{\mathrm{T}}N\right)^{-1} N^{\mathrm{T}}\nabla f \tag{5-119}$$

将式 (5-119) 代入式 (5-115)，最终可以求得

$$s = \frac{1}{2\mu}\left[I - N(N^{\mathrm{T}}N)^{-1}N^{\mathrm{T}}\right]\Delta f = \frac{1}{2\mu}P\Delta f \tag{5-120}$$

令 $P = \left[I - N(N^{\mathrm{T}}N)^{-1}N^{\mathrm{T}}\right]$，式 (5-120) 可以简写为 $s = \dfrac{1}{2\mu}P\Delta f$，其中，$P$ 记为投影矩阵。因为 s 只定义了搜索的方向，$\dfrac{1}{2\mu}$ 作用不太重要，所以通常情况下取 $s = -P\Delta f$。

但是，对于存在非线性生产优化的问题，使用投影梯度方法时，应该注意两点：①首先将非线性的约束条件线性化处理；②对于非线性的约束需要增加一个纠正项。

对于存在非线性约束的优化问题，其一般模型为

$$\begin{aligned} \max \quad & f(x) \\ \text{s.t.} \quad & g_j(x) = a_{ji}x_j - b_j \leqslant 0, \quad j = 1, 2, \cdots, N_1 \\ & h_i(x) \leqslant 0, \quad\quad\quad\quad\quad i = 1, 2, \cdots, N_{\mathrm{nl}} \end{aligned} \tag{5-121}$$

式中，N_{nl} 为非线性约束的个数。

首先，将 N_{nl} 个非线性问题近似线性化处理，表述成 $A_2 x \leqslant 0$ 的形式。

$$h_i(x) \approx h_i\left(x^{(k)}\right) + \nabla h_i^{\mathrm{T}}\left(x - x^{(k)}\right) \tag{5-122}$$

和线性约束问题一同处理，令 $A = \begin{bmatrix} A_1 \\ A_2 \end{bmatrix}$，则原问题近似表述为

$$
\begin{aligned}
\max \quad & f(\boldsymbol{x}) \\
\text{s.t.} \quad & \boldsymbol{A}\boldsymbol{x} - \boldsymbol{b} \leqslant 0
\end{aligned}
\tag{5-123}
$$

然后，利用前面介绍过的线性约束的处理方法进行处理。值得注意的是，线性处理方法仅在一个很少的范围内具有很好的近似，因此需要对非线性处理项增加一个非线性纠正，如图 5-11 所示。

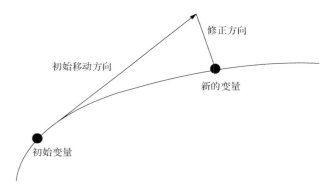

图 5-11　投影梯度方法搜索示意图

由图 5-11 可以看出，在垂直于切线的方向上满足 $\boldsymbol{P}\left(\boldsymbol{x} - \boldsymbol{x}^{(k)}\right) = 0$，若使线性化的方程更加逼近原函数，则尽量使后面一项等于 0。当令 $\nabla h_i = 0$ 时，则可以求解：

$$
\boldsymbol{x} - \boldsymbol{x}^{(k)} = -\boldsymbol{N}(\boldsymbol{N}^{\mathrm{T}}\boldsymbol{N})^{-1}\boldsymbol{g}_{\mathrm{a}}\left(\boldsymbol{x}^{(k)}\right)
\tag{5-124}
$$

因此对于非线性约束问题来说，其变量可以通过式（5-125）进行更新。

$$
\boldsymbol{u}_{i+1} = \boldsymbol{u}_i - \boldsymbol{N}\left(\boldsymbol{N}^{\mathrm{T}}\boldsymbol{N}\right)^{-1}\left(\boldsymbol{N}\boldsymbol{u} - \boldsymbol{b}\right) + \alpha\boldsymbol{g}_{\mathrm{t}}
\tag{5-125}
$$

式（5-124）和式（5-125）中，$\boldsymbol{g}_{\mathrm{a}}$ 和 $\boldsymbol{g}_{\mathrm{t}}$ 均表示被激活的约束向量。

5.6.3　考虑约束条件的生产优化

1. 油藏的基本参数

该模型为二维两项油藏模型，油藏与井的分布如图 5-12 所示。整个油藏模型中含有 9 口注水井和 4 口生产井。含油面积为 1000m×1000m，厚度为 8m，整个模型为一个 25×25×1 的二维网格非均质模型。流体为微可压缩油、水两相流体，束缚水饱和度为 0.3，残余油饱和度为 0.1，地层的原始压力为 26.2MPa。从图中可以看出，该模型具有三条高渗条带。

每口井每 180d 进行一次调控,总控制步数为 10,因此总的优化时间为 1800d,控制变量的个数为 (4+9)×10=130。

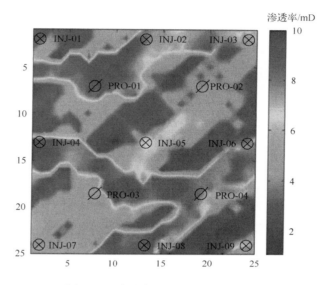

图 5-12 渗透率场分布(文后附彩图)

给出基础开发方案,设定所有生产井的产液量均为 220m³/d;对于注水井来说,角井的注入量为 55m³/d,边井的注入量为 110m³/d,中心注水井的注入量为 220m³/d。因此,整个油藏总的产液量为 880m³/d,总的注水量为 880m³/d,保持地面注采比为 1:1;1800d 总的注水量为 1 个孔隙倍数。在优化过程中,始终保持油藏总的产液量和注水量不变。所有的注水井均基于流量控制,其上、下边界分别为 500m³/d 和 5m³/d;所有的生产井都基于定产液量控制,其上、下边界分别为 500m³/d 和 5m³/d。

由于对油藏整体注水量的约束,注水费用为定值,在目标函数中可以不予考虑,故将注水费用设为 0。

对于近似梯度算法,用投影梯度方法对约束条件进行处理;对于插值型算法,采用增广拉格朗日方法对约束条件进行处理。

对于 SPSA 算法中的各参数的取值:$\alpha = 6$,$A = 2$,$c = 0.1$,$a = 0.9$,$\gamma = 0.9$。每个迭代步需要 5 次扰动计算近似梯度。

对于 Direct 算法中每次迭代需要 5 次数值模拟进行近似梯度计算。

2. 优化结果分析

优化得到的 NPV 如图 5-13 所示,基于初始估计得到的 NPV 为 8.23×10^8 元,利用 QIM-Lag 算法进行优化后,NPV 为 1.0×10^9 元,增幅为 22.45%。利用 Direct+Proj、EnOpt+Proj 方法进行优化后,NPV 分别为 9.9×10^8 元、1.0×10^9 元,NPV 分别增加了 21.42%、22.45%。

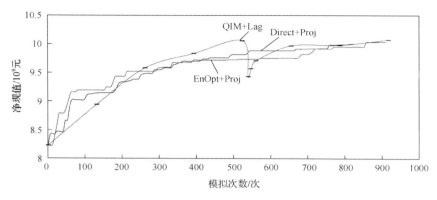

图 5-13　模拟次数与 NPV 关系图

　　三种处理方法得到的优化结果相差不大，但是增广拉格朗日方法的使用比投影梯度方法难度大，所以投影梯度方法可以很轻松地实现对约束条件的处理，并且优化结果较好。NPV 增加的主要原因可以从图 5-14～图 5-16 看出，在优化前后的累注水和累产液一致的情况下，由于改变了各口井的工作制度，油藏的产油量增加，所得收入增加，同时油藏的产水量减小，水处理的成本降低。因此，整个油藏的 NPV 很大幅度增加。

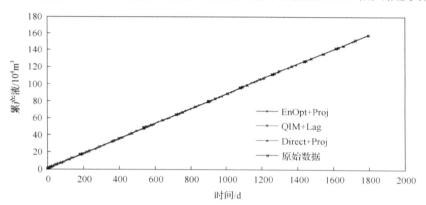

图 5-14　累产液随时间变化关系图

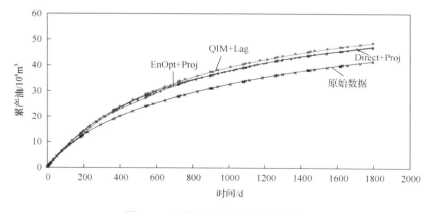

图 5-15　累产油随时间变化关系图

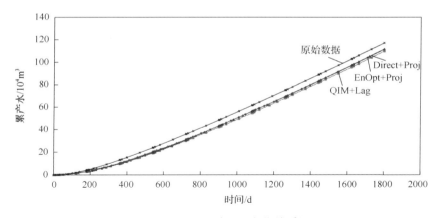

图 5-16　累产水随时间变化关系图

图 5-17 给出了基础开发方案和经过三种算法优化后获得的油藏剩余油饱和度分布。
结果显示，经过优化后油藏的波及系数得到了明显的提高，由于油藏高渗带存在引起的
注入水指进等现象得到了较好的控制，整个油藏的驱替更加均匀。

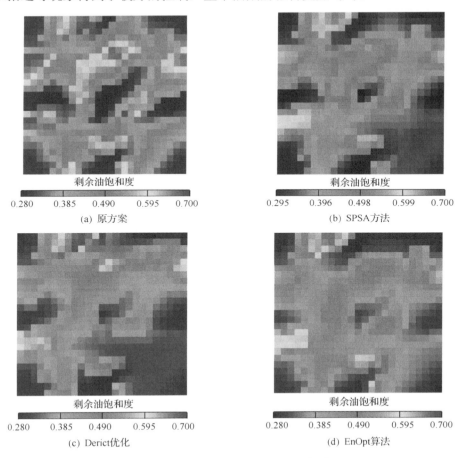

图 5-17　剩余原油分布场（文后附彩图）

图 5-18 给出了其中一种算法（SPSA 算法）得到的生产调控图，表征了每口井在不同时间步内的工作制度（横坐标为时间步，纵坐标为井名，颜色的深浅代表注采量的大小）。可以看出，由于 PRO-01 井、PRO-03 井、PRO-04 井附近渗透率比较大，所以在生产过程中，一般配产较小；尤其是 PRO-04 位于高渗条带内部，直接受到位于高渗条带的两口 INJ-06 井和 INJ-08 井的影响，所以在整个生产过程中配产最低，只有在最后的生产步才放开产量生产。同时，考虑到生产井和注水井之间的相关性，当注水井和生产井同时位于高渗条带内时，生产井和注水井存在负相关性，如 PRO-01 井在第 5～8 个时间步范围内，配产较高，相应的 INJ-02 井的注水量很少，几乎处于关井状态，防止注入水的指进现象。

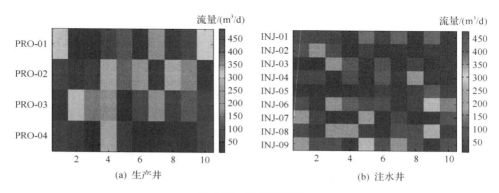

(a) 生产井　　　　　　　　　(b) 注水井

图 5-18　单井调控图

参 考 文 献

[1] Lien M, Brouwer D R, Manseth T, et al. Multiscale regularization of flooding optimization for smart field management. SPE Journal, 2008, 13(2): 195-204.

[2] Przybysz-Jarnut J K, Hanea R G, Jansen J D, et al. Application of the representer method for parameter estimation in numerical reservoir models. Computational Geosciences, 2007, (11): 73-85.

[3] Sudaryanto B, Yortsos Y C. Optimization of Displacements in Porous Media Using Rate Control//Nonlinear Phenomena in Power Electronics: Bifurcations, Chaos, Control, and Applications. Wiley: Wiley-IEEE Press, 2001.

[4] Jansen, Brouwer J D D R. User guide for the smart well waterflooding simulator. 2001.

[5] Thiele M, Batycky R. Water injection optimization using a streamline-based workflow. SPE Technical Conference and Exhibition, Denver, 2003.

[6] Brouwer D, Jansen J. Dynamic optimization of water ooding with smart wells using optimial control theory. SPE Journal, 2004, 9(4): 391-402.

[7] Saputelli L, Nikolaou M, Economides M J. Real-time reservoir management: A multi-scale adaptive optimization and control approach. Computational Geosciences, 2005.

[8] Sarma P, Aziz K, Durlofsky L J. Implementation of adjoint solution for optimal control of smart wells. SPE Reservoir Simulation Symposium, The Wood Lands, 2005.

[9] Naevdal G, Brouwer D R, Jansen J D. Waterooding using closed-loop control, Computational Geosciences, 2006, 10: 37-60.

[10] Sarma P, Chen W, Durlofsky L, et al. Production optimization with adjoint models under nonlinear control-state path inequality constraints//Intelligent Energy Conference and Exhibition, Amsterdam, 2006.

[11] Lorentzen R J, Berg A M, Naevdal G, et al. A new approach for dynamic optimization of waterflooding problems. Intelligent Energy Conference and Exhibition, Amsterdam, The Netherlands, 2006.

[12] Zandvliet M J, Bosgra O H, Jansen J D, et al. Bang-bang control and singular arcs in reservoir flooding. Journal of Petroleum Science & Engineering, 2007, 58(1): 186-200.

[13] Gao G, Li G, Reynolds A C. A Stochastic optimization algorithm for automatic history matching. SPE Journal, 2007, 12(2): 196-208.

[14] Wang C, Li G, Reynolds A C. Production optimization in the context of closed-loop reservoir management. SPE Annual Technical Conference and Exhibition, Anaheim, 2009.

[15] Güyagüler B, Byer T. A new rate-allocation-optimization framework. SPE Journal, 2008, 23(4): 448-457.

[16] Wang C H, Li G M, Albert C, et al. Production optimization in closed-lopp reservoir management. SPE Journal, 2009, 14(3): 506-523.

[17] Chen Y, Oliver D, Zhang D. Efficient ensemble-based closed-loop production optimization. SPE Journal, 2009, 14(4): 634-645.

[18] Masroor M, Phale H A, Liu N, et al. An improved approach for ensemble-based production optimization. SPE Western Regional Meeting, SanJose, 2009.

[19] Bjarne A, Foss I, John P, et al. Efficient optimization for Model Predictive Control in reservoir models. Institutt for Teknisk Kybernetikk, 2009.

[20] Cardoso M A, Durlofsky L J. Use of reduced-order modeling procedures for production optimization. SPE Journal, Society of Petroleum Engineers, 2010, 15(2): 426-435.

[21] 张凯, 李阳, 姚军. 油藏生产优化理论研究. 石油学报, 2010, 31(1): 79-81.

[22] 赵辉, 曹琳, 李阳, 等. 基于改进随机扰动近似算法的油藏生产优化. 石油学报, 2011, 32(6): 1032-1036.

[23] Van Essen G M, Van Hof P M J, Jansen J D. Hierarchical long-term and short-term production optimization. SPE Journal, 2011, 16(1): 191-199.

[24] Chen Y, Oliver D S. Localization of ensemble-based control-setting updates for production optimization. SPE Journal, 2012, 17(1): 122-136.

[25] 卢险峰. 最优化方法应用基础. 上海: 同济大学出版社, 2003.

[26] 张凯, 路然然, 张黎明, 等. 基于序列二次规划算法的油藏动态配产配注优化. 油气地质与采收率, 2014, 21(1): 46-50.

[27] Zhang K, Zhang X M, Ni W, et al. Nonlinear constrained production optimization based on augmented lagrangian function and stochastic gradient. Journal of Petroleum Science and Engineering, 2016, 146: 418-431.

[28] 姚军, 魏绍蕾, 张凯. 考虑约束条件的油藏生产优化. 中国石油大学学报(自然科学版), 2012, 36(2): 125-129.

[29] Spall J C. A stochastic approximation technique for generating maximum likelihood parameter estimates. Proceedings of the American Control Conference, Minneapolis, 1987: 1161-1167.

[30] Spall J C. Multivariate stochastic approximation using a simulataneous perturbation gradient approximation. IEEE Transactions Automation Control, 1992, 37(3): 332-341.

[31] Bangerth W, Klie H, Wheeler M F, et al. On optimization algorithms for the reservoir oil well placement problem. Computational Geosciences, 2006, 10(3): 303-319.

[32] Kennedy J, Eberhart R. Particle Swarm Optimization. Proceedings of IEEE International Conference on Neural Networks, 1995: 1942-1948.

[33] Powell M J D. The NEWUOA software for unconstrained optimization without derivatives// Di Pillo G, Roma M. Large-scale Nonlinear Optimization. Nonconvex Optimization and Its Applications, Boston: Springer, 2006, (83): 255-297.

[34] 闫霞. 基于梯度逼真算法的油藏生产优化理论研究. 青岛: 中国石油大学(华东), 2013.

[35] Zhang K, Zhang X, Ni W, et al. Nonlinear constrained production optimization based on augmented Lagrangian function and stochastic gradient. Journal of Petroleum Science & Engineering, 2016, 146: 418-431.

[36] 张光澄, 王文娟, 韩会磊. 非线性最优化计算方法. 北京: 高等教育出版社.

第6章 智能油田井位及井网优化

石油作为国家经济发展的重要能源物资，毋庸置疑受到国家的高度重视，如何最大程度提高油气产量及经济净现值，一直都是油气开发的关键。油田生产优化新方法的开发是石油工作者急需解决的问题，井位优化也是面临的比较具有挑战性的一个重要课题，一直倍受关注。井位优化凭借其优势逐步成为油藏开发中独立而关键的课题。同时，油气藏具有很强的非均质性，不同位置各个方向的渗透率和传导性都各不相同，再加上油藏中存在的断层、尖灭等诸多复杂情况，致使井网单元的形态与密度对开发效果的好坏起着决定作用。通常来说，在井网形态不变的前提下，井网密度越大，采收率越高，但考虑到井数的增加会大大增加投资成本，因此，并不是井数越多油田经济效益越好，而要找到一个平衡点，既增加产出，又降低投入。合理的井网形式对油气藏的开发起决定作用，井位布置好坏将直接影响油田的最终开发效果。因此，如何适应复杂多变的油藏实际情况，快捷简便地设计出最优井网形式，是油气田开发过程中需要解决的重点难点问题之一。

6.1 国内外研究现状

通过文献调研，可以发现国内外学者均对井网优化问题进行了广泛研究，但此类研究多是依靠人为经验进行分析，即使与优化理论相结合，也仍存在诸多问题。

6.1.1 规则面积井网优化研究

根据油井和注水井相互位置的不同，规则面积井网可分为四点法、五点法、七点法、九点法井网及直线排状井网等，图 6-1 为四点法与五点法井网布局示意图。

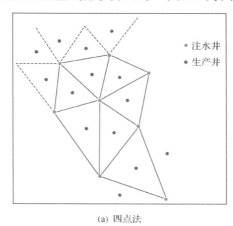

(a) 四点法   (b) 五点法

图 6-1 油田规则面积井网布井图

对于这类井网优化主要采用三种方法：解析方法、油藏数值模拟和最优化理论与油藏数模相结合的方法。

1. 解析方法

(1) 井网密度优化。井网优化中最重要的参数为油水井井数，所以许多学者将井网优化问题转化为单一参数"井网密度"优化问题进行研究。刘秀婷等[1]运用动态经济方法及最优控制理论，优化计算油田极限井网密度。邴绍献等[2]将反映石油储量的地质参数引入价值评估模型，得到最优井网密度。分析发现，井网密度方法简便易行，考虑钻井成本，能够优化出油藏所需的油水井井数。

(2) 矢量井网。矢量井网是李阳等[3]提出的一种新的井网形式，它可以根据渗透率的性质调整某个方向上的井距，达到均衡驱替的目的，尽管它考虑了各向异性问题，但也只能对油田的井网参数进行一个粗略的估计。

(3) 参数优化。凌宗发等[4]推导出考虑水平井水平段压力损失的井网井距与注入量公式。Tarha 等[5]利用多阶段随机优化方法来寻找最优井数井型及生产动态等参数。赵春森等[6]利用井网无因次产量随井网形状因子变化关系得到最优井网形式。这些方法能够得到较合理的参数，但不能考虑油藏非均质性的影响，因此有较大的局限性。

解析方法具有计算速度快、方便实用等优势，但此类方法很难有效考虑油田非均质性的影响，仅能对井网参数进行粗略估计，无法给出最优的井位与井网布局。因此，自适应井网在井网布局优化时，可以利用解析法快速给出较为合理的初始井网参数，加速优化收敛过程。

2. 油藏数值模拟

许多学者采用数值模拟研究井网优化问题，这里仅进行简单介绍。谭光明[7]针对不同渗透率级别、不同沉积相带，确定了不同的技术极限井距及经济合理井距。曹仁义等[8]以菱形反九点注采井网为对象，对井网转换和井网加密问题进行研究。张枫等[9]运用油藏数值模拟研究了影响水平井开发效果的各种因素和最佳的井网组合方式。Liu 和 Jalali[10]利用生产潜力计算公式找出相对更优的油藏布井区域，再利用数模对比得到更合适的井网布局。

油藏数模方法能够针对油藏的非均质问题找出相对更好的井网分布，但是这仅限于人为给定的几组井网组合，很难得到最优的井网形式。

3. 最优化理论与油藏数模相结合的方法

Özdoğan 等[11]使用遗传算法结合油藏数模对规则井网进行研究，他们优化的变量只有两个：井距边界的距离和井距，能够有效解决单一边界油藏规则井网优化问题。Onwunalu 和 Durlofsky[12]提出采用粒子群算法对规则井网进行优化，该方法对井网的多种算子进行定义，优化井网构成的基本参数。陈玉雪[13]利用矢量网格调整方法构建智能化井网。

　　井网优化问题使用的优化算法都属于随机算法，由于迭代次数多收敛慢，导致大规模油藏优化耗时过长。Özdoğan 算法简便，但不具有普遍性，仅针对单一边界油藏。Onwunalu算法能够优化多种井网，但也具有较大缺陷：①优化变量过多，井网描述复杂；②控制变量中包含连续和离散优化变量，导致很难找到最优解；③优化过程没有考虑约束优化。

6.1.2　不规则井网优化研究

　　不规则井网多用于地质情况较为复杂的油藏开发，如图 6-2 所示，油藏内部断层发育，油井多布于油藏顶部，注水井靠近油水外缘。

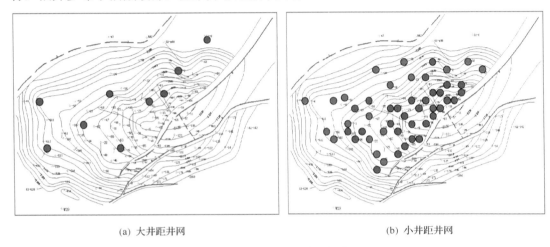

(a) 大井距井网　　　　　　　　　　　　　　　(b) 小井距井网

图 6-2　两种不规则井网布井图

　　此类井网不拘于特定的形式，所以研究多采用最优化理论与油藏数模相结合的方式，由于优化算法各自不同，下面分算法进行介绍。

　　1. 随机算法

　　(1)遗传算法。Baris 等[14]将遗传算法、多胞形、克里金和神经网络等算法相结合，形成了混合优化算法(HGA)搜寻最优井位，构建不规则井网。Badru 和 Kabir[15]扩展上述混合算法用于水平井井位优化。Özdoğan 和 Horne[16]使用 HGA 将时间的概念引入不规则井网优化，在优化井位的同时进行生产数据的自动历史拟合。Emerick 等[17]使用遗传算法结合优化变量边界条件对不规则水平井井网进行了优化研究。Morales 等[18]考虑地质模型不确定性，用改进的遗传算法进行了井位优化，最优井位的确定基于用户定义的"冒险因子"，用户选择不同的冒险因子可以得到不同的井位最优化结果。

　　(2)其他算法：Norrena 和 Deutsch[19]选用模拟退火算法、Yeten 等[20]及 Daliri 等[21]采用神经网络算法、Bangerth 等[22]选用随机扰动逼近算法及模拟退火方法优化井位。Jiang 等[23]对一系列井网优化算法进行了对比并证明改进 PSO 和质量图的结合算法(QM+MPSO)更有应用前景。Hollander 等[24]提出考虑沉积相分布的井网优化方法，实现将井位自动布置于高渗通道。丁帅伟等[25]对标准粒子群算法进行改进，并应用到深水油藏的不规则井网优化中。

随机算法最大的优势在于优化理论能够独立于油藏数模之外，实现起来非常容易，因此得到了广泛的采用，但如前所述，其最大问题在于迭代次数过多，收敛速度慢，导致优化耗时过长。

2. 梯度算法

(1)有限差分算法。Bangerth 等[22]使用有限差分方法优化井位，他们将井位坐标看作连续变量进行优化找出最优井位。Wang 等[26]提出一种新的井网优化方法，首先将所有没有井的网格都布上水井，然后优化井的注入量，如果注入量接近于 0 则剔除该井，最终剩余的井即为最优井网分布。

(2)伴随梯度算法。Handels 等[27]首次提出了使用伴随梯度方法优化不规则井网，该方法转换井位优化问题为注采量优化问题，再沿着注采量梯度方向进行移动，寻找最优的井位。Sarma 和 Chen[28]改进了 Handels 的方法，使用连续逼近形式替换了物质平衡方程中的源汇项，将油井的井位视为连续变量，再使用伴随梯度算法求解。

相对于随机算法来说，梯度算法极大提高了计算速度，但其缺陷也很明显：有限差分算法不适用于多变量的优化（因为在每次迭代过程中，多一个变量差分就需要多一次油藏模拟计算）；伴随梯度方法需要将优化计算与油藏数模耦合在一起，过程非常复杂，而且不能对井数进行优化。

6.2　油田开发初期井网优化

在人工注水开发油田时，一些规模较小、层系比较简单的油藏可以采用以边外注水为主的开发方式，而对规模较大的和复杂的油田要采用切割或面积注水为主的开采方式。研究基于 Onwunalu 和 Durlofsky[12]处理问题的思路，即利用井组类型来描述井网，通过对井组单元进行变形获取最优布井方案。取变形因子为优化变量的好处是可以避免重复优化，同时减少优化控制变量的数目，在重新定义 Onwunalu 和 Durlofsky[12]关于变形因子的描述后，原始问题转化为连续优化的形式。

6.2.1　井网优化的目标函数

智能油田优化方法与传统的油田井网优化分析不同。优化的目标函数非显式可知，需要将控制向量代入到模拟器中运算。这就是黑盒子优化（black box optimization，BBO）问题的特征。

$$\text{NPV} = \sum \frac{r_\text{o}q_\text{o} - r_\text{pw}q_\text{pw} - r_\text{iw}q_\text{iw}}{(1+b)^t} - (N_\text{o}C_\text{o} + N_\text{w}C_\text{w}) \tag{6-1}$$

式中，NPV 为经济净现值，元；r_o 为原油价格，元/t；r_pw 为产水成本价格，元/m^3；r_iw 为注水成本价格，元/m^3；q_o 为累积油量，t/d；q_pw 为累产水量，m^3/d；q_iw 为累注水量，m^3/d；t 为生产时间，y；b 为年利率，小数；N_o 为生产井数，口；N_w 为注水井数，口；C_o 为生产井钻井成本，元/口；C_w 为注水井钻井成本，元/口。

6.2.2　算法描述

不难理解，算法描述面对的问题为黑盒子优化问题。那么，一种思路是获取对目标函数梯度的逼近，然后求解逼近后的问题。一些梯度算法，如同步扰动随机逼近算法和拟牛顿算法，都采用了这种思路。另外一种解决策略就是在全局内撒点，利用一定的搜索方法来找到最优解，如粒子群算法（PSO）等。本章在实际油藏中分别应用拟牛顿算法和粒子群算法对井网优化问题进行了求解，以分析其在处理该问题时，这两种方法的有效性和适用性。

1. 拟牛顿法

拟牛顿法[29]利用目标函数值 f 和一阶导数 g 的信息，构造出目标函数的曲率近似，而不会明显形成 Hessian 矩阵，同时保证较快的搜索速率，这里的一阶导数利用有限差分梯度方法获得。

拟牛顿的条件如下。

设 f: $\mathbf{R}^n \to \mathbf{R}$ 在开集 $D \subset \mathbf{R}^n$ 上二次连续可微，f 在 $\boldsymbol{u}_{k+1}$ 附近的二次近似为

$$f(\boldsymbol{u}) \approx f(\boldsymbol{u}_{k+1}) + \boldsymbol{g}_{k+1}^{\mathrm{T}}(\boldsymbol{u} - \boldsymbol{u}_{k+1}) + \frac{1}{2}(\boldsymbol{u} - \boldsymbol{u}_{k+1})^{\mathrm{T}} \boldsymbol{G}_{k+1}(\boldsymbol{u} - \boldsymbol{u}_{k+1}) \tag{6-2}$$

式中，$\boldsymbol{u}$ 为 $f(x)$ 的根；$\boldsymbol{u}_{k+1}$ 为第 $k+1$ 次迭代求得的近似根。两边求导得

$$\boldsymbol{g}(\boldsymbol{u}) \approx \boldsymbol{g}_{k+1} + \boldsymbol{G}_{k+1}(\boldsymbol{u} - \boldsymbol{u}_{k+1}) \tag{6-3}$$

令 $\boldsymbol{u} = \boldsymbol{u}_k, \boldsymbol{s}_k = \boldsymbol{u}_{k+1} - \boldsymbol{u}_k \, \boldsymbol{y}_k = \boldsymbol{g}_{k+1} - \boldsymbol{g}_k$ 得

$$\boldsymbol{G}_{k+1}^{-1} \boldsymbol{y}_k \approx \boldsymbol{s}_k \tag{6-4}$$

因为牛顿法中 Hessian 矩阵工作量大，要求在拟牛顿法中构造出的 Hessian 逆近似 $\boldsymbol{H}_{k+1}$ 满足这种关系，即

$$\boldsymbol{H}_{k+1} \boldsymbol{y}_k = \boldsymbol{s}_k \tag{6-5}$$

这就是拟牛顿条件或拟牛顿方程。

拟牛顿条件使二次模型具有如下插值性质：如果 $\boldsymbol{H}_{k+1}$ 满足拟牛顿条件，那么二次模型：

$$m_{k+1}(\boldsymbol{u}) = f(\boldsymbol{u}_{k+1}) + \boldsymbol{g}_{k+1}^{\mathrm{T}}(\boldsymbol{u} - \boldsymbol{u}_{k+1}) + \frac{1}{2}(\boldsymbol{u} - \boldsymbol{u}_{k+1})^{\mathrm{T}} \boldsymbol{G}_{k+1}(\boldsymbol{u} - \boldsymbol{u}_{k+1}) \tag{6-6}$$

满足

$$m_{k+1}(\boldsymbol{u}_{k+1}) = f(\boldsymbol{u}_{k+1}), \quad \nabla m_{k+1}(\boldsymbol{u}_{k+1}) = \boldsymbol{g}_{k+1}, \quad \nabla m_{k+1}(\boldsymbol{u}_k) = \boldsymbol{g}_k \tag{6-7}$$

这里梯度的计算用有限差分近似代替。

拟牛顿法的主要步骤如下。

(1) 给出 $\boldsymbol{u}_0 \in \mathbf{R}^n, H_0 \in \mathbf{R}^{n \times n}, 0 \leqslant \varepsilon < 1, k = 0$。

（2）如果 $\|\boldsymbol{g}_k\| \leqslant \varepsilon$，则停止；否则，计算 $\boldsymbol{d}_k = -\boldsymbol{H}_k\boldsymbol{g}_k$。

（3）沿方向 $\boldsymbol{d}_k$ 作线性搜索求 $a_k > 0$，令 $\boldsymbol{u}_{k+1} = \boldsymbol{u}_k + \alpha_k\boldsymbol{d}_k$。

（4）校正 $\boldsymbol{H}_k$ 产生 $\boldsymbol{H}_{k+1}$，使得拟牛顿条件成立。

（5）$k = k+1$，转到第二步。

在上述拟牛顿算法中，初始 Hessian 逆近似 $\boldsymbol{H}_0$ 通常取为单位矩阵，$\boldsymbol{H}_0 = \boldsymbol{I}$，这样拟牛顿法的第一次迭代等价于一个最速下降迭代，拟牛顿算法的搜索方向如图 6-3 所示。

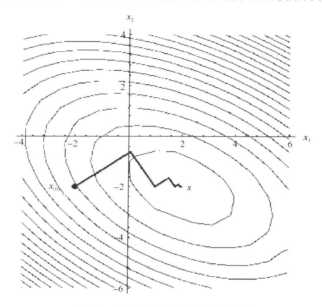

图 6-3　拟牛顿算法搜索方向图示

2. 粒子群算法

粒子群算法思路源于对鸟群的捕食行为的模拟[12]。设想这样一个场景：一群鸟在随机搜索食物。在这个区域里只有一块食物。所有的鸟都不知道食物在哪里，但是知道当前的位置离食物还有多远。那么找到食物的最优策略就是搜寻目前离食物最近的鸟的周围区域。

PSO 从这种模型中得到启示并用于解决优化问题。PSO 中，每个优化问题的解都是搜索空间中的一只鸟，称之为"粒子"。所有的例子都有一个由被优化的函数决定的适应值（fitness value），每个粒子还有一个速度决定其飞翔的方向和距离。然后粒子们就追随当前的最优粒子在解空间中搜索，粒子群算法搜索方向如图 6-4 所示。

PSO 初始化为一群随机粒子（随机解）。然后通过迭代找到最优解。在每一次迭代中，粒子通过跟踪两个"极值"来更新自己。第一个就是粒子本身所找到的最优解。这个解叫做个体极值 pbest。另一个极值是整个种群目前找到的最优解。这个极值是全局极值 gbest。另外也可以不用整个种群而只是用其中一部分最为粒子的邻居，那么在所有邻居中的极值就是局部极值。在找到这两个最优值时，粒子根据如下的公式来更新自己的速度和新的位置：

$$v_i^{l+1} = \boldsymbol{w}v_j^t + c_1 r_1 \left(\text{pbest}_j^t - \boldsymbol{x}_j^t \right) + c_2 r_2 \left(\text{gbest}_j^t - \boldsymbol{x}_j^t \right) \tag{6-8}$$

$$x_j^{t+1} = x_j^t + v_j^{t+1} \tag{6-9}$$

式中，v 为粒子的速度信息；x 为粒子的位置信息；w 为惯性系数，其主要作用是产生扰动，以防止算法的早熟收敛；c_1 和 c_2 为加速系数，分别调节向个体极值点和全局极值点方向飞行的最大步长；r_1 和 r_2 为[0,1]区间内的随机数。

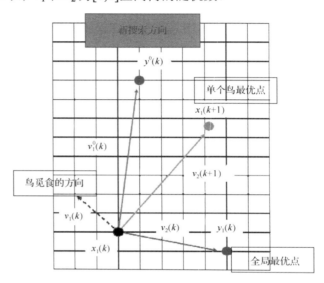

图 6-4　粒子群算法搜索方向图示

6.2.3　井组类型描述

考虑均匀布井，以井组单元为基本的优化对象对其进行优化。常见的井组类型包括正反五点井组、六点井组、七点井组和九点井组。在确定优化对象之后，引入有限差分梯度算法，对一个单元内井点位置进行优化，然后在油藏内生成整个井网。

Onwunalu 和 Durlofsky[12]认为每个优化迭代步可以用若干参数和变换方式来定义。其中包括井组类型参数、变换算子和变换次序。这样面对的问题将是一个混合优化问题，既有离散变量，又有连续变量。PSO 是一种可行的方法。但对于混合优化问题，其求解要比连续优化复杂得多。因为此处优化函数不是显式可知，为黑盒子优化，很有可能所求得的解并不是问题的最优解。其次混合优化的算法表现不稳定，即在同一问题的不同实例计算中会有不同的效果，有些解很好，有些解较差。在实际应用中，这种不稳定性造成计算结果不可信。

在 Onwunalu 和 Durlofsky[12]所做工作的基础上分析发现，他定义的变换（operator）并不是最基础和一般的。他认为在对井组单元进行旋转和剪切时需要确定一个基准点。例如，五点井组可以对四个顶点和中心点做旋转或剪切。因此，这两种变换方式就变得很复杂。但实际上，当加入平面内的移动变换之后，这种情况就不存在了。可以看出对于任意点旋转/剪切和对中心点旋转/剪切然后进行移动完全等价，而且变换次序无关。那么，优化迭代过程中的离散量都变得没有必要，但井组类型除外。很显然可以在优化迭代之前先确定好待优化的井组类型，然后分别获得其最优的井网分布及生产效果。比较几种不同的布井方式,最终确定布井方案。

1. 基本井组类型描述参数

油田常见的井组类型包括五点井组、七点井组和九点井组等(图 6-5)。每一个基本单元通过中心井点坐标 (x, y) 和 a、b 两个几何尺寸参数就可以确定下来。本节将对除六点井组以外的三种布井方式进行描述和对比。

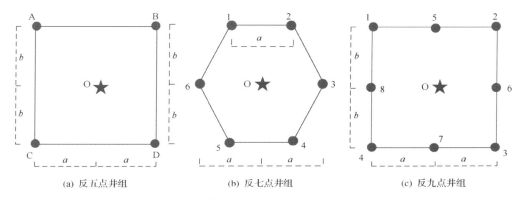

(a) 反五点井组	(b) 反七点井组	(c) 反九点井组

图 6-5 井网构型及尺寸描述(圆点为生产井,星号为点注水井,下同)

以上仅描述了几种最简单的井组类型。更复杂的布井方式原理类似。依照某种定义的方式,可以生成整个油藏上的井网。

2. 井组单元变换

在生成初始井网之后将对其进行变换,以获取可能的最优解。总的来说,变换可以分为四种方式:旋转、剪切、尺度放缩和平移,而且变换次序无关。

1) 旋转

旋转变换如图 6-6 所示,以井组中心为基准点,旋转角度 θ 后,会改变其余四个井点的位置,但基本几何形状不会发生变化。

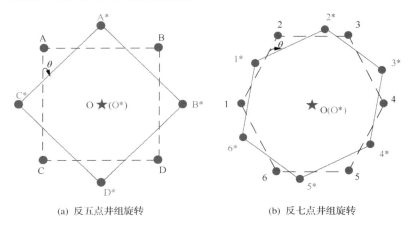

(a) 反五点井组旋转	(b) 反七点井组旋转

图 6-6 旋转变换

2）剪切

这里剪切变形的定义与 Onwunalu 和 Durlofsky[12]所提及的方式不同。这里更贴近与材料力学定义的方式，以剪切角来描述这种变换。在剪切变形之后，井组的几何形状将发生变化，如图 6-7 所示。这种做法的好处是减少了这种变换的参数（原文定义了两个剪切变换因子）。并可以定义更为复杂的几何形变。井组在定义更多的剪切角之后可以转化为不规则的几何形状，这样可以覆盖更全面的解。

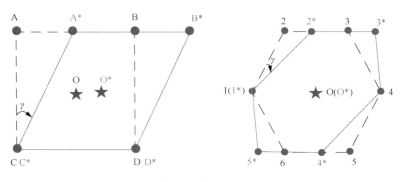

图 6-7　剪切变换

3）尺度放缩

初始井组定义了两个几何参数 a、b。相应地，定义两个放缩因子 asf 和 bsf。那么井组就可以在尺度上进行自由变换，如图 6-8 所示。

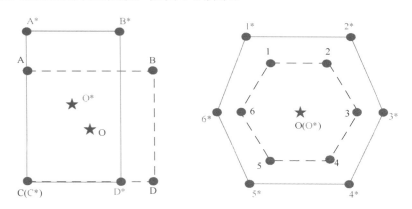

图 6-8　尺度变换

4）移动

井组可以做平面位置上的移动，其几何形状不会发生改变。图 6-9 的平移为基本井组的平移变换。

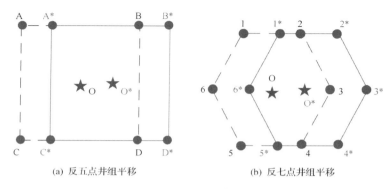

(a) 反五点井组平移　　　　　　　　　　(b) 反七点井组平移

图 6-9　平移变换

5）关于正反井网

Onwunalu 和 Durlofsky[12]将井网注采的正反状态也作为一种变换方式包含在优化迭代步里面，实际上这种做法不必要。仅需要在生成数值模拟软件可识别的 schedule 文件中写入之前确定下来就可以了。图 6-10 为正反五点井网及正反七点井网转换示意图。

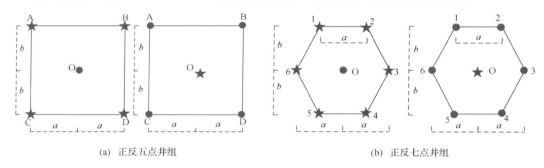

(a)　正反五点井组　　　　　　　　　　(b)　正反七点井组

图 6-10　五点井组和七点井组不同的注采状态

6）注采优化

在制定开发方案的过程中，生产井和注入井的工作制度的确立和井位优化应该是密不可分的过程。不难想到，不同的井网应当有其适应的工作制度。相应地，大小不同的产液指标也需要配套的井网完成油藏的开采，以较好地驱替原油。那么，将生产优化和井位优化分离的做法不适当。因此在优化过程中，应当将井的工作制度也确定下来。这里取总产液量作为优化参数并保证开发中注采平衡状态。这样在进行井位优化的同时，也获取了优化的控制参数。

6.2.4　井网优化向量

以上完成了对井网变形连续化处理和井位-生产优化一体化的描述。接下来的工作是确定优化控制变量，代入到模拟器中计算目标函数并利用优化算法求取解向量。

基础井网参数 a、b、x_0、y_0 在读入油藏网格文件时自动生成。则待优化的参数为井网变形参数，包括尺度因子 asf、bsf，移动因子 Δx、Δy，旋转因子 θ，剪切因子 γ 及确定生产制度的参数 WIPR。优化的解向量的形式为 u_i={asf, bsf, Δx, Δy, θ, γ, WIPR}。

　　在粒子群算法中，第 i 个粒子也以这种形式呈现。这样，在获取优化解，即确定初始单元的变换之后，重复这种模式即可获取整套井网的井位，如图 6-11 所示。

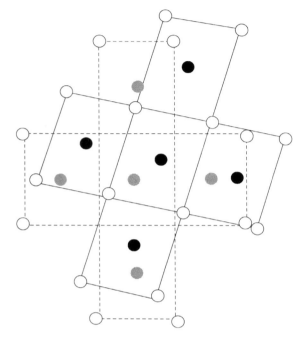

图 6-11　优化解呈现的井网形式

　　相比于 Onwunalu 和 Durlofsky[12]提出的井网优化，待优化的参数数量大大降低，而且数值类型完全一致，不存在任何离散变量。大大降低了问题的复杂性。

　　此外，需要确定优化向量的边界值，即整套井网可能发生的最大变化。这里变形因子的变化范围如下：

$$\mathrm{asf} \in [0, \max(\mathrm{RS}\text{–}\mathrm{mid}x)/a_0, (\mathrm{LS}\text{–}\mathrm{mid}x)/a_0]$$

$$\mathrm{bsf} \in [0, \max(\mathrm{US}\text{–}\mathrm{mid}x)/b_0, (\mathrm{mid}x\text{–}\mathrm{DS})/b_0]$$

$$\Delta x \in [\mathrm{LS}\text{–}\mathrm{mid}x, \mathrm{RS}\text{–}\mathrm{mid}x]$$

$$\Delta y \in [\mathrm{DS}\text{–}\mathrm{mid}y, \mathrm{US}\text{–}\mathrm{mid}y]$$

$$\theta \in \left[-\frac{\pi}{2}, \frac{\pi}{2}\right]$$

$$\gamma \in \left[-\frac{\pi}{3}, \frac{\pi}{3}\right]$$

式中，US、DS、LS、RS 分别代表油藏的上、下、左、右边界。

处理边界约束最常见的方法一般有两种，即截断法和对数变换法。这里重点讨论对数变换法。

变量进行对数变换的表达式为

$$s_i = \ln\left(\frac{u_i - u_i^{\text{low}}}{u_i^{\text{up}} - u_i}\right) \tag{6-10}$$

式中，u_i 为第 i 个控制变量；u_i^{low} 和 u_i^{up} 分别为约束上限和约束下限；s_i 为通过对数变换后获得控制变量。

在实际优化过程中，每次迭代都在对数域上进行，而获得的对数域上的解需进行反变换映射到原域计算生成的井网体系：

$$u_i = \frac{\exp(s_i) u_i^{\text{up}} + u_i^{\text{low}}}{1 + \exp(s_i)} = \frac{\exp(-s_i) u_i^{\text{low}} + u_i^{\text{up}}}{1 + \exp(-s_i)} \tag{6-11}$$

6.2.5　井网优化离散问题

虽然以上研究重新定义了井网变形参数，将优化解完全转化为连续变量，在数值实验中，井位分布离散化的问题对井网优化求解的影响非常明显。在油藏模拟器的运行结果中，该问题会对优化计算的效果起到比较显著的干扰作用。

1）离散化井位分布覆盖井网变化特征

在应用梯度算法求解的过程中，当井网单元尺寸较小或井网变换扰动不明显时，会出现模拟器输入井位不变的情况，如图 6-12 所示。虽然单元进行了变形操作，但反映到油藏网格位置编号并没有发生变化。这在井位优化，特别是在井型优化中难以避免。其后果是容易使优化过程陷入局部最优，难以获取全局最优解的情况。当网格较小，密度

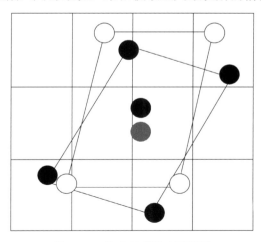

图 6-12　单元变形扰动无效图

更大时，则该问题出现的概率更低。为了避免这种情况，在梯度算法中可以尝试多组初始解，设定合理的步长和扰动的方式来避免该情况。当然，应用全局算法求解也是一种不错的思路。

2）边界井丢失造成的目标函数值跃迁

另一种可能如图 6-13 所示。作为一个完整的注采单元，一些不应该剔除的井因为越出网格边界而被删掉。尽管井位偏离边界的距离并不大，但在后面提及的网格匹配过程中会被剔除。这对净现值的计算影响非常大。在应用梯度算法求解的过程中，以上问题将导致变形参数（平移、剪切、旋转等）在此处的梯度变化过大，目标函数将出现跃迁的状态，将严重影响优化求解过程。因此，采取的策略是弱化这种突变，将一些临近油藏边界的井重新赋到油藏内（在实际模拟中，推荐将超出边界一个网格的井拉回到邻近的网格内）。这样，修正后的井网变形将呈现出更稳定的变化过程，其获得最优变换的概率将大大提高。图 6-14 为实际数值实验中该方法处理的结果。实线为油藏实际边界，虚线为弱化梯度突变增添的虚拟边界。实际边界和虚拟边界之间的井都会按照上述方法进行相应的处理。

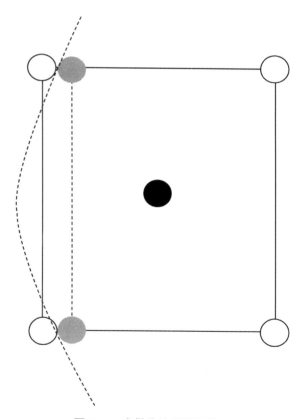

图 6-13　离散化边界井位处理

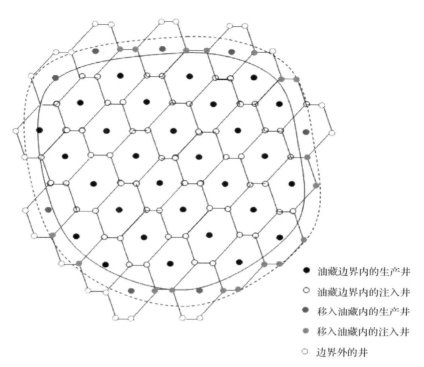

● 油藏边界内的生产井

○ 油藏边界内的注入井

● 移入油藏内的生产井

● 移入油藏内的注入井

○ 边界外的井

图 6-14　实际油藏边界井处理

6.2.6　问题处理过程

　　在具体进行数值实验的过程中，将自动生成定义的井网各井点位置，并生成数值模拟软件可识别的 schedule.dat 文件进行运算。每个优化迭代步代入变形因子并重复这一过程，直至获取优化解。井网优化软件实现的结构如图 6-15 所示。

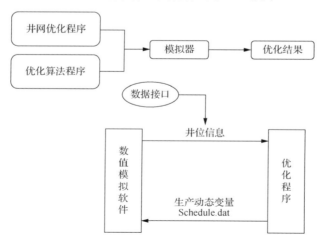

图 6-15　网优化软件结构示意图

WPO 程序流程如图 6-16 所示。

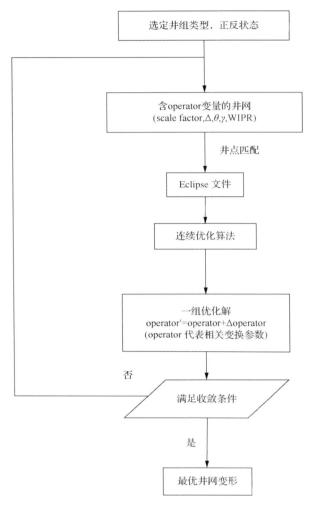

图 6-16　无约束井网优化程序一般框架

在程序编写中井位优化的结果要以模拟器可读取文件的形式输出，那么变形后的井网需要网格匹配模块完成井网与模拟器的交互。事实上，模拟器在这里的主要作用相当于一个计算器。

6.2.7　计算实例

1. 均质油藏模型

该模型为一油水两相五点法二维模型，网格为 $15 \times 15 \times 1$，网格大小 $50ft$[①]$\times 50ft$。油藏为均质油藏，渗透率为 $800\mu m^2$，孔隙度为 0.2。每口生产井的井底流压设为 13.8MPa，

---

① 1ft = 0.3048m。

总的注入量是 60m³/d，总的生产时间是 3650d，按照前述的方法，油藏的初始布井方式如图 6-17(a) 所示，初始布井方案包括 16 口生产井和 16 口注水井。每口注水井和注水井的成本估计为 3×10⁶ 元，原油的价格为 3000 元/t，处理产出水的费用为 100 元/t，注入水的费用为 100 元/t。

　　本节选择均质五点法生产的油藏作为算例，主要目的是测试井网优化理论的有效性，测试优化结果与实际的理想方案是否相符。计算结果表明，最后的优化井位分布只在油藏的中心剩有一口注水井，注入量为 136.5m³/d。最终优化后的井位示意图如图 6-17 所示。优化的过程总共经过了 14 次迭代，NPV 变化如图 6-18 所示。

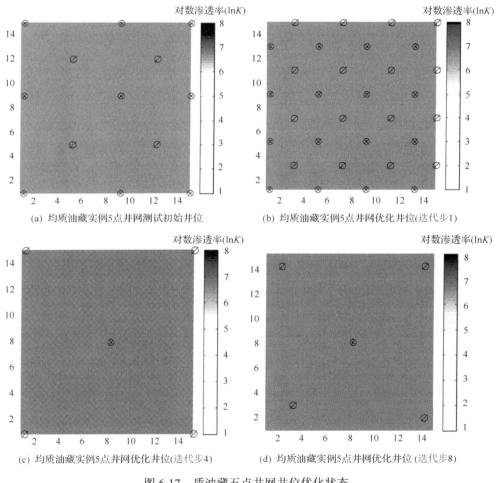

(a) 均质油藏实例5点井网测试初始井位　　　　　　(b) 均质油藏实例5点井网优化井位(迭代步1)

(c) 均质油藏实例5点井网优化井位(迭代步4)　　　(d) 均质油藏实例5点井网优化井位(迭代步8)

图 6-17　质油藏五点井网井位优化状态

　　从图 6-17 可以看到，随着优化向量的迭代更新，井网的尺度被不断放大，而其他变换因子并未更新。在第 4 个迭代步上，井网处于中心一口生产井，外围四口注水井的状态。当达到第 8 个迭代步时，井网就完全转化为标准的五点单元了。

优化过程中的 NPV 结果如图 6-18 所示。

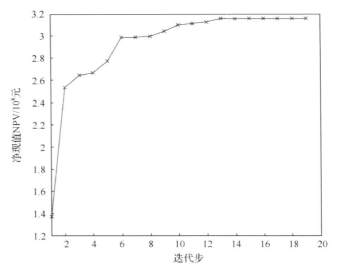

图 6-18　均质油藏五点井网优化测试 NPV 曲线

理论上，该均质油藏实例最优的开发方案应当是中心一口生产井，油藏顶点四口注水井，以较大的注采量进行生产。而实际优化结果与这一预想完全符合，充分验证了井网优化的理论有效。

2. 非均质油藏实例

1）五点井网优化结果

以二维非均质油藏为例，以净现值（NPV）为目标函数，应用以上程序分析其布井优化问题，优化算法为拟牛顿算法。

该区非均质，边界规则的二维油藏模型，共包含 50×50 个网格，相应的大小为 $100\text{ft} \times 100\text{ft} \times 40\text{ft}$，其渗透率场如图 6-19所示。油藏初始含油和水，油藏原始压力 30MPa，生产井定产液量生产，约束注采比为 1∶1，总生产时间为 10 年。每口注水井和注水井的成本估计为 3×10^6 元，原油的价格为 3000 元/t，处理产出水的费用为 100 元/t，注入水的费用为 100 元/t。统一对含水率小于 50% 的层位射孔，油藏假定为确定模型。

从图 6-19 中可以看出，该油藏模型有 3 条高渗通道，理论上，优化后的井位应该充分考虑这一因素，以达到对非均质油藏良好的驱替效果。

利用井网优化程序对该油藏模型进行优化测试。五点井初始时刻井网分布如图 6-20（a）所示，图 6-20（b）显示了优化后的结果。

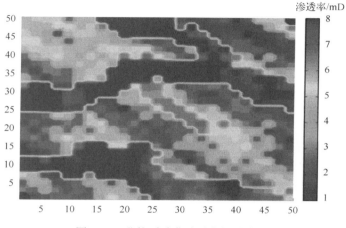

图 6-19　非均质油藏渗透率场分布图

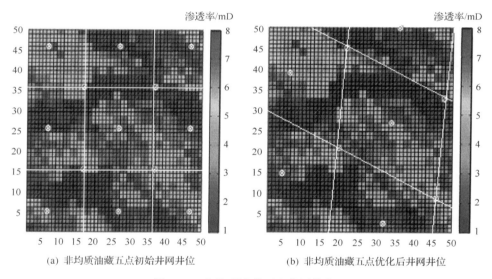

(a) 非均质油藏五点初始井网井位　　　　　　(b) 非均质油藏五点优化后井网井位

图 6-20　非均质油藏五点井网井位

　　如前所述，优化过程就是基础井网的变形因子，也就是优化向量迭代更新的过程。观察不同迭代步上的井位优化结果可以发现，优化井网相比于基础井网发生了旋转、剪切和平移变换。即油田标准的平面井网往往不是最优的开发方式。另外优化过程中井的数量也发生了变化，钻井费用的计算将在很大程度上影响这一结果。优化前后的累产油和累产水量如图 6-21 所示。

　　图 6-22 显示了不同计算迭代步的 NPV 变化情况，0 迭代步显示的是初始情况下的 NPV，随着迭代次数的增大，NPV 逐渐增大；到第 5 步后，增大趋势变缓，之后计算收敛。

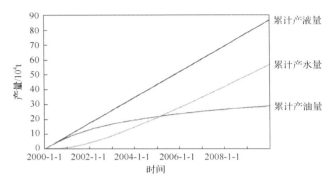

图 6-21　五点井网井位优化前后累油量和累产水对比

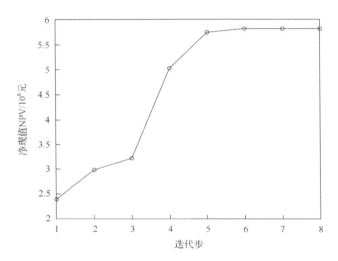

图 6-22　均质油藏五点井网 NPV 优化结果

重要时间控制步饱和度的分布变化规律如图 6-23 所示。

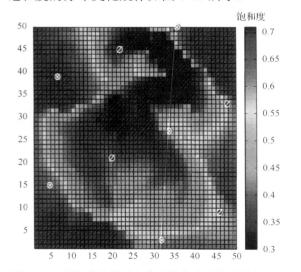

图 6-23　非均质油藏五点井网井位优化饱和度场分布

2) 生产因素影响分析

油田开发方案的确定中, 井的数量、位置和生产制度的优化是不可分割的。即在不同工作制度指标下获取的优化井位不同, 而一定的井位也会确立其最优的工作制度。只有在开发过程中将井网优化与生产优化联系在一起, 才能将净现值最大化。以下实例中证实了这一观点。

测试对象为二维非均质油藏五点井网优化, 分别对不同工作制度下的井网方案进行优化, 结果如图 6-24 所示。

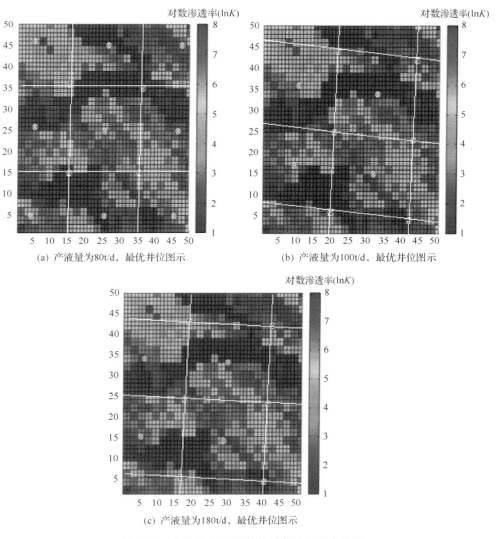

图 6-24　井位优化不同生产制度因素影响结果

图 6-24 (a)～(c) 分别显示了不同生产制度下优化的井位分布, 可以看出, 不同生产制度下井位优化的结果不一样。产液量为 80t/d 的方案中井位并未得到明显的优化, 产液

量为 100t/d 方案下的井网发生了旋转变换，产液量为 180t/d 方案下整套井网有明显的平移。相应地，其净现值优化结果也不同。从图 6-25 中可以明显看到工作制度对于净现值优化的情况。

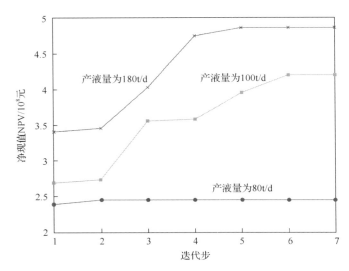

图 6-25　不同工作制度下优化井网净现值对比图

不难想到，产液量较大时，需要生产井和注水井数量比较少，这种情况下，而当产液量较小时，优化后井的数量仍然较多。那么在单独对井位优化的过程中，如果初始设定的工作制度不合理，最终很有可能得出的开发方案不是最优解。因此，将生产-井位优化一体化是非常有必要的。

3) 优化算法对比

Onwunalu 和 Durlofsky[12]在处理井型优化问题上并没有将优化参数连续化，并且没有考虑到井点网格坐标变化的不连续性问题及边界问题。这就为求解造成了难题。在求解中，他的策略是利用对 PSO 算法进行二次优化，即对粒子群算法本身的搜索模式进行改进和优化，以此尽可能提高 PSO 算法的优化效率。但不可否认，针对难题，求解上的不稳定难以避免。而笔者在第 2.3 节中提出的一系列的求解技巧恰恰避免了这种难题。理论上，对于连续优化问题，以拟牛顿法为代表的梯度优化方法效率要高于 PSO 算法。对此，本节以五点井网为例，对此做出了测试。

值得注意的是，从一组初始解(这里初始注采量设为 180t/d)出发，梯度算法的搜索结果会比较好地收敛，而 PSO 算法则不然。考虑这一问题，利用 PSO 算法进行了多次数值实验。PSO 在若干迭代步上的优化结果如下所述。

(1) 第一次测试结果。

PSO 算法第一次测算井位优化结果如图 6-26 所示。

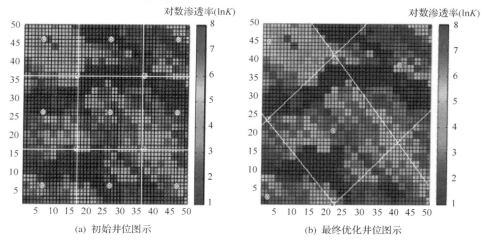

图 6-26 PSO 算法第一次测算井位优化结果

（2）第二次测试结果。

PSO 算法第二次测算井位优化结果如图 6-27 所示。

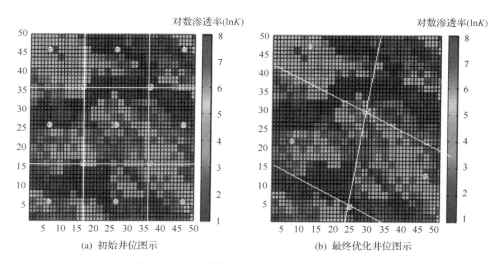

图 6-27 PSO 算法第二次测算井位优化结果

（3）第三次测试结果。

PSO 算法第三次测算井位优化结果如图 6-28 所示。

利用 PSO 算法获取的净现值优化结果与拟牛顿算法优化结果的对比如图 6-29 所示。从图中可以看出，利用拟牛顿算法可以快速获得优化结果，而 PSO 则需要较多次的迭代之后得到最优值。另一方面可以在试验中发现 PSO 算法的优化结果不稳定。第一次、第二次、第三次分别是多次数值实验的结果，发现对于同样优化问题和初始解 PSO 算法获取的结果不相同。这种不稳定性很大程度上影响了优化结果的说服力。

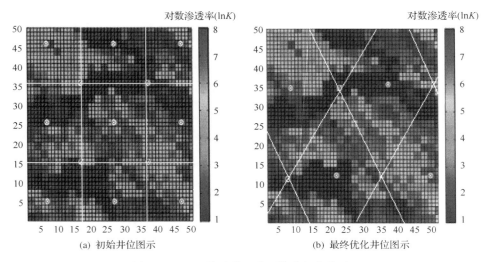

(a) 初始井位图示　　　　　　　　　　　　　　(b) 最终优化井位图示

图 6-28　PSO 算法第三次测算井位优化结果

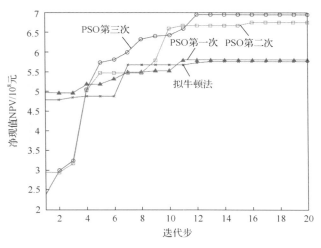

图 6-29　不同优化算法 NPV 优化曲线

　　尽管少数情况下 PSO 算法的优化结果会得出比拟牛顿算法更好的结果，但事实上在改变初始解进行多组数值实验时，拟牛顿算法的结果并不逊色。那么在算法对比上经过变形因子的改进之后获得的井网优化问题中，PSO 算法并非最优的计算方法。这是因为在面对连续优化问题时，PSO 算法并不能对目标函数的梯度做出估计以便快速高效地获取最优解。在调整井组变形因子的描述之前，常见的梯度算法无法解决这一问题。

　　4）最优井网方案确立

　　在获取五点井网优化结果的基础上，分别考虑正反七点井网和九点井网的布井优化，并从中选出最优的布井方式。

（1）正七点井网。

正七点井网初始时刻井网分布如图 6-30（a）所示，图 6-30（b）为最终优化井网分布。

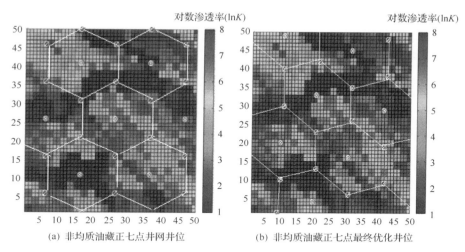

（a）非均质油藏正七点井网井位　　　　（b）非均质油藏正七点最终优化井位

图 6-30　非均质油藏正七点井网井位优化状态

优化正七点井网后油藏饱和度的分布如图 6-31 所示。

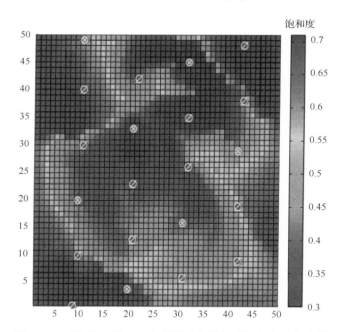

图 6-31　非均质油藏正七点井网井位优化后饱和度场分布图

（2）反七点井网。

反七点井网初始时刻井网分布如图 6-32（a）所示，图 6-32（b）为最终优化井网分布。

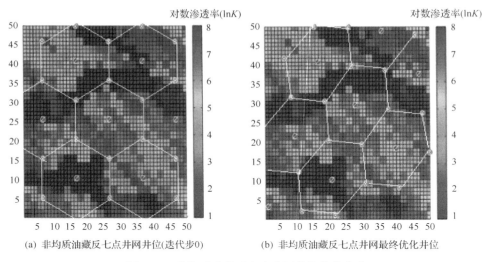

(a) 非均质油藏反七点井网井位(迭代步0)　　　(b) 非均质油藏反七点井网最终优化井位

图 6-32　非均质油藏反七点井网井位优化状态

优化反七点井网后油藏饱和度的分布如图 6-33 所示。

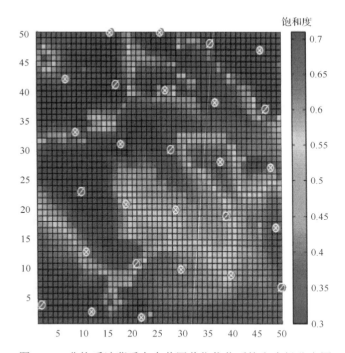

图 6-33　非均质油藏反七点井网井位优化后饱和度场分布图

(3) 正九点井网。

正九点井网初始时刻井网分布如图 6-34(a) 所示，图 6-34(b) 为最终优化井网分布。

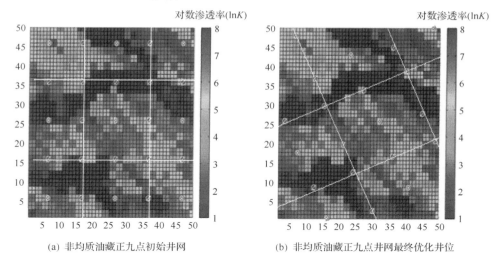

(a) 非均质油藏正九点初始井网　　　(b) 非均质油藏正九点井网最终优化井位

图 6-34　非均质油藏正九点井网井位优化状态

优化正九点井网后油藏饱和度的分布如图 6-35 所示。

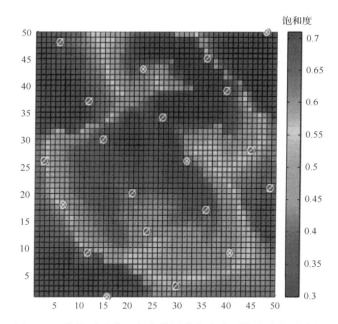

图 6-35　非均质油藏正九点井网井位优化后饱和度场分布图

(4) 反九点井网。

反九点井网初始时刻井网分布如图 6-36(a) 所示，图 6-36(b) 为最终优化井网分布。
优化反九点井网后油藏饱和度的分布如图 6-37 所示。

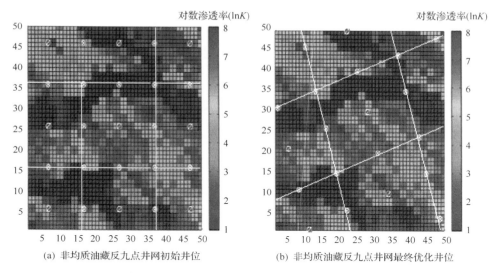

(a) 非均质油藏反九点井网初始井位   (b) 非均质油藏反九点井网最终优化井位

图 6-36 非均质油藏反九点井网井位优化状态

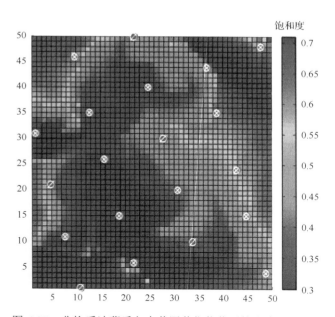

图 6-37 非均质油藏反九点井网井位优化后饱和度场分布图

在以上井网方案实验的基础上，将上述结果制成表 6-1，可以得出不同开发方案下的优化结果对比如下。

表 6-1 采用不同井网方案生产数据对比

方案	NPV/元	注采量/(t/d)	生产井数量	注水井数量
五点井网	579531330	242.605	9	4
正七点井网	372433524	243.793	7	8

续表

方案	NPV/元	注采量/(t/d)	生产井数量	注水井数量
反七点井网	516107166	191.338	18	9
正九点井网	577598689	286.118	6	15
反九点井网	483534678	224.853	6	15
优化所得方案	五点井网			

　　对比以上几种方案，可以得出五点井网通过变形可以获得最优的净现值。从优化后油藏饱和度场图可以看出，获得最优的布井方案可以有效驱替油藏。图 6-38 展示了不同井网随优化步的 NPV 变化情况。

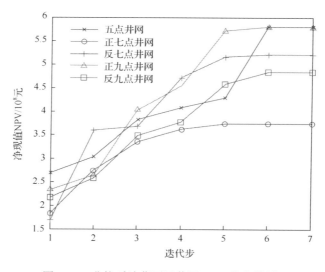

图 6-38　非均质油藏不同井网 NPV 优化结果

　　各井网开发方案在优化过程中，相比于最初的布井方案都有了明显提高，其中正五点井网与正九点井网开发效果类似，七点井网的开发效果则差一些。即调整后的正方形井网相比于三角形井网对该油藏会获取更好的开发效果。

6.3　考虑地质及开发因素约束的三角形井网优化

　　井网的设计在油田开发过程中具有十分重要的作用。目前，许多研究人员在井网优化方面也做了较多工作，解析方法是把井网优化问题转化为单一参数"井网密度"优化问题设计井网。随着现在科技知识的发展，更多的学者采用数值模拟[30-32]研究井网优化问题，优化理论在石油行业也有多方面的应用[33,34]。本节提出考虑地质及开发因素约束的三角形井网优化方法，旨在解决井网如何与目前的开发动态和已有的井网的匹配问题，通过建立数学模型，实现约束求解，给出考虑多种因数约束下的最优井网形式。

6.3.1 考虑地质因素以及开发因素约束的井网

1. 传统矢量井网定义

矢量井网优化是一种考虑油藏非均质情况进行井网设计的典型方法。目前，它是一种能够解决非均质井网单元布井问题的方法，根据地质条件不同，它能够给出单元内不同的井距，实现整个单元均匀驱替，矢量井网就是在这种情况下被提出。刘德华等[35]介绍了矢量井网的相关概念，并定性描述了井网部署方法。所谓矢量井网，是以沉积的物源方向、河流走向或主渗透率方向为基础而部署的阈值相适应的井网，同时考虑油层分布、物源方向、河流走向或主渗透率方向、裂缝方向、沉积微相的一种综合布井方式。开发井网也可称之为矢量井网，是由于井排之间水驱具有一定的方向性，若井网矢量与地质矢量一致，则油田能获得较好的经济效益。李阳等[3]在研究矢量井网的时候指出，要实现一个注采单元的均衡驱替，各向异性介质油藏不同方向上的井距必须满足：

$$\frac{d_y}{d_x} = \sqrt{\frac{K_y}{K_x}} \tag{6-12}$$

式中，d_x 为 x 轴方向上生产井与注水井间距；d_y 为 y 轴方向上生产井与注水井间距；K_x 为 x 轴方向上的渗透率；K_y 为 y 轴方向上的渗透率。

式(6-12)表明为了实现一个注采单元的均衡驱替，注水井到周围个生产井的距离的比值应等于各个方向的渗透率的 0.5 次方的比值，将以此为依据进行井网的调整。

2. 考虑地质因素及开发因素约束的井网

针对矢量井网问题，考虑油田的实际情况，提出了一种同时考虑地质因素及开发因素约束的三角形井网优化的方法[32]。这种方法能够根据实际油田约束条件的变化实现变尺度、井网单元方向可调等多种功能。在油田生成井网时，不仅考虑油藏边界、油藏内部断层、裂缝等地质因素的影响，还考虑了开发因素的影响，例如，说对于已经含有少量井的油田，实现井网加密时还会遇到生产井和注水井的约束。

在实际的油田开发工作中，不同类型的油田天然能量的大小及天然能量的类型不同，油田的大小各异，且开发者对油田产量的要求会随着外部条件而做出调整，油田的开采特征和开采方式也各有不同，所以在井网生成过程中遇到的更多的问题是一个区块中的生产井的约束问题。在进行井网加密的过程中，原有的生产井的位置已经确定，新生成的井网必须在原有的生产井的基础上进行构建。

本节所定义的矢量井网是考虑了现有的油水井井网布局，以及油藏内外的断层及尖灭的无油区等边界和自身物性的特点，根据油藏不同的沉积相分布，生成最优井网加密形式、最优变尺度单元、最优尺度、最优井数、最优注采关系并考虑了边界的一套井网。定义的矢量井网具有以下特征。

(1)尺度可变。油藏本身地质特征复杂多变，渗透率场及油水的分布情况也随着开发不断变化，因此井网单元的尺度需要及时进行调整，以达到最佳的开发效果。

（2）具有方向性。随着油田开发进程的不断推进，油藏的驱替会导致油水的重新分布，渗透率场也在随时更新，此时井网单元要做出适时的调整方位，使驱替向着更有利的方向进行。

（3）区域单元不同尺度不同。在实际油田布井过程中，区域中往往会有各种各样的限制条件，已有井位、断层、裂缝等，所以布井时要据此对单元进行调整，各个单元的大小、方向会有所不同。

（4）具有边界、断层、原始井位约束。对于已开发的成熟油田来说，已广泛布置了探井或已开发的油水井，这些油水井呈散点分布，因此新生成的井网要求涵盖已有的油水井，新井网的井点必须与已存在的油水井井点完全重合。对于油藏本身，除了油藏边界外，其内部往往存在有断层和尖灭无油区，因此要求新井网需与油藏内外边界等条件相契合。

6.3.2　井网优化问题

1. 井网优化背景

根据上述提出的矢量井网，如何对矢量井网进行优化[36]，使之适应不同的实际油藏成了需要考虑的问题。由于地质条件的各向异性，注水开发时，水相容易沿着高渗通道率先突破至生产井底，造成水窜，导致生产井之间见水时间出现差别，而且随着高渗通道的阻力减少，舌进现象会越来越严重，对于开发有很不好的影响。

此外，对于均质油藏来说，井网对采收率的影响不明显。但是对于非均质油藏，尤其是岩性复杂或不连续的油藏，井网对采收率有相当大的影响，特别是在油田开发后期，井网的形态与井网密度的大小对开发效果的好坏起着决定性的作用。在井网形态不变的前提下，井网密度越大，最终采收率就越高，但考虑到井数的增多会大大增加投资成本，因此并不是井数越多，油田经济效益越好，而要找到一个最优的平衡点，既要增加产出，又要降低投入。所以，如何对井网进行合理的优化，设计出最优的井网形式，对于经营者来说十分重要。

2. 模型构建

对于自适应井网的构建问题，首先运用平面二维 Delaunay 三角网格生成原理[37]，并在此基础上考虑油藏边界、油藏内部断层、初始生产井及注水井井位的限制，由此得到油田井网生成器，然后将井网生成器与井网优化程序相链接。给定油田边界、断层、初始生产井、注水井井位及初始井网密度，在给定约束条件下生成一套初始井网，然后利用井网优化程序调用商业数值模拟软件计算初始井网的净现值。选择初始边界点和生产井、注水井的井网密度及油田总注采量作为优化变量，使用 PSO 算法改变各个优化变量的值得到井网生成器的输入文件。井网生成器利用新的输入文件重新生成另一套新的井网。井网优化程序再次调用油藏模拟软件计算净现值。重复此步骤直到净现值取得最大值，得到最优井网。

1）目标函数

从工程的角度上来讲，对一个油田的开发，总希望能尽可能多地采出储层中的原油，以提高油田的原油采收率，因此累计采油量自然成为油田各个参数优化的目标函数。从油藏经营管理的角度上来讲，管理者追求的目标是获得最大的经济采收率，所以应该正确合理的应用各种资源来进行油气田的开发。对资源的要求和利用，应该把长期开发、持续开发的贯穿于整个油田的开发进程中，以最佳经济效益作为为核心。因此把油田的净现值（NPV）作为优化的目标函数从经济的角度来说更具合理性，本次优化过程将以油田的净现值（NPV）作为目标函数。

净现值是一项投资所产生的未来现金流的折现值与项目投资成本之间的差值。一般说来，净现值大于 0 则方案可行，且净现值越大，方案越优，投资效益越好，而净现值为负值的投资方案不可以接受（不考虑其他如公司的战略性决策等因素）。在净现值均大于 0 的情况下，净现值最大的为最优方案。其计算公式为

净现值=未来报酬的总现值 – 项目投资现值

用符号表示为

$$\text{NPV} = \sum_{t=1}^{n} \frac{p_o Q_t^o + p_g Q_t^g - p_w^p Q_t^{w,p} + p_w^i Q_t^{w,i}}{(1+r)^t} - \sum_{i=1}^{N} \left(C_{\text{drill}} H_i + C_{\text{completion}} \right) \qquad (6\text{-}13)$$

式中，NPV 为净现值，元；r 为贴现率；n 为投资项目的寿命周期，年；N 为总井数；C_{drill} 为平均单位长度的钻进成本，元/m；H_i 为第 i 口井井深，m；$C_{\text{completion}}$ 为完井成本，元/口；p_o 为原油的销售价格，元/t；p_g 为天然气的销售价格，元/m³；Q_t^o 为第 t 年的原油销售量，t；Q_t^g 为第 t 年的天然气销售量，m³；p_w^p 为单位采水费用，元/t；p_w^i 为单位注水费用，元/t；$Q_t^{w,p}$ 为第 t 年采出的水量，t；$Q_t^{w,i}$ 为第 t 年注入的水量，t。

为了便于计算和分析，假设原油和天然气的销售价格、单位注水和采水费用均为常数，在实际运用中，用户可以根据需要自行调整即可。

使用改进的网格生成器进行井网的自动生成时，区块的边界及初始生产井和注水井的位置均已固定，唯一可以改变的是初始点集的密度控制值，当改变个点的密度控制值时，生成的井网也将发生变化，井的数量和井的位置都将改变。因此，把各个初始点的密度控制值及整个油田的注采量取为优化变量。设初始点有 n 个，则优化变量为 $n+1$ 个。优化的目的就是寻找各点合适的密度控制值及全油田的注采量，使生成的井网在该注采量下能取得最大净现值。

2）优化变量

井网中存在大量的井位，如果仅优化井的位置，很难保证各井网的点相互不交叉，这使井位优化的方法不能应用于井网优化。为了解决井位离散优化的问题，设定优化的变量为油藏内不同位置处三角形单元的边长。根据 Delaunary 理论的特性，如果设定该点单元的边长，周围单元的边长将参照其长度进行调节，也就是说，如果设定单元边长

短，该位置处井网单元的密度就密，边长长则单元的密度就稀。优化变量的个数取决于选取点的个数，通过对这些点的优化，可以间接优化油藏中不同位置井网的密度，实现规模化、变尺度、变密度的井网布局。单元设定边长的大小需要考虑油藏的长宽，一般最大值不超过油藏长宽最短距离的一半。优化的过程中，设置的点如图 6-39 所示，包括以下点。

（1）外边界上的点，如图 6-39 中点 1～4。

（2）内边界上的点，如图 6-39 中点 5～7。

（3）断层上的点，如图 6-39 中点 9、点 10。

（4）注采井点，如图 6-39 中点 12 为采油井位，点 8 为注水井位。

（5）其他点，如图 6-39 中点 11 代表没有受井网控制的点的位置。

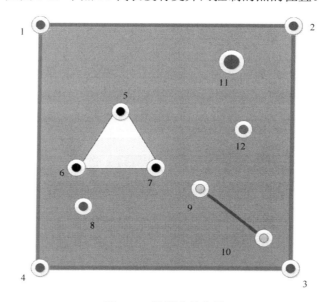

图 6-39　设置点的位置

6.3.3　井网生成及优化求解

基于 Delaunay 三角网格剖分的理论和 Voronoi 网格生成理论生成考虑约束条件的井网，并在此基础上利用 PSO 方法[34]对井网进行优化，得到最优的将井网布局。

1. Voronoi 网格生成和 Delaunay 三角网格剖分

1）常规的 Voronoi 及 Delaunay 网格

设定油藏的外边界、内部的尖灭区及井点的坐标位置，如图 6-40 所示，点 0—5 定义了区域的边界，代表一条边界链。点 6—9—12—15 定义了区域内部一个空洞，代表一条空洞链。输入文件就是包含有点的信息和边的信息两部分。其中点的信息有点的数量、坐标、密度控制值和标记值等；边的信息有起始点、终止点和各边的标记等。

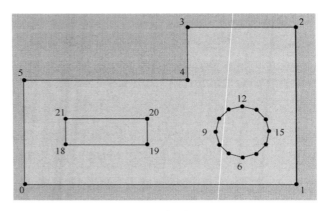

图 6-40　初始区域

　　构造一个足够大的三角形，包含整个需要布井的油藏区域。首先生成初始边界剖分，根据设定的初始条件，由两个端点处的单元边长的大小插入散点，构建三角形。将点集中的散点依次插入，形成一个初始的 Delaunay 三角网格剖分。将位于剖分区域外部的三角形去掉，得到区域内部的初始三角剖分，直到所有的三角形都满足要求或总点数大于最大点数，最终完成 Delaunay 三角剖分，把该区域的 Delaunay 三角剖分与其对偶图 Voronoi 叠加在一起后结果如图 6-41 所示。

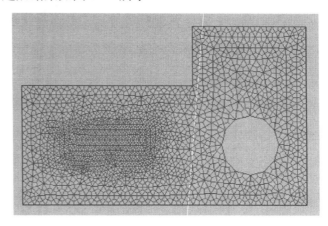

图 6-41　Delaunay 三角剖分和 Voronoi 图

2）Voronoi 网格约束点算法的改进

　　由于借鉴的网格生成程序在进行网格剖分时，完全没有考虑最终生成的 Delaunay 三角网格的对偶图（Voronoi 图），只进行区域的三角剖分，区域的 Delaunay 三角剖分完成以后，Voronoi 图自然也就确定下来。因此，当一个区域存在 Voronoi 图的顶点约束时，由于网格生成器没有处理 Voronoi 图的模块，无法生成用户想要的网格。即当存在生产井时，原有的网格生成程序无法进行井网的自动生成，需要对算法约束进行改进。

　　对网格剖分程序改进如下：首先根据输入文件计算每一口生产井的最大空圆，如果某一口生产井的最大空圆上只有一口或两口注水井，则主动在该生产井的最大空圆上添加两口或一口注水井，使每一口生产井的最大空圆上都有三口或三口以上的注水井。添加的准则是使添加后得到三口注水井形成的三角形尽量接近等边三角形。为了确保在随后的区域三角剖分中不会有新的点插入到各口生产井的最大空圆内部，将各口生产井的最大空圆上的注水井的密度控制值，设置为空圆上的注水井沿着顺时针或逆时针方向形成的多边形的最小边长。当输入文件中给定生产井的密度控制值时，同样，首先逐口计算生产井的最大空圆，若该空圆的半径小于生产井的密度控制值的某一个倍数，则按照上面所说的算法处理，否则说明该生产井周围的井密度太稀疏，井距大于用户要求的井距，则人为指定该生产井的"最大空圆"半径为其密度控制值的一个合适的倍数。图 6-42 实现了注采井点的约束。

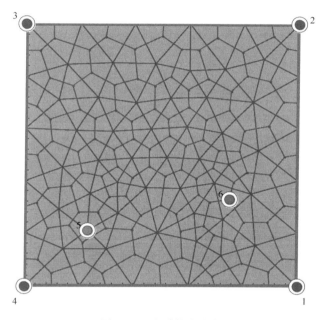

图 6-42　注采井点约束

2. 井网优化求解

将井网生成与井网优化相结合后，给定初始基本参数，便可自动进行优化，最终生成一套最优的井网，其具体优化步骤如下。

(1)首先建立油藏模型，准备油藏数值模拟所需要的各类参数，包括储层面积、储层厚度、储层物性参数，如孔隙度分布、相对渗透率曲线及生产动态等资料。此外，还需要给定井网生成和井网优化所需要的一些数据，如油田已有的生产井和注水井的井位等信息，以及优化井网时的迭代步数、油气水的价格等参数。

(2)准备好油藏的基本参数并建立起油藏数值模型以后，井网生成器会根据初始条件如油田的边界点、已有的生产井和注水井的井位及设定参数生成一套初始井网。

(3)然后将生成的初始井网中各井的井位与油藏模拟器进行网格匹配，通过油藏数值模拟获得油田开发指标。利用油田开发指标计算总的净现值，即初始井网的净现值。

（4）由于目标函数和优化变量之间没有显示的函数关系式，利用 PSO 算法实现井网的优化，每一次迭代完之后进行下一次的搜索，直到达到最优或者是达到最大迭代步数。

（5）经过多次迭代之后得到目标函数的最优值。每计算一次目标函数的值及净现值时都需要将各个优化变量的值传递给井网生成器生成一套井网。当目标函数取得最大值时的井网即为所需要的最优井网。

6.3.4　实例分析

选取一个二维非均质油藏，油藏初始含油和水，油藏原始压力 30MPa，生产井定液量生产，油藏的总注入量保持不变，注采比为 1∶1，模拟总生产时间为 10 年。每口注水井和生产井的成本估计为 5×10^6 元，原油的价格为 3000 元/t，处理产出水的费用为 100 元/t，注入水的费用为 100 元/t。统一对含水率小于 50% 的层位射孔，油藏假定为确定模型。

选取油田净现值为目标函数，应用 PSO 优化程序分析井位优化问题，该实例中使用了常用的商业油藏模拟器。建立的地质模型汇总将该区块看作边界规则的二维油藏，网格划分为 50×50，网格大小为 50m×50m×10m。在初始条件下，定义油田含有 2 口生产井和 1 口注水井及一条不渗透边界，用井网生成器所生成的井网中必须保证这 3 口已有的井和断层的位置不变，其初始位置及渗透率场如图 6-43 所示。从该区块的初始渗透率场分布图可以看出，该油藏含有 3 条高渗通道，其中绿色的点代表初始的注水井位，两个红色的点代表的是初始的生产井位，红色的线代表的是断层位置。

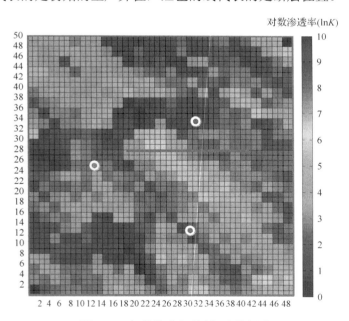

图 6-43　初始约束条件（文后附彩图）

初始井网和最终优化后井网如图 6-44 和图 6-45 所示。

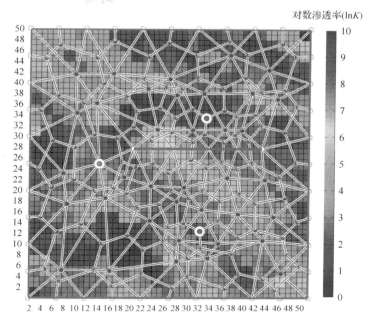

图 6-44　初始井网（文后附彩图）

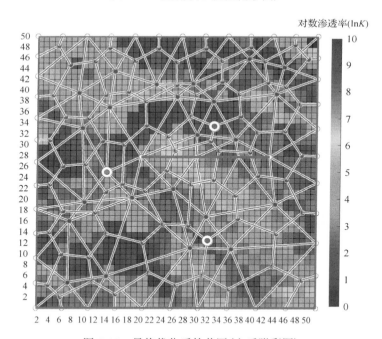

图 6-45　最终优化后的井网（文后附彩图）

　　对比井网形式，可以看出在高渗透带周围的注水井减少了，这样避免水沿着高渗透带突进，低渗带优化显著，由原先的密集转为优化后的稀疏，节省了生产成本；在断层上布置的都是假想的注水井，而且对比原始井网和最终优化后的井网发现，断层附近的井网单元有所减少，这使开发向着更有利于采出更多油的方向发展。综合图 6-46 和图 6-47

分析可以看出，断层下方的含水分布多于上方，但是井网要密于下方，这一方面是出于渗透率的非均质性考虑，另一方面考虑的是驱油效果，在断层下方低渗带加强注水可以防止油过多地集中在断层附近采不出来，而形成死油区，造成浪费。另外，观察 3 口初始井位，可以看出在注水口井附近优化井网单元由大变小、由疏变密，而在生产井附近则相反，井网单元由小变大由密变疏，下面的这口生产井变化尤为明显，这是基于渗透率和断层等影响因素考虑的。

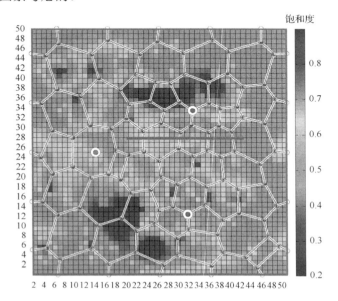

图 6-46   原始井网的饱和度分布图（文后附彩图）

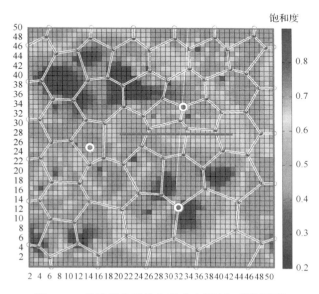

图 6-47   最终优化后饱和度分布图（文后附彩图）

由图 6-46 和图 6-47 可知，原始井网的饱和度分布含水大多集中在高渗透带，而优化后的井网含水分布多向低渗透带转移，在低渗透带加强注采，增大了低渗透带的含水分布，这样既防止注水开发时水相沿着高渗透带水窜，又增加低渗区域的采油量，从而提高注水开发的效率。在断层附近注水明显增多，以便于采出附近的原油，不至于在断层附近形成死油区而采不出原油。

　　由图 6-48 可知，随着含水率的上升，累产油量逐渐增加，而且优化后的累产油量较之优化前有了大幅提升，对比两次优化结果，最终优化后井网的累产油也是增加的。虽然井网稀疏了，井的数量的大量减少，但是采出的油却在增多，因此该优化方法对实际油田开发具有可行性。采出的油增多，一方面原因是高渗透带含水下降，避免了不必要的浪费，提高了注水波及范围；另一方面，断层附近注水明显增多，把断层附近原先井网不能采出的油采了出来，因此产油量得到了提高。

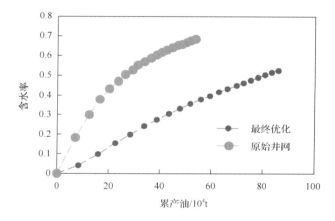

图 6-48　累产油和含水率的关系曲线

　　如图 6-49 所示，随着迭代次数的增加，NPV 有增长趋势，由于利用 PSO 算法进行搜索时，需要对每个随机初始化粒子的井网密度(WPV)进行三个梯度方向的叠加，每个粒子会搜索到一个最优的 WPV，比较所有粒子得到群体中最优的 WPV 值，由此计算得到该次迭代最优的 NPV，然后进行下一次迭代。在迭代过程中调整搜索方向要受到三个梯度方向的约束，调整较为缓慢，因此会有一段时间的近乎停止增长，但是在调整到合适的方向时，NPV 会有较明显的增长。

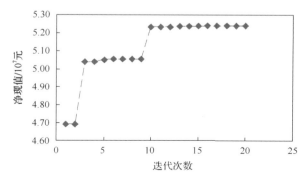

图 6-49　净现值随迭代次数的变化曲线

6.3.5　结论

(1)借鉴网格剖分理论中的 Delaunay 三角网格剖分，通过对其进行改进，实现了考虑断层、边界及已有注采井等复杂情况约束下的三角形井网生成。

(2)通过将井网生成理论与最优化方法相结合，实现了考虑约束条件下的井网优化，通过迭代计算，能够依据现有的地质条件与开发状况，生成与之相适应的最佳井网匹配形式。

(3)利用理论测试实例，证明了该方法的正确性，能够用于复杂情况下油田三角形井网的构建与优化，但是，目前该项理论仅适用于三角形井网，对于矩形井网来说，难以考虑具体的约束条件，有待进一步的深入研究。

6.4　考虑地质及开发因素约束的四边形井网优化

6.4.1　四边形网格剖分方法

在生成三角形井网的方法上进行改进，可以生成四边形井网来适配复杂地质状况和开发状态。目前四边形网格剖分方法主要分为两种：直接剖分法[38,39]与间接剖分法[40,41]。直接剖分法是将区域直接剖分为四边形网格，但是算法复杂计算量较大且容易不收敛。2006 年，Tchon 和 Camarero[42]提出了一种间接剖分法，先将区域剖分成 Delaunay 三角形网格，再将网格的点位进行调整以得到四边形网格，如图 6-50 所示，但是这种方法需要移动点的位置，并且要删除一些多余的点位，因而存在缺陷。2011 年，Remacle 等[43]提出了利用无穷范数约束的 Frontal-Delaunay 四边形网格剖分法，即在无穷范数下进行边长的截取，直接生成直角 Delaunay 三角形，从而免去了点位的移动与多余点位的生成，使剖分效率大大提高。

常规 Delaunay 三角形剖分通常在二范数下计算边长，即在二维平面中，点 $A_1(x_1, y_1)$ 到点 $A_2(x_2, y_2)$ 距离为 $\|A_2 - A_1\|_2 = (|x_2 - x_1|^2 + |y_2 - y_1|^2)^{1/2}$，在二范数下边长相同的三角形为等边三角形，如图 6-50 (a) 所示：$\|x - x_1\|_2 = \|x - x_2\|_2 = a$。而直角三角形斜边与直角在二范数下长度不等，如图 6-50 (b) 所示：$\|y - y_1\|_2 = a, \|y - y_2\|_2 = \sqrt{2}a$，因而无法利用常规的 Delaunay 三角形剖分算法得到直角三角形，而在无穷范数条件下，两点之间的距离为 $\|A_2 - A_1\|_\infty = \lim_{p \to \infty} \|A_2 - A_1\|_p = \max(|x_2 - x_1|, |y_2 - y_1|)$，因而直角三角形的直角边与斜边在无穷范数下相等，如图 6-50 (b) 所示：$\|y - y_1\|_\infty = \|y - y_2\|_\infty = a$，因而可以在无穷范数下进行 Delaunay 三角形剖分，从而直接得到直角的 Delaunay 三角形，并用边界的方向约束直角三角形的方向，待剖分完成后将直角三角形合并为四边形，从而实现四边形网格的剖分，具体步骤如下。

(1)设置关键点位以限定剖分区域[图 6-51 (a)]。

(2)两点之间连线，生成区域边界[图 6-51 (b)]。

(3)将边界细分为多个小段，每小段之间加入新的点位[图 6-51 (c)]。

　　（4）利用无穷范数约束，对区域进行剖分，以边界上的点位为顶点，以邻近的区域边界方向约束直角边的方向，生成 Delaunay 直角三角形网格[图 6-51（d）]。

　　将共用一条斜边的两个直角三角形合并，去掉斜边，得到四边形网格[图 6-51（e）]。

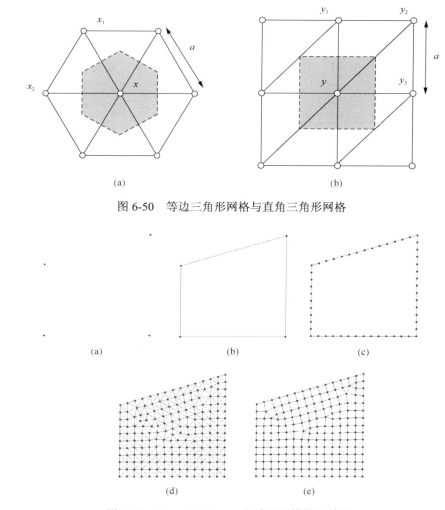

图 6-50　等边三角形网格与直角三角形网格

图 6-51　Frontal-Delaunay 四边形网格剖分过程

　　由图 6-51（e）可知，在实际的剖分过程中，由于受到区域形状的影响，无法保证得到的三角形均为直角三角形，会生成一些孤立的非直角三角形，这些三角形可用于弥补剖分形成的误差。

6.4.2　四边形井网适应性调整

　　在得到网格之后，可将注入井布置在网格的交点，生产井布置在形心，这样就实现了一套完整的四边形井网。但要使井网体现出适应性，包括对边界、断层及现有井位等复杂情况的约束，井网密度的变化等，要对井网进行适应性调整。

如图 6-52(a)所示油藏模型，其边长为 2000m，存在断层已有井位等复杂情况。对于断层及已有注入井位，可将其视为特殊的内边界而进行约束；对于初始生产井位，可将其视为形心，反演出相应的注入井单元，如图 6-52(b)所示，从而形成约束。为实现井网密度的变化，在网格构建过程中，可以将初始点位赋以相应的数值，这样的点称之为关键点，四边形网格剖分算法可以根据关键点位的值控制临近网格的边长，从而调整网格密度。关键点的值可以由外部输入(表 6-2)，这样可以实现对网格密度的人为控制。由图 6-52(c)、图 6-52(d)可以看到，生成的井网严格的约束了断层及边界，以及已有井位，并且井网密度随着关键点的值进行了改变，实现了适应性调整。

表 6-2　各关键点对应的值

关键点位	关键点的值/m
B1	500
B2	400
B3	500
B4	750
F1	500
F2	500
INJ-01	500
PRO-01	500

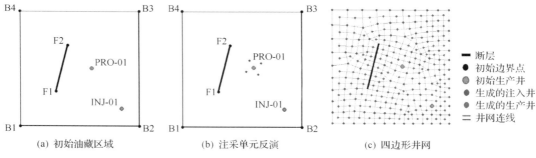

(a) 初始油藏区域　　　　　(b) 注采单元反演　　　　　(c) 四边形井网

图 6-52　适应性井网生成实例

综上所述，利用 Frontal-Delaunay 四边形网格剖分法能够生成的符合要求的适应性四边形井网，约束住了边界断层及已有井位，匹配了油藏的非均质性。

6.4.3　应用实例

由图 6-53(a)可知，该油藏渗透率有很强的非均质性，油藏内部存在一条断层及已有的注入井(INJ-01)和生产井(PRO-01)。油藏面积为 5000m×5000m，被离散化为 50m×50m 的地质单元，每一个单元的颜色代表该单元的渗透率。油藏的初始含油饱和度分布如图 6-53(b)所示，其余地质参数与上述三角形井网的油藏模型相同。油藏设定的开发期限为 10 年，井网的优化方法与三角形井网优化方法相同。

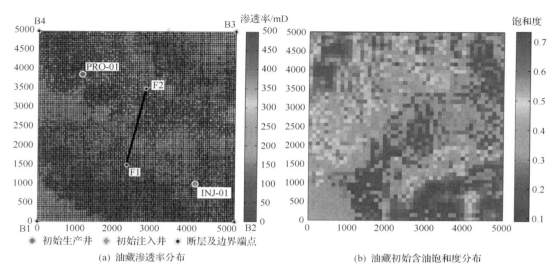

(a) 油藏渗透率分布　　　　　　　　(b) 油藏初始含油饱和度分布

图 6-53　油藏地质情况（文后附彩图）

为验证井网优化对采收率的提高效果，将生产井与注入井均设为直井，优化过程中每口注入井的注入量定为 100m³/d，不随优化过程变化，生产过程中无气体产出，为各关键点赋初始值如表 6-3 所示。

表 6-3　油藏关键点的初始值

关键点	初始值/m
B1	475
B2	475
B3	475
B4	475
F1	475
F2	475
INJ-01	475
PRO-01	475

由以上参数作为约束，生成的初始井网如图 6-54(a) 所示，该井网能约束油藏的边界、断层及现有井位，但由于关键点的初始值相同，因此生成的井网中井距相同，为传统的规则井网，不会随油藏的非均质性而发生变化。经优化后生成的井网如图 6-54(b) 所示，该井网不仅能约束油藏的边界、断层及现有井位，并且不同区域的井距根据油藏的非均质性情况做出了调整，体现出变密度适应性的特点。结合图 6-53(b) 中的初始含油饱和度的分布可以看到，油藏初始含油饱和度的分布具有强烈的非均质性，有两块富集区域，其中一块位于高渗透区，另一块位于低渗透区。优化后的井网在位于高

渗原油富集区的井距变大，这样延缓了见水时间，避免过早水淹，更利于高渗区域的开采；而在低渗的原油富集区井距缩小，这样可以减小启动压力与流动阻力，更利于低渗区域的开采。对渗透率相同的区域，含油饱和度高的地方井网密集，含油饱和度低的地方井网疏松。

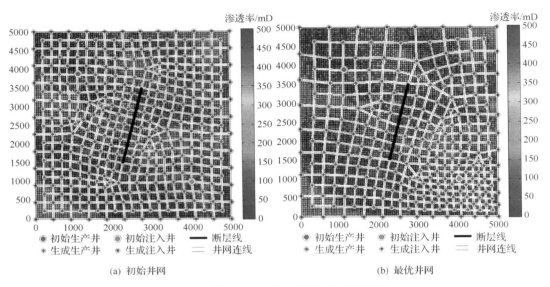

图 6-54　井网构建及优化效果（文后附彩图）

图 6-55 为不同井网的剩余油饱和度分布图，可以看到优化井网的开采效果要明显优于初始井网，地层原油被驱替得更加彻底，说明优化后的井网明显改善了地层的非均质性，体现出更好的适应性。

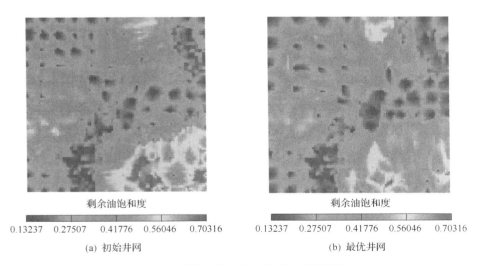

图 6-55　剩余油饱和度对比（文后附彩图）

　　在井网优化过程中 NPV 随优化过程的变化如图 6-56 所示。由图中可见，NPV 在优化过程中一开始显著增大，而后逐渐平缓最后趋于水平，NPV 几乎不再变化，说明优化模型对井网优化的效果已经达到了最优。

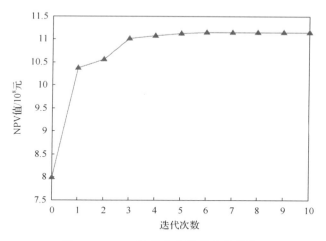

图 6-56　NPV 随迭代次数的变化曲线

　　初始井网和优化井网对应的累计采油量随时间的变化曲线如图 6-57 所示。初始井网和优化井网对应的含水率随累计采油量的变化曲线如图 6-58 所示。可见经过井网优化后低渗原油富集区得到了更好的开发，相同的开采时间对应的累计采油量明显上升；同时高渗区域的产水减少，相同的累计采油量对应的含水率显著下降，再次说明优化的井网更能匹配油田的地质情况，明显改善了驱替效果，进而显著提高了油田产量。

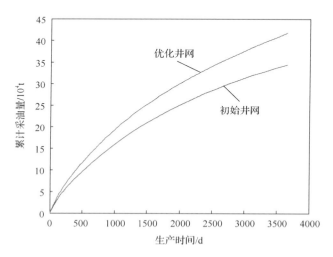

图 6-57　累油量随时间变化曲线

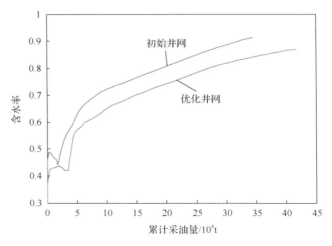

图 6-58　含水率随累计采油量变化曲线

6.4.4　结论

(1)使用非结构网格剖分理论中的 Trontal-Delaunay 四边形剖分算法进行井网的构建，实现了在考虑断层、边界及已有注采井等复杂情况约束下的适应性四边形井网生成与形态调整。

(2)通过将井网生成理论与最优化方法相结合，实现了考虑约束条件下的井网优化，通过迭代计算，能够依据现有的地质条件与开发状况，生成与之相适应的最佳井网匹配形式。

(3)利用理论测试实例，证明了该方法的正确性，能够用于复杂情况下油田四边形适应性井网的构建与优化，但是，目前此项理论仅适用于四边形井网，对于多种井网形式混合的复杂井网的构建与优化，有待进一步的深入研究。

6.5　井 位 优 化

油藏开发过程中，最关键、最重要的是如何确定钻井的井位。人们总是希望在油气最富集、成本最低、又能采出最多原油的位置布井。但是在油藏模拟时，井位都是离散的变量，采用梯度的算法来进行求解非常困难，而采用非梯度随机算法(如遗传算法)因计算量太大而不可行[1-3]。所以，本章节将离散分布的变量转换为连续分布的变量，在此基础上寻求最优的井位分布。

6.5.1　井位优化方法

井位优化方法的基本思想是在每个网格上都布置相应的油井或水井，然后通过优化各井的流量达到最大化生产净现值的目的。这里的目标函数在优化时考虑了单井的钻井成本，当该位置的油水井流量为 0 时，可认为这个网格所处的位置不是优化的目标井位。

这里仅考虑二维油藏中在已知生产井井位的情况下优化一口或多口水井的井位。在设定油井井位的油藏中，将其余所有的网格均布上注水井，通过迭代运算对任意时刻总的注入量进行约束。对于目标函数来说，除了注采实时第 5 章中提到的传统的生产净现值定义外，加入了注水井的钻井成本，目标函数变为

$$L^n\left(u^n, W^n, \Delta t^n\right) = \sum_{j=1}^{N_p}\left\{\left[q_{o,j}W_{o,j}^n - C_{wp}q_{w,j}\right]\frac{\Delta t^n}{(1+b)^{t^n}}\right\} \\ - \sum_{j=1}^{N_I}\left[C_{wi}q_{wi,j}^n\frac{\Delta t^n}{(1+b)^{t^n}}\right] - \sum_{j=1}^{N_I}\left[C_{inj}\left(\frac{q_{wi,j}^n}{q_{wi,j}^n + a}\right)\right] \tag{6-14}$$

式中，C_{inj} 为注入井单井钻井成本；a 为常数，如 10^{-10}；$q_{o,j}$ 为每个时间段单井第 j 层段产油量，m^3；$q_{w,j}$ 为每个时间段单井第 j 层段产水量，m^3；$q_{wi,j}$ 为每个时间段单井第 j 层段注水量，m^3；C_{wp} 为产水量成本因子；C_{wi} 为注入量成本因子；b 为目前的利息率；N_p 为在产射孔层段总数；N_I 为注入井井数；W^n 为第 n 个时间步的注入和产液量；Δt 为时间步的步长。

优化的过程中，所有注入井的总注入量是不变的，这里的约束条件为

$$\sum_{i=1}^{N_i} q_{wi,i} = q_t \tag{6-15}$$

式中，q_t 为注水井的总注入量，m^3/d。

因目标函数改变，求解过程的步骤也会有所改变，具体内容跟非线性约束优化中的步骤相类似。

(1)给出初始条件和工作制度，沿着时间尺度正向求解油藏模型，保存每个时间步的状态变量 x (每个网格的压力和饱和度)。

(2)在油藏模拟计算过程中，储存每一计算时间步的雅可比矩阵和计算伴随方程所需要的油水井项偏导数。

(3)根据油藏模拟的计算结果计算成本目标函数。

(4)利用已存储的雅可比矩阵和油水井项偏导数求解伴随方程，计算拉格朗日乘子。

(5)根据计算所得的拉格朗日乘子，计算控制变量梯度 ∇f。

(6)根据式(6-18)，更改这里的 ∇f 为

$$\nabla f = \nabla f + C_{inj}\frac{a}{\left(q_{wi,j}^n + a\right)^2} \tag{6-16}$$

(7)由已设定的控制变量的边界条件，利用对数变换对梯度进行约束，得到边界约束的梯度为 $\nabla f = \nabla f \dfrac{\mathrm{d}s_i}{\mathrm{d}u_i}$。

(8)采用投影梯度法，利用 $\mathrm{d}k = -P\nabla f$ (P 为投影矩阵，$\mathrm{d}k$ 为约束梯度)求得约束梯度。

(9)利用 $s_{i+1} = s_i + a\mathbf{d}k$ 求得 $\boldsymbol{x}_{i+1}$，根据 $\boldsymbol{s}_{i+1}^{l+1} = \boldsymbol{s}_{i+1}^{l} - \nabla \boldsymbol{g}^{\mathrm{T}} \left[\nabla \boldsymbol{g}^{\mathrm{T}} \left(\nabla \boldsymbol{g}^{\mathrm{T}} \right)^{\mathrm{T}} \right]^{-1} \boldsymbol{g} \left(\boldsymbol{s}_{i+1}^{l} \right)$ 可得到最终符合约束条件的 $\boldsymbol{s}_{i+1}^{l+1}$。

(10)进行对数变换反变换求得 $\boldsymbol{u}_{i+1}$，制定新的生产方案。

(11)重复优化过程，直到所有控制变量的梯度接近 0 为止。

6.5.2　计算实例

1. 均质油藏模型

该模型为一油水两相五点法二维模型，网格为 $13 \times 13 \times 1$，网格大小 $\Delta x = \Delta y = \Delta z = 30.48\mathrm{m}$。油藏为均质油藏，渗透率为 $1\mu\mathrm{m}^2$，孔隙度为 0.2。每口生产井的井底流压设为 13.8MPa，总的注入量是 $136.5\mathrm{m}^3/\mathrm{d}$，总的生产时间是 950d，按照前述的方法，油藏的初始布井方式如图 6-59 所示，在油藏的四个边角为四口采油井，其余网格皆布置为注水井，常数 a 取一极小的数值，每口注水井的成本为 1.4×10^7 元，原油的价格为 4000 元/t，处理产出水的费用为 1500 元/t，注入水的费用为 500 元/t。

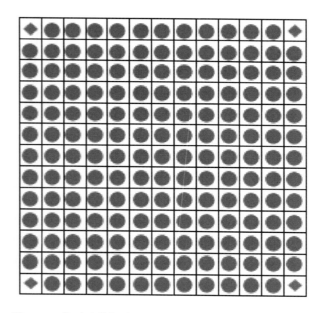

图 6-59　均质油藏初始布井井位图（◆为油井，●为水井）

以均质五点法生产的油藏为算例，主要目的是测试算法的准确性，测试与实际的生产情况是否相符。计算结果表明，最后的优化井位分布只在油藏的中心剩有一口注水井，注入量为 $136.5\mathrm{m}^3/\mathrm{d}$，其余注入井的注入量均为 0。最终优化后的井位如图 6-60 所示。优化的过程共经过了 7 次迭代，迅速的找出了最优的井位，NPV 变化如图 6-61 所示。

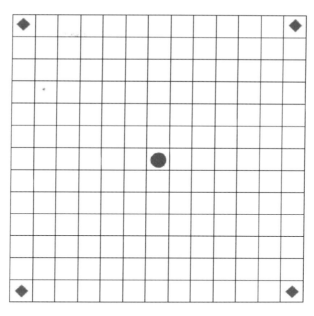

图 6-60　均质油藏优化后的布井井位图

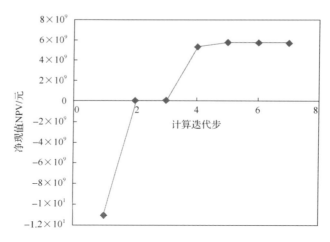

图 6-61　优化过程中的 NPV

2. 非均质油藏模型

该模型的网格为 $15 \times 10 \times 1$，网格大小 $\Delta x = \Delta y = 60.96\text{m}$，$\Delta z = 15.2\text{m}$。渗透率场如图 6-62 所示,孔隙度为 0.25。每口生产井的井底流压设为 25.5MPa,总的注入量是 $1348.8\text{m}^3/\text{d}$,总的生产时间是 365d。常数 $a = 50$，每口注水井的成本为 1.4×10^7 元，原油的价格为 4000 元/t，处理产出水的费用为 1500 元/t，注入水的费用为 500 元/t。

油藏的初始布井方式如图 6-63 所示，在油藏中心布置两口生产井 PRO-01 井和 PRO-02 井,其余网格皆布置为注水井。

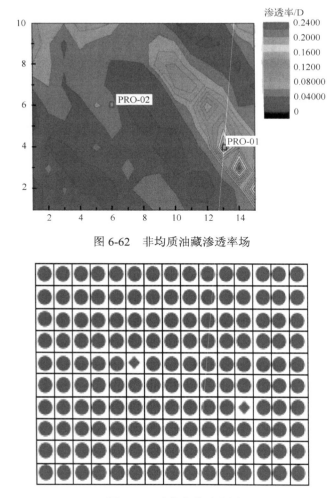

图 6-62　非均质油藏渗透率场

图 6-63　油藏布井示意图

经过优化计算，最后剩余 4 口水井井位，注入井流量分布图如图 6-64 所示。

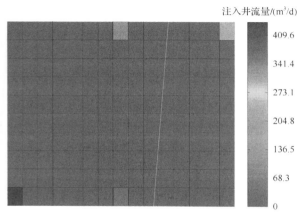

图 6-64　注入井注入量分布图

优化结果得到的 NPV 为 1.38×10^9 元，为了对比这种情况下的 NPV 是否为最优，选取不同的井位组合方式进行计算。

(1)除了生产井井位外的所有网格单独布置一口注水井，注入量 $1348.8 m^3/d$，计算发现最大 NPV 所处的注入井井位在网格(1,1)处，如图 6-65 中 INJ-01 所处的位置，计算得到 NPV 为 8.06×10^8 元。

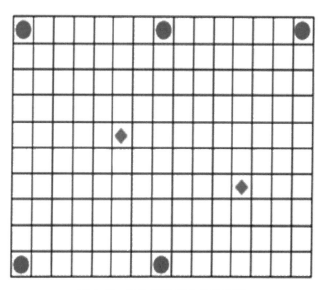

图 6-65　优化后油藏井位示意图

(2)在网格(1,1)和(10,15)处布置两口注入井，如图 6-65 中 INJ-01 和 INJ-05 所处的位置，计算得到 NPV 为 1.0×10^9 元。

(3)在网格(1,1)和(10,1)处布置两口注入井，如图 6-65 中 INJ-01 和 INJ-03 所处的位置，计算得到 NPV 为 1.16×10^9 元。

(4)在网格(1,1)、(10,1)和(10,15)处布置三口注入井，如图 6-65 中 INJ-01、INJ-03 和 INJ-05 所处的位置，计算得到 NPV 为 1.23×10^9 元。

(5)在网格(1,1)、(1,8)、(10,8)和(10,15)处布置四口注入井，如图 6-65 中 INJ-01、INJ-02、INJ-04 和 INJ-05 所处的位置，计算得到 NPV 为 1.34×10^9 元。

(6)在网格(1,1)、(1,8)、(10,1)和(10,15)处布置四口注入井，如图 6-65 中 INJ-01、INJ-02、INJ-03 和 INJ-05 所处的位置，计算得到 NPV 为 1.35×10^9 元。

(7)在网格(1,1)、(1,8)、(10,1)和(10,8)处布置四口注入井，如图 6-65 中 INJ-01、INJ-02、INJ-03 和 INJ-04 所处的位置，计算得到 NPV 为 1.37×10^9 元。

(8)在网格(1,1)、(1,8)、(10,1)、(10,8)和(10,15)布置五口注入井，如图 6-65 中 INJ-01、INJ-02、INJ-03、INJ-04 和 INJ-05 所处的位置，计算得到 NPV 为 1.36×10^9 元。

将上述各种方案绘制成表 6-4，可以看出优化结果所得到的 NPV 均高于其他方案，说明该优化结果为最优生产方案。

表 6-4　不同方案时数据对比

方案	NPV/元	产油量/(t/d)	产水量/(m³/d)	总注水量/(m³/d)	单井注水量/(m³/d)
1	8.06×10^8	317751.7	125656.9	492323.3	1348.831
2	1.00×10^9	353083.5	79922.43	492323.5	674.4155
3	1.16×10^9	379495.5	50053.35	492323.3	674.4155
4	1.23×10^9	394268.6	30252.81	492322.9	449.6099
5	1.34×10^9	414685	7602.88	492323.7	337.2078
6	1.35×10^9	417326	4652.933	492323.1	337.2078
7	1.37×10^9	420806.3	1285.244	492323.5	337.2078
8	1.36×10^9	421122.4	1316.026	492323.3	269.7662
优化所得方案	1.38×10^9	420918.1	1305.246	492325.7	参见图 6-44

参 考 文 献

[1] 刘秀婷, 王胜义, 杨军. 多目标优化法确定油田合理井网密度. 新疆石油地质, 2004, 25(1): 74-76.

[2] 邴绍献, 李志学, 王兴科, 等. 基于储量价值的油田井网密度优化模型及其应用. 西安石油大学学报(自然科学版), 2008, 23(6): 46-50.

[3] 李阳, 王端平, 李传亮. 各向异性油藏的矢量井网. 石油勘探与开发, 2006, 33(2): 225-227.

[4] 凌宗发, 王丽娟, 胡永乐, 等. 水平井注采井网合理井距及注入量优化. 石油勘探与开发, 2008, 35(1): 85-91.

[5] Tarhan B, Grossmann I E, Goel V. Stochastic programming approach for the planning of offshore oil or gas field infrastructure under decision-dependent uncertainty. Industrial & Engineering Chemistry Research, 2009, 48(6): 3078-3097.

[6] 赵春森, 许秋石, 孙广义, 等. 低渗透油藏各向异性交错井网优化. 油气田地面工程, 2010, 29(11): 17-18.

[7] 谭光明. 低渗透油藏井网优化技术研究. 海洋石油, 2007, 27(1): 49-57.

[8] 曹仁义, 程林松, 薛永超, 等. 低渗透油藏井网优化调整研究. 西南石油大学学报, 2007, 29(4): 67-69.

[9] 张枫, 李治平, 董萍, 等. 水平井整体开发井网研究——以大港油区关家堡油田为例. 天然气地球科学, 2007, 18(4): 621-625.

[10] Liu N, Jalali Y. Closing the loop between reservoir modeling and well placement and positioning. Intelligent Energy Conference and Exhibition, Amsterdam, 2006.

[11] Özdoğan U, Sahni A, Yeten B, et al. Efficient assessment and optimization of a deepwater asset development using fixed pattern approach. SPE Annual Technical Conference and Exhibition, Dallas, 2005.

[12] Onwunalu J E, Durlofsky L J. A new well-pattern-optimization procedure for large-scale field development. SPE Journal, 2011, 16(16): 594-607.

[13] 陈玉雪. 智能井网优化理论与应用. 青岛: 中国石油大学(华东), 2013.

[14] Baris G, Horne R N, Rogers L, et al. Optimization of well placement in a Gulf of Mexico waterflooding project. SPE Reservoir Evaluation & Engineering, 2002, 5(3): 229-236.

[15] Badru O, Kabir C S. Well placement optimization in field development. SPE Annual Technical Conference and Exhibition, Denver, 2003.

[16] Özdoğan U, Horne R N. Optimization of well placement with a history matching approach. SPE Annual Technical Conference and Exhibition, Houston, 2004.

[17] Emerick A A, Silva E, Messer B, et al. Well placement optimization using a genetic algorithm with nonlinear constraints. SPE Reservoir Simulation Symposium, The Woodlands, 2009.

[18] Morales A N, Nasrabadi H, Zhu D. A new modified genetic algorithm for well placement optimization under geological uncertainties. SPE Europec/Eage Annual Conference and Exhibition, Vienna, 2011.

[19] Norrena K P, Deutsch C V. Automatic determination of well placement subject to geostatistical and economic constraints. SPE International Thermal Operations and Heavy Oil Symposium and International Horizontal Well Technology Conference, Calgary, 2002.

[20] Yeten B, Durlofsky L J, Aziz K. Optimization of nonconventional well type, location and trajectory. SPE Journal, 2003, 8(3): 200-210.

[21] Daliri A, Zarei F, Alizadeh N. The use of neuro-fuzzy proxy in well placement optimization. Intelligent Energy Conference and Exhibition, Amsterdam, 2008.

[22] Bangerth W, Klie H, Wheeler M F, et al. On optimization algorithms for the reservoir oil well placement problem. Computational Geosciences, 2006, (10): 303-219.

[23] Jiang H, Ding S, Li J, et al. Optimization of well placement by combination of a modified particle swarm optimization algorithm and quality map method. Journal of Biomechanical Engineering, 2014, 18(5): 747-762.

[24] Hollander A, Qi K, Ershaghi I. Optimizing well patterns for various geologic facies models. SPE Annual Technical Conference and Exhibition, Dubai, 2016.

[25] 丁帅伟, 姜汉桥, 周代余. 基于改进粒子群算法的不规则井网自动优化. 中国海上油气, 2016, 28(1): 80-85.

[26] Wang C H, Li G M, Reynolds A C. Optimal well placement for production optimization. Eastern Regional Meeting, Lexington, 2007.

[27] Handels M, Zandvliet M J, Brouwer D R, et al. Adjoint-based well-placement optimization under production constraints. SPE Reservoir Simulation Symposium, Houston, 2007.

[28] Sarma P, Chen W H. Efficient well placement optimization with gradient-based algorithms and adjoint models. Intelligent Energy Conference and Exhibition, Amsterdam, 2008.

[29] 王大锐. BP 世界能源统计(2005 版). 石油勘探与开发, 2006, 33(1): 98.

[30] 张凯, 姚军, 刘顺, 等. 埕岛油田 6A+B 区块油藏动态优化方法研究. 中国石油大学学报(自然科学版), 2009, 33(6): 71-76.

[31] 姚军, 魏绍蕾, 张凯. 考虑约束条件的油藏生产优化. 中国石油大学学报(自然科学版), 2012, 36(2): 125-129.

[32] 张凯, 吴海洋, 徐耀东, 等. 考虑地质及开发因素约束的三角形井网优化. 中国石油大学学报(自然科学版), 2015, 35(4): 111-118.

[33] 张千里, 李星. 基于粒子群优化算法的模糊模拟. 计算机工程, 2006, 32(21): 33-34.

[34] Onwunalu J E, Durlofsky L J. Application of a particle swarm optimization algorithm for determining optimum well location and type. Computational Geosciences, 2010, 14(1): 183-198.

[35] 刘德华, 李士伦, 吴军. 矢量化井网的概念及布井方法初探. 石油天然气学报, 2004, 26(4): 110-111.

[36] Zhang K, Zhang H, Zhang L M. A new method for the construction and optimization of quadrangular adaptive well pattern. Journal of Natural Gas Science and Engineering, 2017, 42: 232-242.

[37] 陈学工, 潘懋. 平面散乱点集约束 Delaunay 三角形剖分切割算法. 计算机工程与应用, 2001, (15): 96-97.

[38] Blacker T D, Stephenson M B, Paving. A new approach to automated quadrilateral mesh generation. International Journal for Numerical Methods in Engineering, 1991, 32(4444): 811-847.

[39] Frey P J, Marechal L. Fast adaptive quadtree mesh generation. Proceedings of the Seventh International Meshing Roundtable, Citeseer, 2000.

[40] Lee C K, Lo S H. A new scheme for the generation of a graded quadrilateral mesh. Computers & Structures, 1994, 52(5): 847-857.

[41] Borouchaki H, Frey P J. Adaptive triangular-quadrilateral mesh generation. International Journal for Numerical Methods in Engineering, 1998, 41(5): 915-934.

[42] Tchon K F, Camarero R. Quad-dominant mesh adaptation using specialized simplicial optimization. International Meshing Roundtable, Birmingham, 2006.

[43] Remacle J F, Henrotte F, Carrier-Baudouin. A Frontal delaunay quad mesh generator using the L ∞Norm. International Journal for Numerical Methods in Engineering, 2011, 94(5): 494-512.

第7章 智能油田模拟实验

智能油田是一种具备实时监测、实时分析和实时控制油藏/注采井生产动态能力的智能生产与管理系统。基于智能油田的"实时"功能，研制了一套智能油田仿真实验系统，用于开展智能油田生产优化控制实验与理论研究。

7.1 智能油田仿真系统研制

智能油田仿真实验系统由三维非均质储层物理模型、流体注入系统、流体生产系统、饱和度监测系统、油水自动计量系统、注采井自动控制系统、长时井下压力监测模块、隔层模型、数据采集系统、恒温系统、抽真空系统组成。智能井仿真实验系统能够模拟多层层间和/或层内均质/非均质油藏、不同井身结构(直井、水平井、斜井、分支井)的分段注采/合注合采流动实验，可实时采集各井段的生产参数(压力、流量、含水)以及油藏内部饱和度场变化，并能根据设定的含水限制、生产时间等策略自动控制各井段的注采参数。此外，该实验系统通过实时监测和采集注采井的压力与流量数据，具备模拟井下长时试井的功能。图 7-1 和图 7-2 分别给出了仿真实验系统的实物图及流程图。

7.2 系 统 组 成

7.2.1 油藏模拟箱

根据实验要求，研制了内部尺寸为 450mm×450mm×200mm(长×宽×高)的三维非均质储层模拟物理模型，耐压为 4MPa。整个物理模型由高强度钢锭经线切割加工而成。通过内部隔板，模型内部最多可以布置 3 层油藏填砂模型。模型安装在支架上，通过蜗杆传动机构，可使模型沿转轴进行 360°旋转，方便拆装、填砂。

图 7-1 智能油田仿真系统实物图

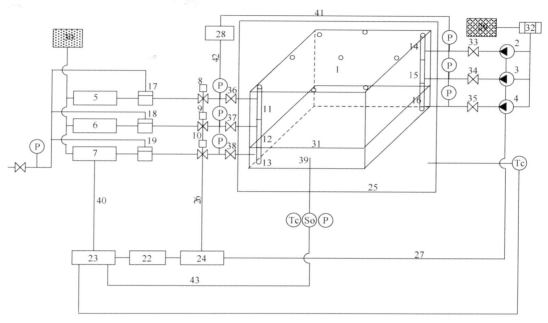

图 7-2 智能油田仿真系统流程图

1 为三维非均质储层模拟箱;2~4 均为恒流泵;5~7 均为油水自动计量装置;
8~10 均为流量控制器;11~13 均为生产模拟井筒;14~16 均为注入模拟井筒;
17~19 均为回压阀;20 为计算机;21、26 均为数据采集模块;22 为自动控制模块;
23 为恒温模块;24、25 均为控制线;27 为储液罐;28 为收集罐;
29 为隔层;30 为过滤装置;31~33 均为入口阀门;34~36 均为出口阀门;
37 为传感器;38~43 均为数据线

模型中可以最多布置 9 口直井、6 口水平井。每口直井最多可以分为 3 个井段,每口水平井最多可以分为 5 个井段,模型本体上的井筒引出孔总计 57 个。4 口直井位于模型 4 个角上、4 口直井位于模型四周中间位置、1 口直井位于模型中间;6 口水平井对称布置在模型壁面的上、中、下 3 个位置处。注采井在模型水平面内的位置可以通过调节引出管的长度实现任意组合。此外,在模型内部也可以布置斜井、多分支井等井筒模型。根据实验需要,在模型内部可以布置不同的井网组合,如直井/水平井联合井网。图 7-3 为模型中井位和饱和度探头的布置示意图。此外,通过井筒引出孔也可以在模型内部布置导压管,与外部压力传感器连接即可实时监测模型内部某点在驱替过程中的压力变化。

7.2.2 流体注入系统

由 8 台恒流泵组成流体注入系统,以恒定流量向模型内部注入蒸馏水,模拟水驱注水过程。恒流泵流量范围为 0.1~20mL/min,工作压力为 0~20MPa,精度小于±1%。通过数据采集与控制系统可自动、精确地控制注入井各井段注入量。

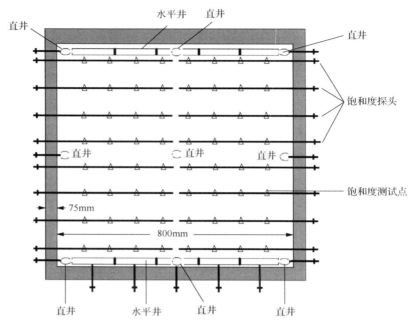

图 7-3　模型内部井位和饱和度探头布置示意图

7.2.3　流体生产系统

流体生产系统由流量控制系统和回压控制系统组成，可以模拟定压生产和定液量生产过程。流量控制系统采用恒流泵模拟井下抽油泵，流量范围为 0.1～20mL/min，工作压力为 0～20MPa，精度小于±1%，通过数据采集与控制系统可以调节各井段的流体产出速度，实现定液量生产模拟；回压控制系统采用恒定的气源提供动力，用于建立油藏内部驱替压差，通过压力调节阀设定回压，实现定压生产模拟。

7.2.4　饱和度监测系统

根据电阻测量原理，采用双压模技术及耐腐蚀、耐氧化材料研制了能够测量油藏驱替过程中饱和度动态变化的探头。物理模型内部分 3 层均匀布置了 36 套饱和度测量探头、108 个饱和度测试点（每层 12 套、每套 3 个测试点）。采用 Kriging 插值方法，可三维显示饱和度云图。

7.2.5　油水自动计量系统

油水自动计量系统主要用于生产井段的油水流量自动计量。每套油水自动计量系统由 2 支油水计量管、4 个压力传感器、4 个电磁阀及 1 块油水计量二次仪表组成。油水自动计量系统可实现模型产出液中油、水量的自动计量、数据采集与自动控制，二次仪表可实时显示各井段的累计产出油、水量。根据各井段在一定时间内的产出油水量，可以自动计算各生产井段的含水率。

7.2.6　注采井自动控制系统

为了实现注采井各井段生产的自动调控功能，注入部分采用了计算机与恒流泵相结合的控制方式，产出部分采用计算机、电磁阀与恒流泵相结合的控制方式。

在注入井上，各个井段可以单独与一台恒流泵相连接，实现各段注入量的精确控制，也可以多井段共用一台恒流泵，实现合注，根据各层的吸水能力自动分配各层注入量。计算机通过数据通信线连接到各台注入恒流泵，各井段注入方案可以通过计算机屏幕实时修改，也可以通过文件方式读入预定方案，注入恒流泵根据获取的参数指令实时调整各井段注入量和注入时间。

在生产井上，各个井段同样可以单独与一台恒流泵和一个电磁阀相连接，实现各段产液量的精确控制，也可以多井段共用一台恒流泵和一个电磁阀，实现多井段合采。电磁阀位于井段模型出口与恒流泵之间，具备开/关两种工作模式。计算机通过数据通信线与恒流泵和电磁阀相连，定液量生产情况下，各井段的产液方案可以通过计算屏幕实时修改，也可以通过文件方式读入预定方案，生产恒流泵根据获取的参数指令实时调整各井段产液量和生产时间。电磁阀根据获取的参数指令可以关闭或打开某个井段，实现井段生产控制。

7.2.7　数据采集系统

整个实验过程的数据采集和数据处理由计算机完成，全部实现自动化操作，减少人为误差，提高测量精确度。数据采集系统按预定的采集周期自动记录实验数据。采集的数据包括：①实验运行时间；②模型内部饱和度场；③注入井注入压力；④注入量；⑤瞬时产液量（产水量、产油量）；⑥累计产液量（产油量、产水量）；⑦含水率；⑧生产井出口压力；⑨模型内部压力。

计算机屏幕上实时显示流量和压力数据，含水每分钟显示一次（含水根据一分钟时间内的累计产水量和累计产油量计算），模型内部饱和度场分布云图每个采集周期显示一次。此外，计算机屏幕还输出瞬时流量、累计流量、压力、含水等参数随时间的实时变化曲线。

7.3　系统功能及特点

智能油田仿真实验系统以大尺度三维非均质储层模拟箱为载体，通过内置传感器实时监测驱替过程中模型内部压力场、饱和度场变化，利用油水自动计量系统实时监测生产井/井段产液量和含水变化，以此监测结果作为控制策略依据，实现各注采井/井段的被动式实时调控生产；该系统也可以根据油藏动态实时优化软件提供的生产策略主动式实时调控生产。仿真实验系统与油藏动态实时优化理论相结合，为智能井/智能油田相关理论研究、验证闭环水驱优化理论提供了一种新的手段。

智能油田仿真实验系统具有如下特点。

(1)大尺度三维非均质储层模拟箱可较真实地模拟油田储层情况。

(2)模拟井筒在模拟箱内可根据实验要求布置成不同井网、不同井型。

(3)模拟井筒的注采量可实时、单独、自动控制。

(4)可实时监测模型内部参数(压力、饱和度)及注采井段的生产参数(压力、流量、含水)。

(5)仿真实验系统可基于监测结果(如井段含水)实现被动式调控生产,也可基于优化策略实现主动式调控生产。

(6)仿真实验系统可模拟多层合采、水平井分段开采、分支井开采等复杂结构井的实时调控生产。

(7)仿真实验系统所获得的边界条件、关键技术参数等信息可为进一步完善油藏动态实时优化理论与油藏动态模拟研究提供技术支持。

7.4　实　例　分　析

本节对一个三维概念模型进行了注采优化,通过调控注水井不同调控步的注水量,使模型的 NPV 达到最大。

7.4.1　模型设计

设计模型大小为 450mm×450mm×200mm,其剖面如图 7-4 所示,模型共分三层,各层之间用 10mm 铝板加密封圈,完全分开。流体为油水两相,模型采用 1 注 1 采,如图 7-5 所示,模拟时三层都射开生产,注水井采用三口虚拟井进行模拟,每口井各负责一层的注水。模型渗透率场图如图 7-6 和图 7-7 所示,模型其他参数如表 7-1 所示。

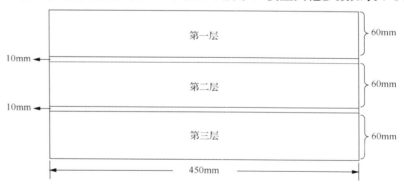

图 7-4　模型剖面图

图 7-5　模型井位图

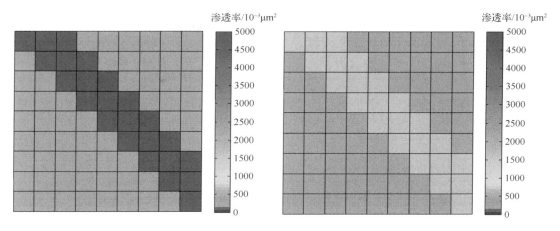

图 7-6　第一层和第二层渗透率场图

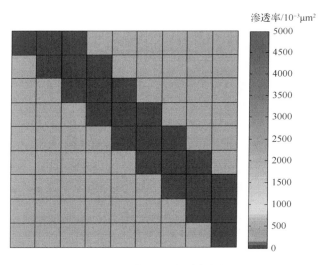

图 7-7　第三层渗透率场图

表 7-1　油藏模型基本属性参数

网格大小/mm	厚度/mm	孔隙度	油藏初始压力/MPa	地下水密度/(kg/m³)	控制时间步/h
45	60	0.3	0.15	1000	1

原油黏度/(mPa·s)	地下水黏度/(mPa·s)	初始含水饱和度	原油密度/(kg/m³)	总的生产时间/h	
1.2	0.8	0.1	956	5	

7.4.2　注采调控优化

生产井采用定井底流压生产，注水井采用定流量生产，这里只对注水井的注水量进行优化，不对生产井的井底流压进行优化，模型总的生产时间为 5h，分 5 个调控步进行优化，每个调控步为 1h，假定油价为 3000 元/m³，处理产出水费用为 300 元/m³，注水费用为 200 元/m³，利息率为 0.1。

　　理论上为了得到较好的注水效果,应该使各层注入水尽可能均匀地驱替到生产井内,使生产井有一个较长的无水采油期,但由于注入水在高渗层驱替的速度较快,在中、低渗层驱替速度较慢,因此,为了达到使注入水沿各层尽可能均匀驱替的目的,低渗层应该注的最多,中渗层次之,高渗层最少。设计油藏的基础注采方案为:生产井定井底流压 0.6bar[①],注水井 INJ-01 定注入量 0.013m³/d(9.03mL/min)生产,注水井 INJ-02 定注入量 0.01m³/d(6.94mL/min)生产,注水井 INJ-03 定注入量 0.007m³/d(4.86mL/min)生产,如图 7-8 所示。

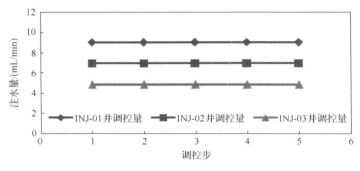

图 7-8　基础注水方案

　　优化计算时以基础注采方案为优化方案的初始迭代方案,优化过程中约束注水井的注水总量与基础方案相等,均为 0.03m³/d(20.83mL/min)。通过迭代求解得到油藏的最优注采调控方案如图 7-9 所示,可以看出,优化出的结果符合实际情况,即低渗透层注水量最多,中渗层次之,高渗层最少。

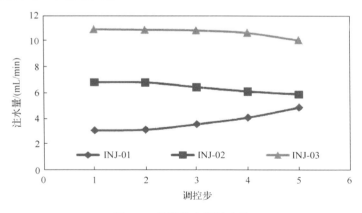

图 7-9　最优注水调控方案

　　基础方案和优化方案各个时间控制步剩余油饱和度分布的对比如图 7-10～图 7-12 所示。

---

① 1bar = 0.1MPa。

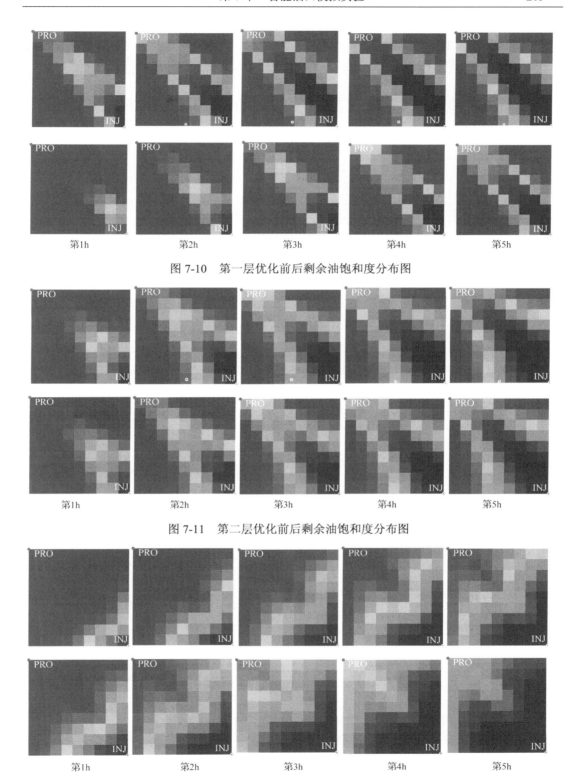

第1h　　　　第2h　　　　第3h　　　　第4h　　　　第5h

图 7-10　第一层优化前后剩余油饱和度分布图

第1h　　　　第2h　　　　第3h　　　　第4h　　　　第5h

图 7-11　第二层优化前后剩余油饱和度分布图

第1h　　　　第2h　　　　第3h　　　　第4h　　　　第5h

图 7-12　第三层优化前后剩余油饱和度分布图

　　由剩余油饱和度分布对比图可以看出，优化后注入水在各层的驱替更加均匀，增加了低渗层的采出程度，延长了生产井的无水采油期，进而提高了整个模型的水驱效果。

　　图 7-13～图 7-16 为优化方案与基础方案累计产油量、累计产水量、累计产液量和含水率四个指标的对比图，由图 7-15 可以看出，优化方案与基础方案的累液量相等，实现

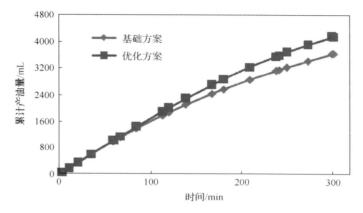

图 7-13　基础方案和优化方案累计产油量对比图

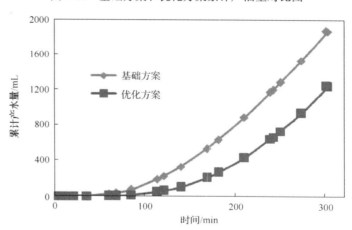

图 7-14　基础方案和优化方案累计产水量对比图

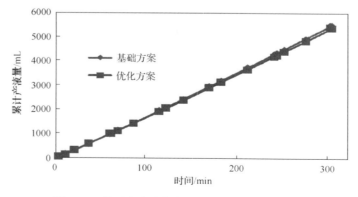

图 7-15　基础方案和优化方案累计产液量对比图

了总注入量约束，并且优化后产油量有了小幅度增加，而产水量和含水率有了大幅度的减少。因此，优化方案取得了较好的增油降水的开发效果。

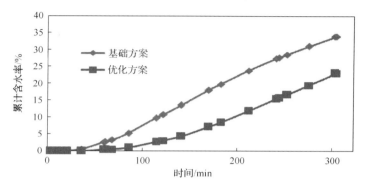

图 7-16　基础方案和优化方案含水率对比图

图 7-17 为优化迭代过程中累产油变化图，由图可以看出，经过 7 次迭代，模型已基本收敛，与基础方案相比，增油幅度达到 14.0%。图 7-18 为与优化迭代过程中累产油变化图相对应的 NPV 变化图，与基础方案相比，NPV 增幅为 18.9%，取得了较好的注采调控效果。

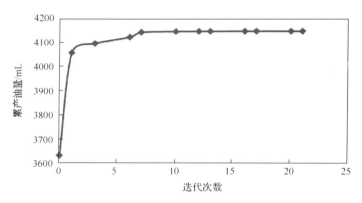

图 7-17　优化迭代过程中累产油变化图

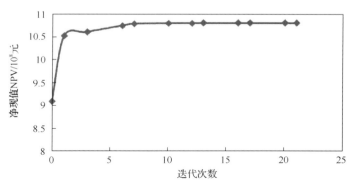

图 7-18　优化迭代过程中 NPV 变化图

7.4.3　结果分析

由于模型各层的非均质性，若按初始方案生产，注入水将很快沿着第一层的高渗带突破，导致油井含水快速上升，增加处理产出水的费用，增加无效注水，将极大增加油田生产的费用，同时由于第一层产水的增加将会抑制第二层和第三层油层的生产，减少油田的产油量，总之，初始方案生产将会极大地影响油田开发的经济效益。

优化方案通过调控三口注水井的注水量，通过增加第三层的注水量，减少第一层的注水量，使三口井的注入水尽可能均匀驱替。由于优化采用了总注入量约束，初始方案和优化方案注入量相同，因此优化方案在没有增加注水的情况下，不仅增加了采油量，而且还减少了产水量，达到了稳油控水的目的，提高了油田的开发效果。

第 8 章　油田应用实例

8.1　注采优化油藏实例

8.1.1　L5 油田注采调控优化

1. 油田基本概况

L5 油田构造上为一复合断块，走向近南北；油藏类型为多个断块组成，在纵向上和横向上存在多套油水系统的构造层状油气藏。地面原油属于重质原油，具有密度大、黏度高、胶质沥青含量中等、含蜡量低、凝固点低的特点。油田采用近似反 9 点面积注水井网，井距 350m 左右。2005 年 10 月 30 日该油田正式投产。截至 2009 年 3 月，2 号块开井井数 28 口，其中生产井 16 口，注水井 12 口。

2. 油藏数值模拟研究

(1)压力拟合。

在拟合含水率之前，先进行压力拟合。压力拟合分为全区压力拟合和单井压力拟合，对于 L5 油田 2 号块，由于只收集到了全区的压力实测数据，所以只对全区压力进行了拟合，通过模拟计算，全区压力拟合结果如图 8-1 所示。

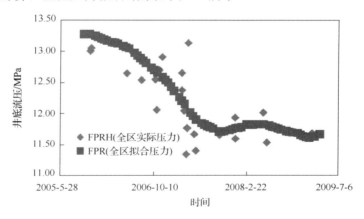

图 8-1　全区压力拟合

(2)含水率及累油拟合。

L5 油田 2 号块含水拟合和区块累油拟合如图 8-2 和图 8-3 所示。数模计算结果与实际区块含水曲线和累油曲线的形态和变化趋势一致，区块内含水率拟合取得了较高的拟合精度。

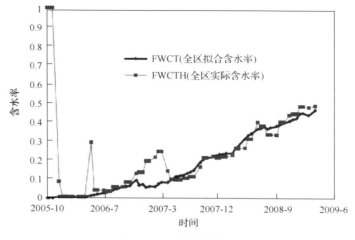

图 8-2　全区含水拟合

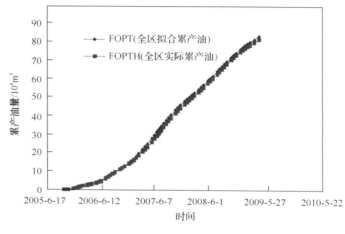

图 8-3　全区累油拟合

3. 油藏动态注采优化

为了更好地说明用水驱注采调控优化程序计算出的不同约束条件下的优化方案效果，先将 L5 油田 2 号块目前(2009 年 3 月)的注采方案作为基础方案进行动态预测，然后分别将不同约束条件下得到的优化方案的开发指标与基础方案的开发指标进行对比，评价不同约束条件下各优化方案的开发效果。

1)基础方案

基础方案指的是油水井按照当前的注采方案继续进行生产，不做任何调控。预测时间取 15 年，通过油藏数值模拟软件计算，统计得到 L5 油田 2 号块的储层动用情况如表 8-1 所示。

表 8-1　生产预测储层动用分析

分区号	数模号	各小层累产油量/10^4m^3	各小层储量/10^4m^3	采出程度/%
1	1	3.68	89.50	4.11
2	2	0.19	38.12	0.50
3	3+4	15.18	176.86	8.58
4	5	4.54	69.96	6.50
5	6+7	14.30	310.32	4.61
6	8+9	30.70	399.82	7.68
7	10	10.73	254.23	4.22
8	11	4.43	69.95	6.35
9	12	95.83	1527.31	6.27
10	13	29.59	876.17	3.38
11	14	0.011	78.58	0.015
合计		209.18	3890.82	5.38

2) 优化方案

为了提高水驱开发效果，利用水驱注采调控优化程序进行注采方案的优化，预测 15 年后的油藏生产动态，选取前面的基础方案作为初始迭代方案。由于选用不同的约束条件时会得到不同的最优注采调控方案和不同的开发效果，所以需要研究不同约束条件下的注采优化问题，根据注采约束条件的不同，分两种方案进行分析。

(1) 优化方案 1：只约束单井的最大和最小产量，不控制注水总量。

在对 L5 油田 2 号块各井的生产状况进行分析的基础上，确定生产井单井的最小产液量和最大产液量，注水井单井的最小注入量和最大注入量，作为注采优化的注采约束条件。经计算分析得，生产井最小产液量为 0，最大产液量为 400m^3/d。注水井单井的最小注入量为 0，最大注入量为 600m^3/d。各生产井初始产液量取为历史拟合末期(2009 年 3 月)的产液量，各注水井初始注入量也取为历史拟合末期的注入量。原油的售价取为 3000 元/t，生产井产出废水的处理成本取为 200 元/t，注水井注水成本取为 15 元/t。优化预测 15 年，每半年作为一个调控步，一共分 30 个调控时间步(0、182d、365d、547d、730d、912d、1095d、1277d、1460d、1642d、…、5475d)。

经水驱油藏注采调控优化程序优化计算后，得到油藏 15 年的最优注采调控方案，统计分析 15 年以后的生产指标并与基础方案的生产指标对比得到表 8-2，结果表明，优化方案累油量有了较大幅度的增加，共增油 100.39×10^4m^3，提高采收率 2.58%，因此优化方案能够取得较好的开发效果。

表 8-2　基础方案和优化方案生产指标

方案	累注水/10^4m^3	预测末含水率/%	累产油/10^4m^3	累增油/10^4m^3	采出程度增量/%
基础方案	706.52	90.00	208.64	—	—
优化方案	1260.89	89.20	309.56	100.39	2.58

图 8-4 和图 8-5 为基础方案和优化方案的开发指标对比图，结果表明，优化后区块

的累油量有了大幅度的增加，虽然区块的累注水和累产水也有了较大幅度的增加，但是整个区块的含水率却没有增加，反而下降了 0.8%，因此优化方案能够取到增油控水的开发效果。图 8-6 为优化计算过程中，目标函数 NPV 随着优化迭代次数的变化图，可以看

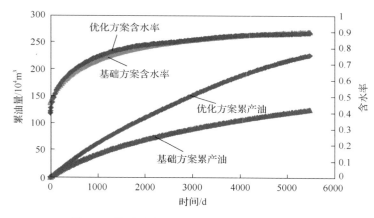

图 8-4　基础方案和优化方案累产油和含水率

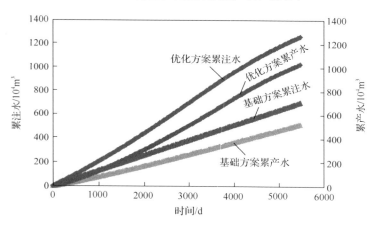

图 8-5　基础方案和优化方案累注水和累产水

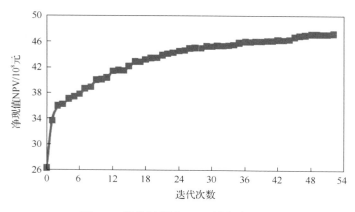

图 8-6　优化过程中 NPV 迭代变化图

出，通过 52 次优化迭代计算，NPV 有了较大幅度的增加，增幅达 80.1%，因此虽然优化方案注水量和产水量增加了，导致注水成本和处理产出废水的成本比基础方案要高，但是优化方案比基础方案能够取得更好的经济效益。同时由图 8-6 可以看出：初期迭代 NPV 增加速度比较快，后面增加速度变慢，这是由于梯度算法前期收敛较快，后期收敛较慢的特点造成的。

图 8-7 为 L5 油田 2 号块的基础注采调控方案和最优注采调控方案，其中横坐标表示的是调控时间步，纵坐标为井号，色标表示注采量的大小。油藏正是以图 8-7 中的最优注采调控方案生产，才得到了图 8-8 所示的开发效果。

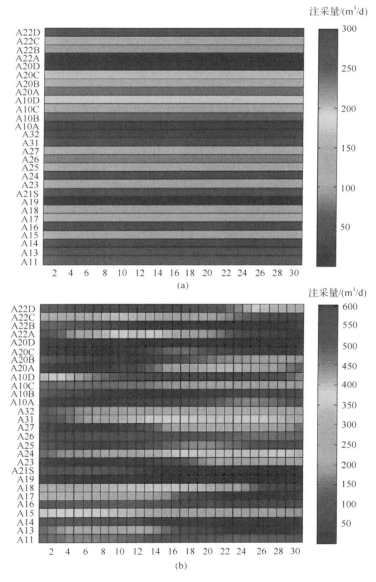

图 8-7　油田基础注采调控方案(a)和最优注采调控方案(b)(文后附彩图)

(2)优化方案 2：约束单井的最大和最小产量，同时保持注采平衡。

优化方案 2 与优化方案 1 相比：目标函数、单井约束条件及其他参数都相同，只是优化方案 2 在优化方案 1 的基础上另外多加了一个约束条件，即注采平衡约束条件，使得优化方案的累注水量和累产液量在预测期内相等。

经水驱油藏注采调控优化程序优化计算后，得到油藏 15 年的最优注采调控方案，统计分析 15 年以后的生产指标并与基础方案的生产指标对比得到表 8-3，结果表明，优化方案累油量有了较大幅度的增加，但相对于优化方案 1 略有下降，共增油 $64.76 \times 10^4 \mathrm{m}^3$，提高采收率 1.66%，因此优化方案能够也能取得较好的开发效果。

表 8-3　基础方案和优化方案生产指标

方案	累注水/$10^4\mathrm{m}^3$	预测生产末期含水率/%	累产油/$10^4\mathrm{m}^3$	累增油/$10^4\mathrm{m}^3$	采出程度增量/%
基础方案	706.52	90.00	208.64	—	—
优化方案	851.75	87.87	273.40	64.76	1.66

由图 8-8 和图 8-9 可以看出，优化方案与基础方案相比，区块的累油量有了大幅度的增加，累产液也有了大幅的增加，但是区块的含水率却有了较大幅度的降低，预测末

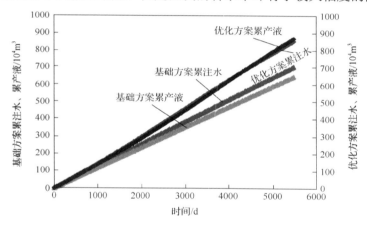

图 8-8　基础方案和优化方案累注水和累产液

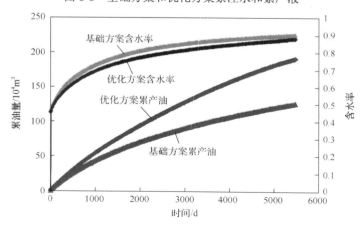

图 8-9　基础方案和优化方案累产油和含水率

期含水率降低了 2.13%，相比于优化方案 1，含水率降低得更多，且由图 8-8 可以看出，优化方案在预测期间内累注水和累产液相等，即注采平衡约束条件得到了满足。

图 8-10 优化计算过程中，目标函数 NPV 随着优化迭代次数的变化图，可以看出，通过 42 次优化迭代计算，NPV 有了较大幅度的增加，增幅达 66.9%，比优化方案 1 略有下降。NPV 迭代变化的规律同样是初期增长较快，后期增长较慢。

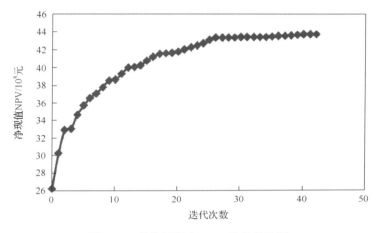

图 8-10　优化过程中 NPV 迭代变化图

图 8-11 为 L5 油田 2 号块的基础注采调控方案和在注采平衡约束条件下的最优注采调控方案，油藏正是以图 8-11 中的最优注采调控方案生产，才得到了图 8-10 所示的开发效果。

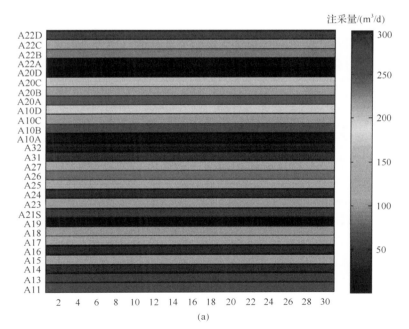

(a)

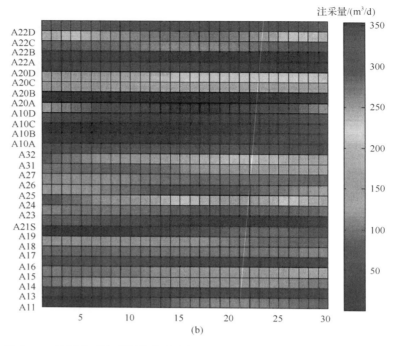

图 8-11　油田基础注采调控方案(a)和最优注采调控方案(b)(文后附彩图)

(3)不同约束条件下优化方案效果对比分析。

为了对比分析不同注采约束条件下各优化方案的优化效果,统计分析前面 4 套优化方案的部分开发指标得到表 8-4。

由表 8-4 可以看出,优化注采方案与基础注采方案相比都取得了较好的开发效果,不同约束条件下得到的最优注采方案对开发效果的改善程度不一样,由四种优化方案可以看出,放开注采的优化效果最好,约束总注采量的效果相对较差,表明该区块不仅需要重新进行配产配注,而且有提液增注的必要。

表 8-4　四种优化方案优化效果对比

参数	优化方案 1(放开注采)	优化方案 2(注采平衡)
累计增油/$10^4 m^3$	100.39	64.8
提高采收率/%	2.58	1.66
NPV 绝对增量/10^8 元	21.0	17.5
NPV 相对增量/%	80.1	66.8

8.1.2　6A 区块注采生产优化

6A 区块目标层位共 1 个开发井组,共完钻 18 口井,目前共 14 口井在产,其中生产井 9 口,注水井 5 口。该井区目前主要开采层位为 NG3、NG4 砂层组,采取一套层系开采。

1. 油藏特征

6A 区块馆上段油藏是在构造背景上受岩性控制的油藏，储集层属高渗透正韵律砂岩，原油属于常规稠油。油藏类型属高孔隙度、高渗透常规稠油岩性构造层状油藏。

(1)储层特性。

6A 井区馆上段储层埋藏较浅，油藏埋深范围为 1250～1464m，含油砂组为 1+2、3、4、5 小层。油层压实差，胶结疏松，储层物性较好，油层孔隙度为 32%～40%，油层渗透率在 10×10^{-3}～$6422 \times 10^{-3} \mu m^2$。

馆上段储层广泛分布，虽然纵向上油层井段长，但油层有效厚度不是很大，含油砂体平面上变化大，砂体尖灭较多。砂体渗透率、孔隙度在平面上的变化主要是由于岩性、物性变化而引起的。与渗透率相比，孔隙度分布相对较均质。总体看来 6A 储层物性较好，属高孔、高渗储层。

(2)原油性质。

6A 井区砂组原油密度 0.956g/cm³；地面原油黏度 129mPa·s，地下原油黏度 50.4mPa·s，泡点处气油比 25.4m³/t。馆上段原油性质受构造的影响，构造高部位原油性质好，构造低部位原油性质逐渐变差。如从高压物性资料所给的地下原油密度、黏度与油层深度的关系图上看，随埋深变深，原油密度变大，黏度变大，原油性质变差现象明显。

(3)地层水性质。

6A 井区地层水属 $NaHCO_3$ 型，地层水矿化度平均为 4730mg/L，密度为 1.035g/cm³，黏度为 0.446mPa·s，体积系数为 1.017，压缩系数为 4.8×10^{-4} MPa^{-1}。

(4)油藏温度、压力。

据高压物性资料，属常压、偏高温系统，馆上段油藏温度为 55～73℃，平均为 67.43℃，地温梯度为 3.6～4.3℃/100m，平均为 3.8℃/100m，地层温度随深度变化关系明显。

6A 井区原始地层压力 13.4MPa，饱和压力 11MPa，地饱压差 2.4MPa，属正常压力系统。总的来说，该区油藏饱和压力高，地饱压差小。

2. 历史拟合

目标区块历史拟合过程中，生产井采用定油量生产，注水井定注水量注水，即将实际的单井产油量及注水量按每月一个点输入模型中进行计算。拟合时间从 1995 年 3 月至 2009 年 5 月。

油田初期开采利用天然能量进行大段合采，平面与纵向非均质严重影响了历史拟合的精度，拟合过程中，依据实验室岩心分析资料，对孔隙度、空气渗透率、含油饱和度校正结果在合理范围适当调整相对渗透率渗曲线。

（1）压力拟合。

压力拟合是反映油田生产过程一个重要指标之一，在拟合含水之前，首先要做压力拟合。压力拟合单井选取区块内测压时间连续，测压点较多的井作为单井压力拟合的典型井。整个区块的拟合以典型井井压力为拟合目标，观察压力变化是否符合实际，计算压力反映了实际地层压力变化，拟合结果符合实际地层压力变化。

对于该区块，以 **CB6AG-5** 井为例，通过数模，拟合结果如图 8-12 所示。

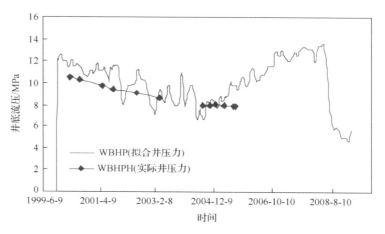

图 8-12　CB6AG-5 井压力拟合

（2）产液量拟合。

在压力拟合的基础上，通过调整渗透率、相渗曲线等参数对比综合含水、区块产液量等指标。对于该区块，日产液和累产液拟合结果如图 8-13 和图 8-14 所示。

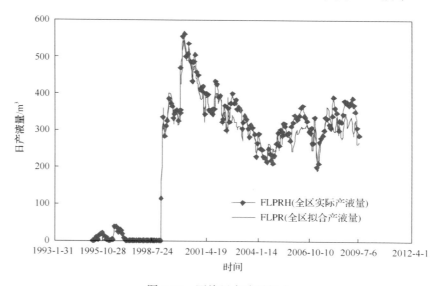

图 8-13　区块日产液量拟合

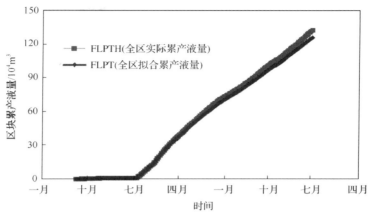

图 8-14　区块累产液量拟合

3. 数值模拟研究水淹特征

井区剩余油饱和度分布图表明，除了水驱波及区域外，其余部位水淹差、剩余油饱和度高。为了更好地描述剩余油的分布范围，对动用程度和当前饱和度的分布进行分析。

1) 动用程度评价

井区砂层组为一套开发层系，采用合注合采的方式开发，由于各小层井网注采对应程度上的差异，造成了各小层之间的动用不均衡。主力油层动用程度大，非主力油层动用程度差，这与开发动态分析结果相吻合。

表 8-5　目前储层动用分析(6A)

数模号	小层	各小层累产油量/t	各小层储量/t	采出程度/%
1	NG1+2	50589.1	2256028.84	2.242396
4+6	NG3	640887.5	5453949.41	11.75089
8	NG4	127724.5	1757549.69	7.267194
10	NG5	188342.1	2089396.12	9.014189
合计		1007543.2	11556924	8.718092

2) 水淹特点

由数值模拟结果可以看出，各小层注入水驱替至油井，截至当前时间，绘制出各层的饱和度分布情况(图 8-15)。

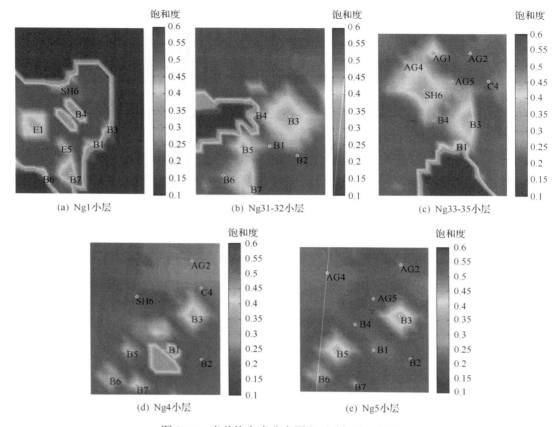

图 8-15　当前饱和度分布图(6A)(文后附彩图)

4. 油藏动态实时优化

在进行动态实时优化之前,对现在生产状态进行预测,然后利用优化结果与之相对比,分析优化结果。

1) 生产状态预测

基于目前的实际油田开发状况,如果不调控各油水井的注采参数,预测 5 年以后的生产情况,其生产预测动用状况分析如表 8-6 所示。

表 8-6　生产预测储层动用分析

数模号	小层	各小层累产油量/t	各小层储量/t	采出程度/%
1	NG1+2	64921.699	2256028.84	2.877698
4+6	NG3	794610.08	5453949.41	14.56944
8	NG4	133853.64	1757549.69	7.615924
10	NG5	226472.42	2089396.12	10.83913
合计		1219857.8	11556924	10.55521

通过计算得到饱和度分布如图 8-16 所示。

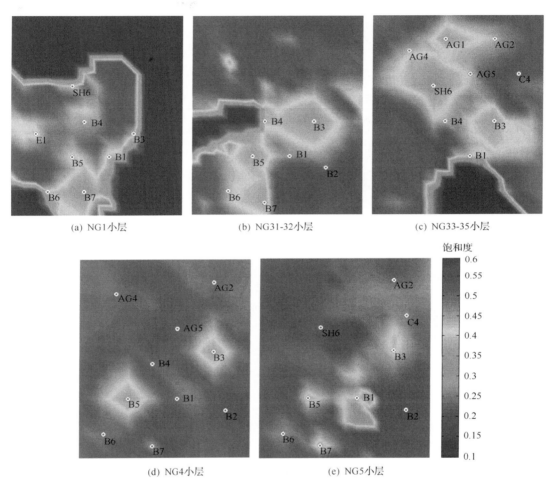

(a) NG1小层　　　　　　　(b) NG31-32小层　　　　　　(c) NG33-35小层

(d) NG4小层　　　　　　　(e) NG5小层

图 8-16　预测饱和度分布图(6A)（文后附彩图）

2) 优化预测

根据目前的生产状况，对该区块进行了生产优化分析，截至 2009 年 5 月，生产井井底流压初始值为 2009 年 5 月时的状态，下边界各自流压的 80%，上边界为 12.7MPa。开发过程中约束总注入量是 $450m^3/d$，注入量下边界为 0，上边界为 $450m^3/d$。原油的价格为 2170 元/t，处理产出水的费用为 10 元/t，注水成本为 5 元/t，折算率为 0.1。模拟生产时间最大步长为 60d，总的生产时间是 5 年，每半年调控一次，优化时间步分为 10 步(0、182d、365d、547d、730d、912d、1095d、1277d、1460d 和 1642d)，总注入量保持恒定。

通过优化计算，预测 5 年以后的生产情况如表 8-7 所示。

表 8-7　优化预测储层动用分析

数模号	小层	各小层累产油量/t	各小层储量/t	采出程度/%
1	Ng1+2	100424.96	2256028.84	4.451404
4+6	Ng3	872521.74	5453949.41	15.99798
8	Ng4	167685.53	1757549.69	9.54087
10	Ng5	247118.89	2089396.12	11.82729
	合计	1387751.1	11556924	12.00796

由表 8-6 和表 8-7 中可以看出，各套层系的采出程度均有一定幅度的增加，整个区块采出程度由 10.55%增至 12.01%，提高了 1.46%。

优化前后的累产油和累产水量如图 8-17 所示。

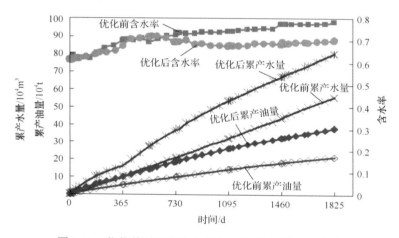

图 8-17　优化前后累产油和累产水（总注入量 450m³/d）

图 8-17 表明，优化后累产水只在最后半年有小幅度的增加，其他时间段基本保持不变，但是累油却获得了较大幅度的增幅，共累增油 173634.41t。由图 8-18 可以看出，通过 5 次迭代运算，NPV 增加了 81%，取得了较好的经济效益。

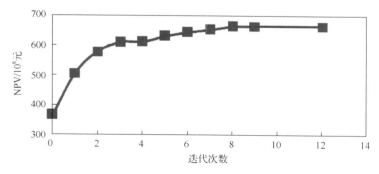

图 8-18　优化过程中 NPV（总注入量 450m³/d）

通过计算得到饱和度分布图如图 8-19 所示。结合图 8-19 可以发现，各小层水井波及区域普遍增大，在储量丰度较大的区域范围内，优化后的水相饱和度较之优化前均有了一定幅度的增加，即驱替出了更多的原油，增大了区块开采的经济效益。

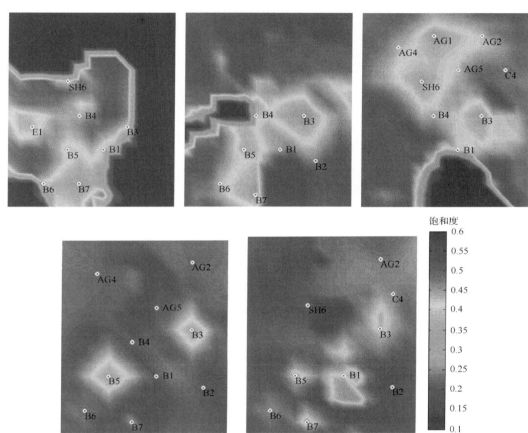

图 8-19　优化后饱和度分布图（总注入量 450m³/d）（文后附彩图）

8.2　Q6 油田历史拟合及生产优化

Q6 油田构造位于石臼坨凸起中部，是油气富集的有利地区之一。

8.2.1　油藏特征

Q6 油田整体是在潜山披覆构造背景上形成的复合式油气藏，受构造、断层、岩性等多重因素的控制，油水系统复杂，油藏类型多样且物性参数变化大，油藏类型如表 8-8 所示。

全油田共发现有 40 套油水界面，无论纵向上还是横向上都具有油、水层频繁交替的特点。平面上不同区块之间、同一区块的不同断块之间以及纵向上不同油组之间、同一油组的不同油层之间、同一油层的不同砂体之间都有不同的油水界面，钻后复杂的油水关系及储层的变化导致油藏类型变得更为复杂。

表 8-8　Q6 油田油藏类型对比表

油组	评价阶段	钻后
1	—	岩性、构造-岩性、岩性-构造
2	岩性、岩性-构造	岩性、构造-岩性、岩性-构造
3	岩性-构造	岩性、构造-岩性、岩性-构造
4	构造-岩性	岩性、构造-岩性
5	构造-岩性	岩性、岩性-构造
6	—	岩性

1. 储层特征

Q6 油田自上而下钻遇的地层分别为新近系平原组、明化镇组、馆陶组、古近系东营组、中生界、古生界和前寒武系。储层埋深 900～1500m，主要含油层为明化镇组下段，含油井段长达 300～400m。

开发井钻后，以"旋回对比、分级控制"和"等高程原理"为指导，根据砂层发育及流体分布特征，以稳定分布的明化镇组下段Ⅱ油组砂层和Ⅳ油组的"高伽马段"为对比标志层，将明化镇组下段主要含油层划分为 Nm0、NmⅠ、NmⅡ、NmⅢ、NmⅣ、NmⅤ 共 6 个油组，28 个小层。

沉积相主要来自西部的燕山褶皱带，属中弯度曲流河沉积体系。明化镇组为曲流河沉积，河道沉积（主河道点砂坝、分支河道点砂坝、流槽和泥潭），河道边部沉积（决口扇、天然堤、砂坪），泛滥平原沉积（支流间泥坪、废弃河道充填砂、泛滥平原等微相及枯水期河道沉积相）；馆陶组为辫状河沉积，钻遇的单层砂体基本为复合河道砂岩体，属正韵律和复合韵律。总体上看，砂体横向连通性较差。开发井钻后表明，全油田含油砂体多达 211 个，约 90%为孤立透镜状砂体。

2. 流体性质

地面原油具有密度高、黏度高、凝固点低、含蜡量低、胶质沥青质含量高、含硫量低的特点，属重质油。亦可以说具有"三高三低"的特征（表 8-15）。

地下原油具有密度大（0.887～0.932g/cm³）、黏度大（43～260 mPa·s）、溶解气油比小（11～31m³/m³）、体积系数小（1.052～1.092）的特点，地饱压差 1.6～10.1 MPa（表 5-2）。

平面上北区与西区地层原油性质相近，南区原油性质好于北区和西区；从纵向上看，NmⅡ及其以上油组的地层原油黏度高，以下的地层原油黏度较低，已属于非稠油范畴。

8.2.2 开发简介

Q6 油田自 2001 年 10 月投产后，全油田采用反九点面积井网布井，井距 350～400m，局部 500～600m。全油田分 6 座生产平台，共布开发井 238 口，截至 2010 年 12 月，已经经历了 10 年的开发历程，累计采液 5999.15×10⁴m³，其中累计采油 1653.84×10⁴m³，累计采水 4345.31×10⁴m³，累计注水 1585.49×10⁴m³，累积注采比 0.26。

目前,全区油井开井 167 口,日产液 30643.2m³,日产油 4963.3m³,日产水 25679.9m³,平均单井日产液为 148.04m³,平均单井日产油 23.98m³,平均日产水 124.06m³。全区水井开井 26 口,日注水 12181.24m³,平均单井日注水 468.51m³,月注采比 0.40。综合含水为 83.78%,采液速度为 6.06%,采油速度为 1.02%,采出程度为 9.30%。

8.2.3　数值模拟模型的建立

根据 Q6 油田北区的动态和静态资料,包括单井数据、分层数据、测井数据、沉积相数据、断点数据、油水井井史数据以及措施数据等,采用相内插值技术,建立该区精细数值模拟模型。采用通用的、全隐式、三维、三相黑油模拟器进行模拟。

1. 网格划分

根据 Q6 油田北区的动态和静态资料,包括单井、分层、测井以及沉积相等数据,建立精细地质模型。平面上采用角点网格,X 方向划分 100 个网格,Y 方向划分 53 个网格,纵向划分 130 个模拟层(包括隔层)。总的网格数为 $100 \times 53 \times 130 = 689000$ 个。

2. 属性模型建立

对于静态参数,包括孔隙度、渗透率、砂岩厚度和净毛比等,均采用相控插值技术,建立各个小层的属性模型。

8.2.4　自动历史拟合

历史拟合开始时间是 2001 年 10 月,结束时间是 2010 年 10 月。

1. 渗透率场拟合

运用 64 位系统自动拟合渗透率场的分布,并与人工拟合结果进行对比,如图 8-20～图 8-22 所示。

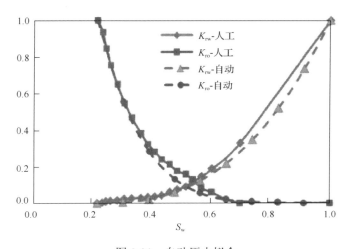

图 8-20　自动历史拟合

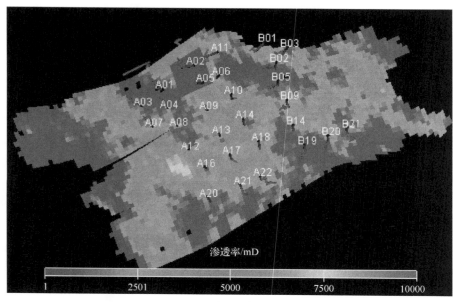

(a) 人工拟合

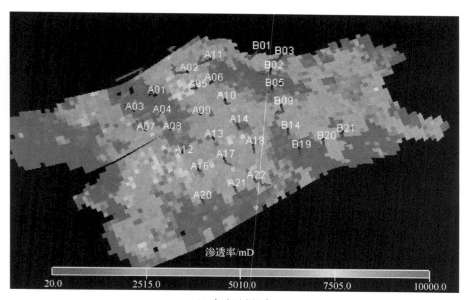

(b) 自动历史拟合

图 8-21　第 61 层的渗透率场拟合对比(文后附彩图)

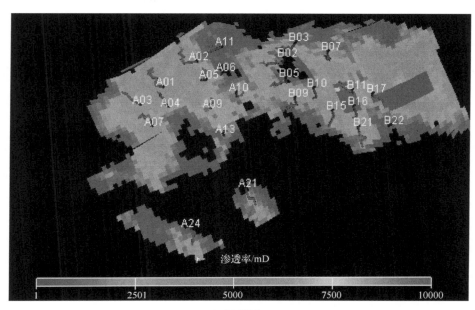

(a) 人工拟合

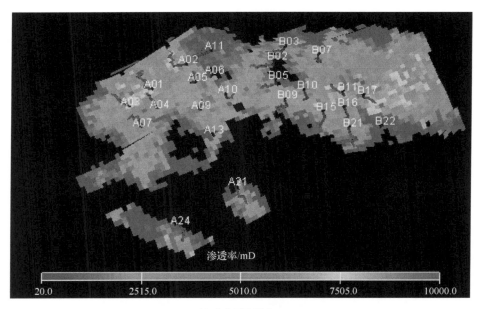

(b) 自动历史拟合

图 8-22　第 82 层的渗透率场拟合对比（文后附彩图）

2. 饱和度场拟合

同样地，进行饱和度场的拟合并对比拟合结果如图 8-23、图 8-24 所示。

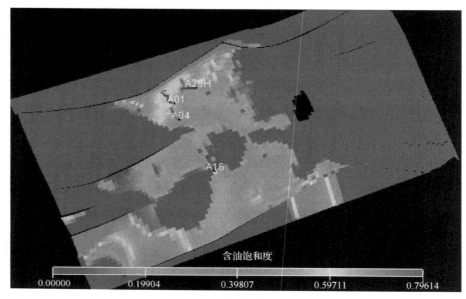

(a) 人工拟合

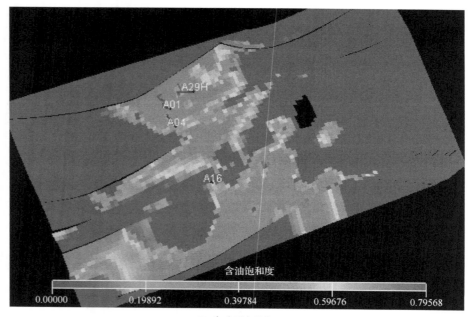

(b) 自动历史拟合

图 8-23　第 68 层的饱和度场拟合对比(文后附彩图)

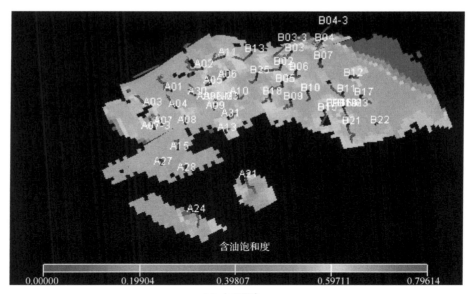

(a) 人工拟合

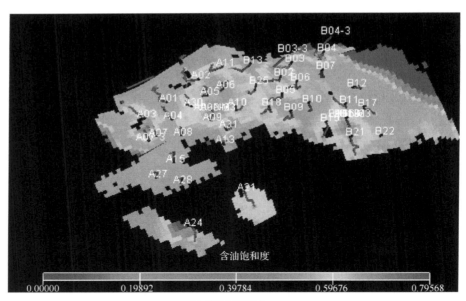

(b) 自动历史拟合

图 8-24　第 78 层的饱和度场拟合对比(文后附彩图)

3. 指标参数拟合

对比指标参数的拟合结果如图 8-25 所示。在进行动态实时优化之前，先对生产优化方法进行测试，保证生产优化方法的正确有效的前提下，利用生产优化方法，结合 Q6 的实例进行优化。

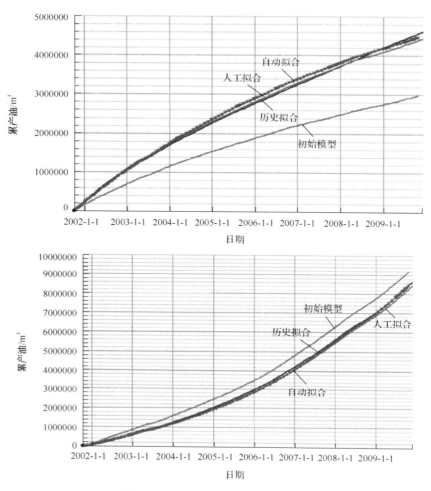

图 8-25　累产油对比与累产油对比

8.2.5　生产动态优化与预测

1. 优化方案 1：只约束总的日注入量和日产液量

根据目前的生产状况，对 Q6 区块进行了生产优化分析，截至 2009 年 10 月，生产井产液量初始值为 2009 年 10 月时的状态，下边界日产液量 6000m³，上边界日产液量为 11000m³。注水井注水量的初始值也为 2009 年 10 月时的状态，下边界日注水量为 6000m³，上边界日注水量为 11000m³。原油的价格为 3000 元/t，处理产出水的费用为 200 元/t，注水成本为 0，折算率为 0。总的生产时间是 10 年，每半年调控一次，优化时间步分为 30 步(0、182d、365d、547d、730d、912d、1095d、1277d、1460d、1642d、…、5475d)。

通过优化计算，预测 10 年以后的生产情况，累计产油 585.7×10⁴m³，累计增油 36.87×10⁴m³，提高采收率 2.58%，优化后与基础方案相比取得了较好的开发效果。

优化前后的结果表明(图 8-26～图 8-29)，在控制含水率，维持地层压力平衡的条件下，大幅提高了原油产量。

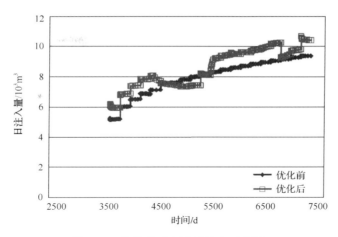

图 8-26　优化前后产液量约束示意图

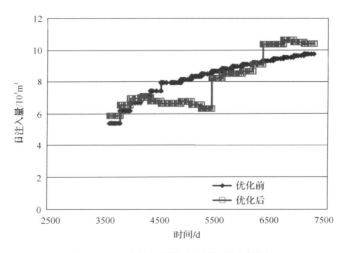

图 8-27　优化前后注入量约束示意图

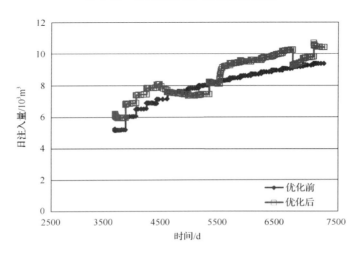

图 8-28　优化前后地层压力变化示意图

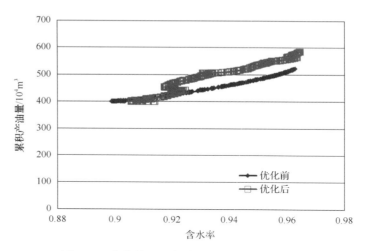

图 8-29　优化前后累产油随含水率变化示意图

通过计算得到饱和度分布如图 8-30、图 8-31 所示。

结合基础方案和优化方案各层饱和度分布图可以发现，各小层水井波及区域普遍增大，在储量丰度较大的区域范围内，优化后的水相饱和度较之优化前均有了一定幅度的增大，也就是驱替出了更多的原油，增加了区块开采的经济效益。

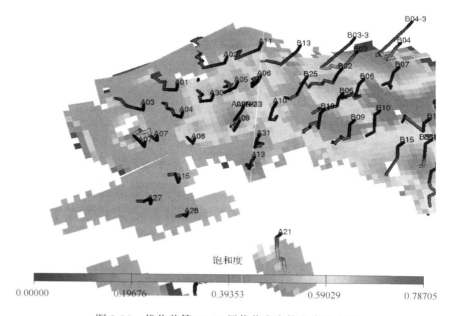

图 8-30　优化前第 21-40 层优化方案饱和度分布图

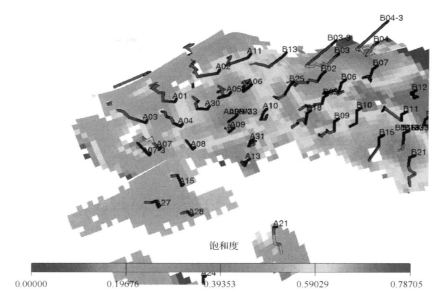

图 8-31 优化后第 21-40 层优化方案饱和度分布图(文后附彩图)

各井在不同调控时间的调控图如图 8-32 和图 8-33 所示,由上面的调控图结合前面优化前后的剩余油饱和度图可以得出如下结论。

(1)22D 和 10D 井注入量增加,15 年之后波及效果明显好于优化前。

(2)15 井优化前在 15 年之后未被水驱波及,其优化结果为液量先增后减。

(3)21S 井由于靠 22D 井较近,所以初期保持一定液量,后期液量逐步递减。

(4)22A 注入量增加,15 年之后波及效果明显好于优化前。

(5)优化结果表明,并非所有注水井需要增大注入量。如 22B 井注入量保持在未优化的生产水平,从饱和度分布图可以看出,该井无须增大注入量即可较好地波及井周围的油。

(6)对于处于剩余油分布较多区域的油井,可以适当提液。

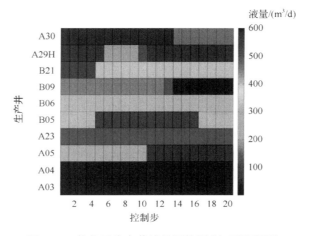

图 8-32 优化后生产井液量调控图(文后附彩图)

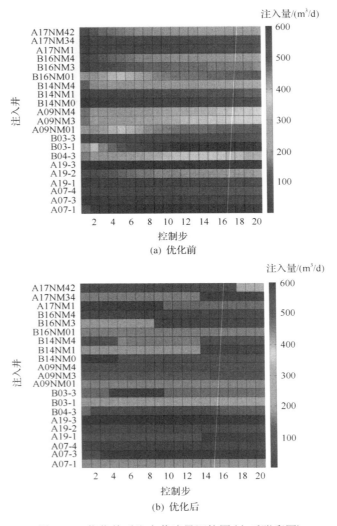

图 8-33　优化前后注水井液量调控图(文后附彩图)

2. 优化方案 2：约束单井的最大和最小产量，同时约束注水总量

在优化方案 1 的基础上，对注水总量进行约束，使得优化方案的注水总量与基础方案的注水总量相等，通过优化计算，预测 15 年之后的生产情况，累计产油 $272.9 \times 10^4 \text{m}^3$，累计增油 $63.8 \times 10^4 \text{m}^3$，提高采收率 1.64%，优化方案与基础方案相比取得了较好的开发效果。

基础方案与优化方案的累产油、累产水量和累注水量结果表明，优化在注水量与基础方案保持不变的情况下，累产油有了大幅度的增加，含水率有了较大程度的减小，因此优化调控方案取得了增油降水的效果。

彩　图

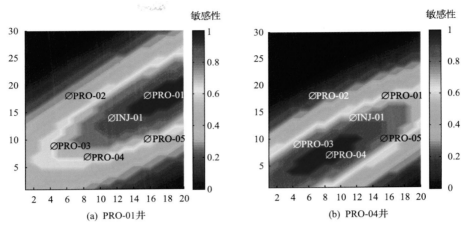

(a) PRO-01井

(b) PRO-04井

图 4-8　部分井的临界区域

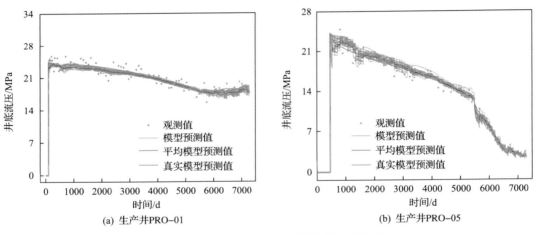

(a) 生产井PRO-01

(b) 生产井PRO-05

图 4-12　井底流压拟合结果(协方差区域化后)

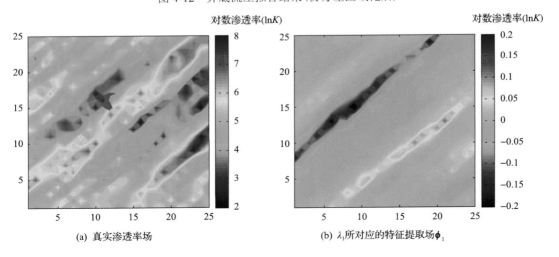

(a) 真实渗透率场

(b) λ_1所对应的特征提取场ϕ_1

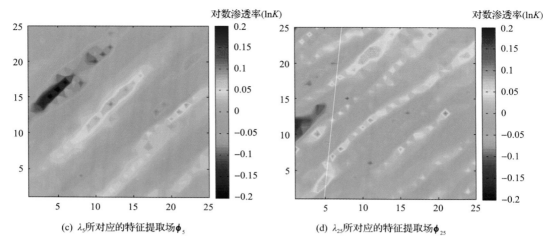

(c) λ_5所对应的特征提取场ϕ_5 　　　　　　(d) λ_{25}所对应的特征提取场ϕ_{25}

图 4-14　不同特征值对应的特征提取场

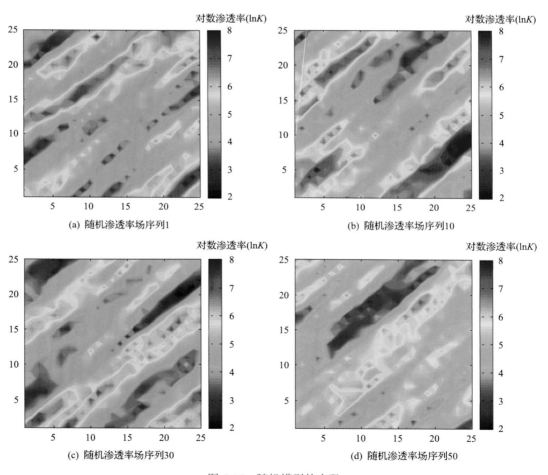

(a) 随机渗透率场序列1 　　　　　　　　　(b) 随机渗透率场序列10

(c) 随机渗透率场序列30 　　　　　　　　　(d) 随机渗透率场序列50

图 4-16　随机模型的实现

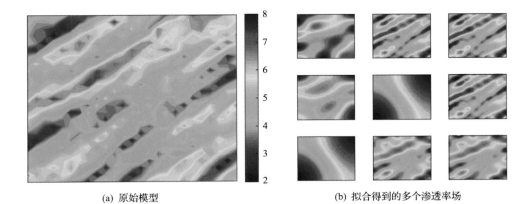

(a) 原始模型　　　　　　　　(b) 拟合得到的多个渗透率场

图 4-17　离散余弦变换（DCT）

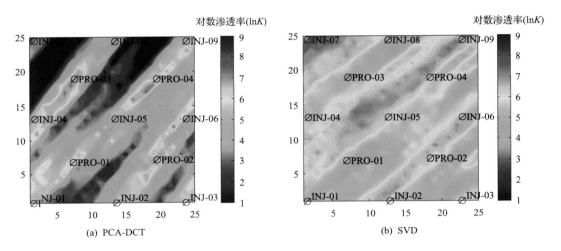

(a) PCA-DCT　　　　　　　　(b) SVD

图 4-18　历史拟合的结果

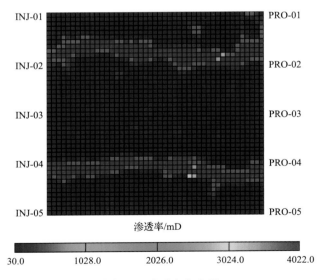

渗透率/mD

图 5-7　渗透率分布场

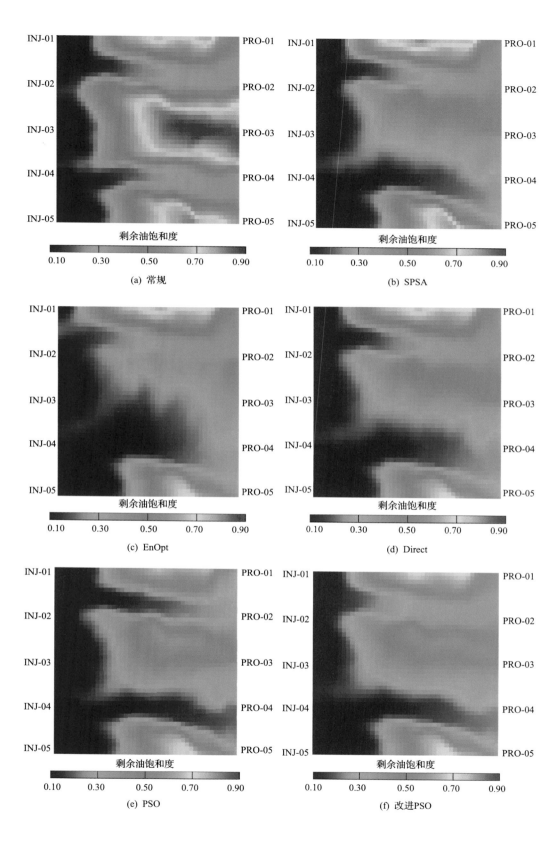

(a) 常规

(b) SPSA

(c) EnOpt

(d) Direct

(e) PSO

(f) 改进PSO

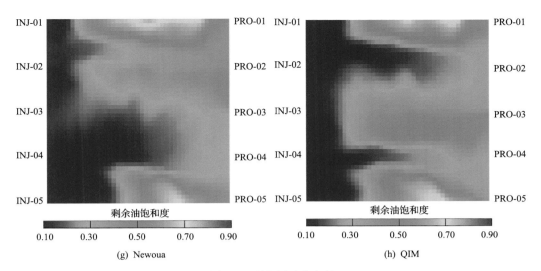

(g) Newoua (h) QIM

图 5-9　剩余原油分布场

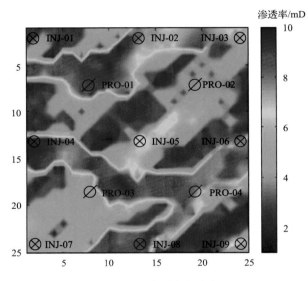

渗透率/mD

图 5-12　渗透率场分布

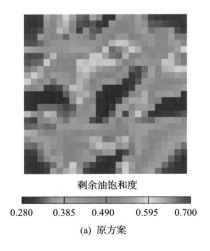

剩余油饱和度

0.280　0.385　0.490　0.595　0.700

(a) 原方案

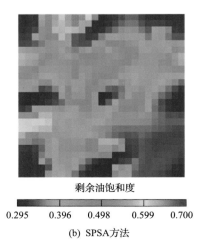

剩余油饱和度

0.295　0.396　0.498　0.599　0.700

(b) SPSA方法

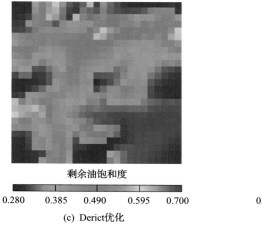

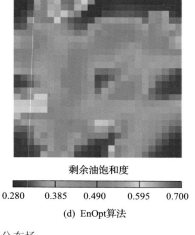

剩余油饱和度
0.280 0.385 0.490 0.595 0.700
(c) Derict优化

剩余油饱和度
0.280 0.385 0.490 0.595 0.700
(d) EnOpt算法

图 5-17　剩余原油分布场

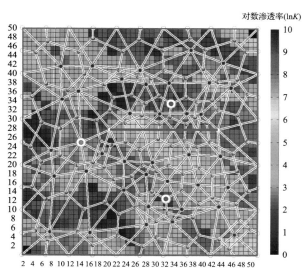

图 6-43　初始约束条件

图 6-44　初始井网

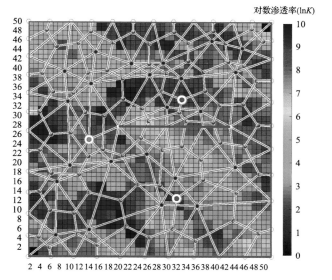

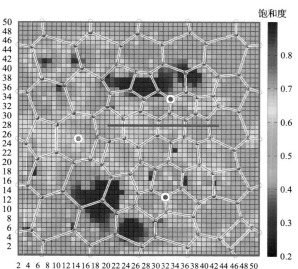

图 6-45　最终优化后的井网

图 6-46　原始井网的饱和度分布图

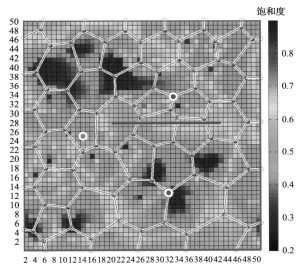

图 6-47　最终优化后饱和度分布图

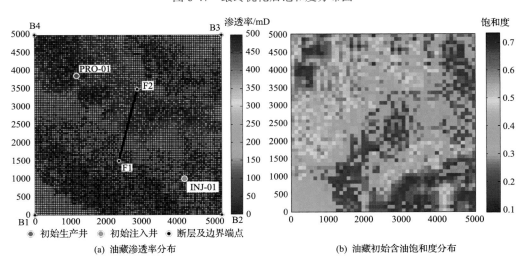

(a) 油藏渗透率分布　　　　　　　　　　(b) 油藏初始含油饱和度分布

图 6-53　油藏地质情况

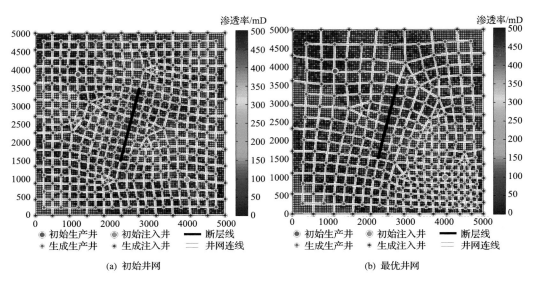

(a) 初始井网　　　　　　　　　　　　　(b) 最优井网

图 6-54　井网构建及优化效果

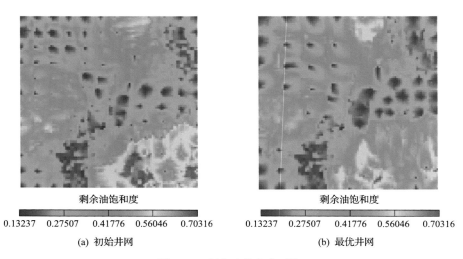

(a) 初始井网 (b) 最优井网

图 6-55 剩余油饱和度对比

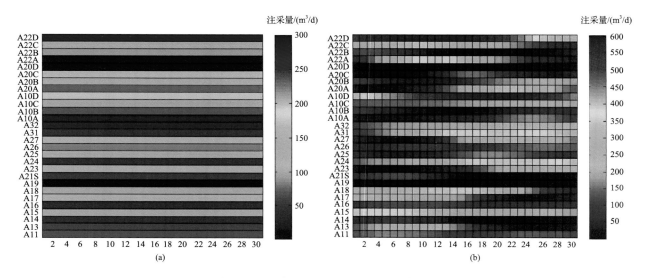

图 8-7 油田基础注采调控方案(a)和最优注采调控方案(b)

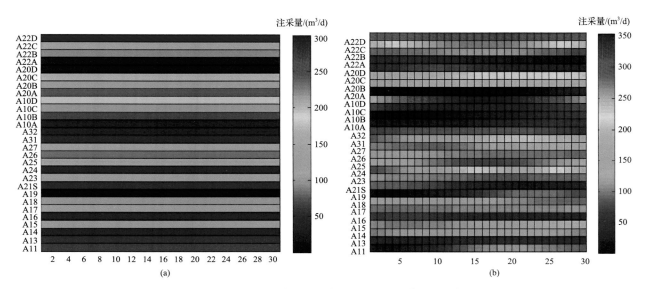

图 8-11 油田基础注采调控方案(a)和最优注采调控方案(b)

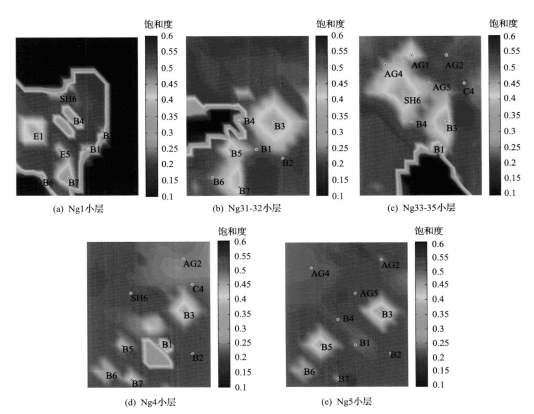

(a) Ng1小层　　　　　(b) Ng31-32小层　　　　　(c) Ng33-35小层

(d) Ng4小层　　　　　(e) Ng5小层

图 8-15　当前饱和度分布图(6A)

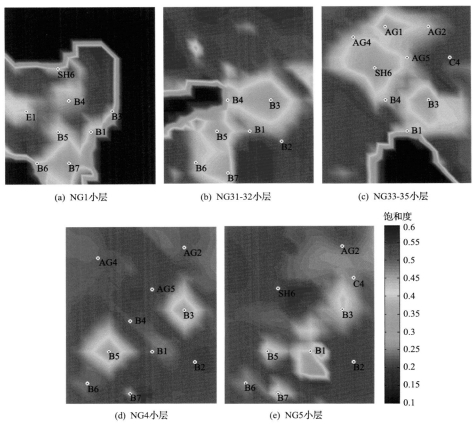

(a) NG1小层　　　　　(b) NG31-32小层　　　　　(c) NG33-35小层

(d) NG4小层　　　　　(e) NG5小层

图 8-16　预测饱和度分布图(6A)

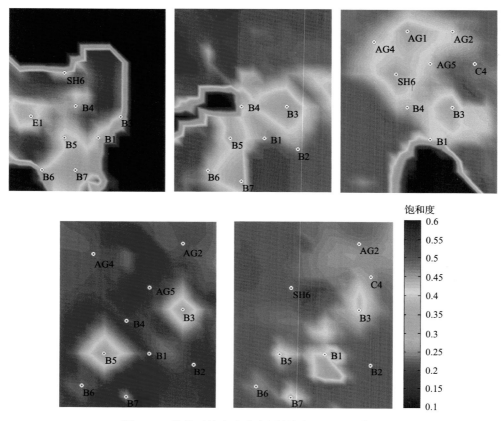

图 8-19 优化后饱和度分布图(总注入量 450m³/d)

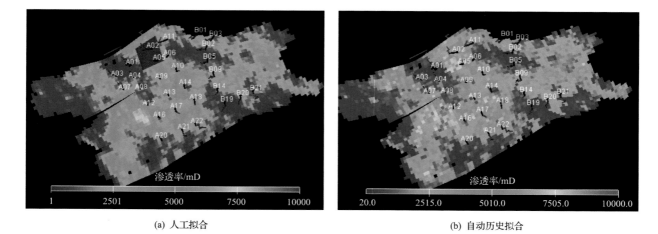

(a) 人工拟合

(b) 自动历史拟合

图 8-21 第 61 层的渗透率场拟合对比

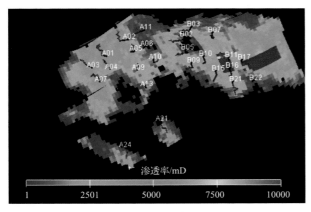
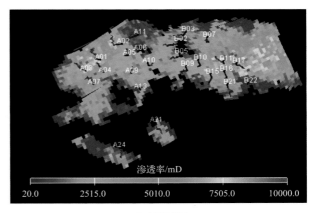

(a) 人工拟合

(b) 自动历史拟合

图 8-22　第 82 层的渗透率场拟合对比

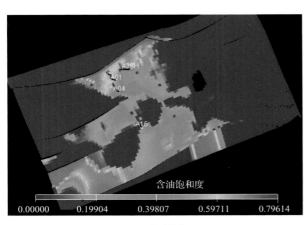
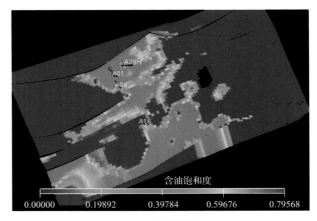

(a) 人工拟合

(b) 自动历史拟合

图 8-23　第 68 层的饱和度场拟合对比

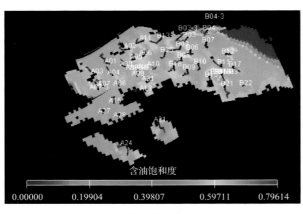
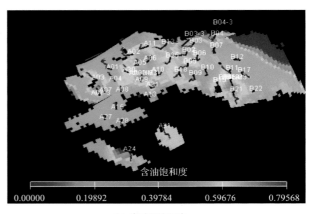

(a) 人工拟合

(b) 自动历史拟合

图 8-24　第 78 层的饱和度场拟合对比

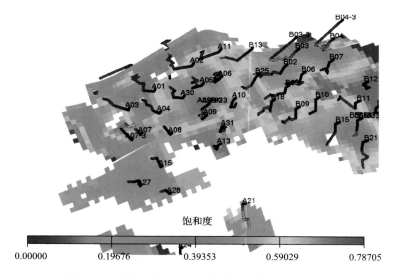

图 8-31　优化后第 21-40 层优化方案饱和度分布图

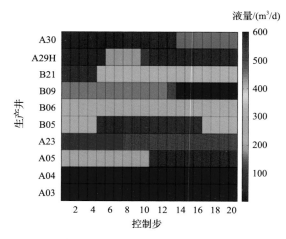

图 8-32　优化后生产井液量调控图

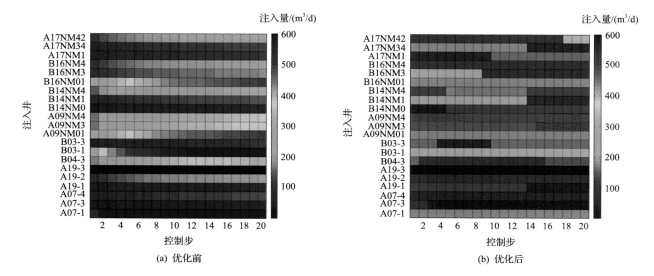

(a) 优化前　　　　　　　　　　　　　　　　(b) 优化后

图 8-33　优化前后注水井液量调控图